ADOLESCENT PORTRAITS

IDENTITY, RELATIONSHIPS, AND CHALLENGES
(7th Edition)

[美]　安德鲁·加罗德（Andrew Garrod）
　　　丽莎·斯米鲁兰（Lisa Smulyan）
　　　莎莉·I.鲍尔斯（Sally I.Powers）　◎著
　　　罗伯特·基尔肯尼（Robert Kilkenny）
　　　董小冬 ◎译

青少年心理关怀系列

你好！少年

青春期成长自画像
（第7版）

中国人民大学出版社
·北京·

图书在版编目（ＣＩＰ）数据

你好！少年：青春期成长自画像：第7版 ／（美）
安德鲁·加罗德（Andrew Garrod）等著 ；董小冬译. --
北京：中国人民大学出版社，2020.11
ISBN 978-7-300-28597-9

Ⅰ. ①你… Ⅱ. ①安… ②董… Ⅲ. ①青春期－青少
年心理学 Ⅳ. ①B844.2

中国版本图书馆CIP数据核字(2020)第195394号

你好！少年：青春期成长自画像（第7版）

　　　安德鲁·加罗德（Andrew Garrod）

　　　丽莎·斯米鲁兰（Lisa Smulyan）

[美]　莎莉·I.鲍尔斯（Sally I. Powers）　著

　　　罗伯特·基尔肯尼（Robert Kilkenny）

董小冬　译

Nihao！Shaonian: Qingchunqi Chengzhang Zihuaxiang（Di 7 Ban）

出版发行	中国人民大学出版社	
社　　址	北京中关村大街31号	**邮政编码**　100080
电　　话	010-62511242（总编室）	010-62511770（质管部）
	010-82501766（邮购部）	010-62514148（门市部）
	010-62515195（发行公司）	010-62515275（盗版举报）
网　　址	http://www.crup.com.cn	
经　　销	新华书店	
印　　刷	天津中印联印务有限公司	
规　　格	185mm×240mm　16开本	**版　次** 2020年11月第1版
印　　张	18.25　插页1	**印　次** 2020年11月第1次印刷
字　　数	340 000	**定　价** 79.00元

青春期是人类个体成长过程中的一个奇妙时期，生理上的快速成长与成熟使一个个"小豆丁"在短短几年时间里成长为帅气的小伙子、青春洋溢的姑娘。处于青春期的少年们骄傲地看着自己的成长，围绕着"我是谁""我可以做什么"进行着各种试探和体验，觉得自己已经可以像成年人那样做出智慧的选择和决定。而这个充满着不确定性、错综复杂的社会又使得他们不知所措、无所适从，不断经历着挫折和打击。因此，少年们的家长在体验着因孩子们的成长、活力与聪慧带来的惊喜的同时，也因他们的叛逆、逃学、追星、"二次元"、打架甚至犯罪等一系列问题感到沮丧和挫败。哈佛大学著名心理学家埃里克森提出，在这个充满着动摇和起伏的时期，最为重要的任务是获得"自我同一性"，认为同一性问题是青春期个体人格发展所遇到的矛盾和冲突的内在根源，少年们如果能够认同自己与他人在外表、性格上的相同与差异，能够接纳不同维度、不同层面的自己，对自己的过去、现在、将来产生一种内在的连续之感，那就达到了同一性（或称为心理社会同一感）。心理学和社会学大量的研究显示，获得了自我同一性的个体会发展出真正的自信、具有良好的社会适应能力，实现与世界的和解。

如今，我们所处的时代是一个急剧变迁的时代，技术的进步改变了我们的生活方式、工作方式和互动模式，使得社会价值体系变得多元和复杂，如社会学家安东尼·吉登斯在《现代性的后果》一书中描述的那样，"现代性以前所未有的方式，把我们抛离了所有类型的社会秩序的轨道，从而形成了其生活形态"，社会在不断进步的同时陷入了"一个不断崩溃与更新、斗争与冲突、模棱两可与痛苦的大漩涡"之中（马歇尔·伯曼，2004）。在这样的时代，处于青春期的少年们都经历了什么？体验着什么？感受到了什么？在想什么？如何在多元的世界中找到真正的自我、实现一致的自我呢？作为成年人，作为他们的父母、他们的朋友，如何走进少年们的内心深处，为他们提供所需要的支持和协助呢？

本书就是这样一本讨论青春期个体的困惑、抉择、核心任务，让我们去深度了解这些青少年的书。书中将埃里克森的自我同一性与不同背景、不同类型、不同侧重点的案例结合在一起，具体、生动、细腻地描写了少年们在青春期经历的困惑、迷茫、焦虑、挣扎、进行选择时的勇气和努力等复杂的心理历程，以及在这个过程中，社会制度、文化、学校、家庭、同辈群体、宗教等因素产生的影响；更为重要的是，作者在叙述少年们经历的同时还不动声色将理论视角带入进去，对这些经历进行了清晰而深入的解释，让人在阅读时有一种拨云见日的感觉："原来是这样呀……"

本书的作者安德鲁·加罗德（Andrew Garrod）、丽莎·斯米鲁兰（Lisa Smulyan）、莎莉·I. 鲍尔斯（Sally I.Powers）、罗伯特·基尔肯尼（Robert Kilkenny）具有丰富的研究经验和青少年服务的实务经历，他们对案例的选择和描述兼顾了阅读的体验性和学术的规范性。因此，本书既是一本适合青春期孩子及其家长阅读的书，又是一本具有一定学术研究价值，适合社会学、人类学、心理学领域的教育工作者和学习者使用的工具参考书。

张瑞凯

北京科技大学社会学系副教授，中国人民大学社会学博士

《你好！少年：青春期成长自画像（第 7 版）》增加了四个新故事和四个旧故事的续集——由它们的作者在写完自己故事的一些年后完成。在选择添加一些新故事、删掉一些旧故事的过程中，我们考虑了那些来自阅读过本书的读者的反馈，以及我们自己对于 21 世纪初的 20 年里青少年们所会面对的重要议题的理解。我们欢迎各界人士对于某个典型故事的适用性做进一步的点评，并鼓励读者在自己的现实生活中多样化地参考这些故事。对于本书所没有提及的与青春期相关的关键议题，也欢迎大家提供建议。

概述

关于青春期的研究

我们看待青少年的方式，在很大程度上取决于我们对人类本质以及个体与社会的关系的认知。最近的研究者们在借鉴过去观点的同时，也为该领域带来了一系列新的视角。很多人已经开始意识到个人主观意识的多元化特征，也发现很难提出某种理论来捕捉所有青少年的经验。研究人员透过阶级、种族、人种、性别和性取向等视角，来描述和解释青少年思维、行为和关系的复杂性。

20 世纪，人们对青春期发展的理解部分起源于早期对人类发展的研究。一提到把青春期看作人生的一个独立阶段，人们通常首先会想到柏拉图和亚里士多德，他们都认为青春期是不稳定的、易受影响的。他们主张让女孩和男孩都接受学校教育，保护他们不受社会影响，帮助他们发展成为成熟个体的自我控制能力和理性能力。在中世纪，由于基督教认为人类堕落以及把"知识当作个体外在的东西"之类观点的盛行，人们并不那么重视人的成长发展。儿童和青少年被视为需要社会化以接受成人角色、价值观和信仰的"小大人"。

约翰·洛克（John Locke）和让 - 雅克·卢梭（Jean-Jacques Rousseau）帮助我们恢复了社会

对儿童与成人之间本质性差异的信念。尤其是卢梭强调了一个发展的过程——先天的知识和性格在整个童年和青年时期都在发展。在《爱弥儿》一书中,卢梭阐述了他对这一过程的看法,以及社会在培养和教育年轻人使他们成长为负责任的公民方面的作用。卢梭认为,男性和女性具有不同的自然特征和社会角色,并指出,尽管两者的发展过程是相似的,但输出最终结果的学校教育应该因其性质和责任的不同而有所不同。

19 世纪,一些社会和知识运动影响了人们对人性和青春期的看法。查尔斯·达尔文的《物种起源》一书将人类看作自然世界的一部分,这为人类的成长发展提供了更具逻辑性和进化性的观点。工业革命导致人们逐渐不再看重家庭在工作和人际关系的社会化中所起的作用,个体在家庭和工作中的经历也越来越不连贯。随之而来的童工法和义务教育运动促进了社会对儿童期和成年期之间的发展阶段的认识。1904 年,斯坦利·霍尔(Stanley Hall)将这个阶段命名为"青春期"。

1904 年,霍尔将青春期描述为成熟个体进化过程中的一个关键阶段。根据达尔文的研究成果,他提出了人类身心发展的复演论,在这个理论中,个体的发展经历了与人类文明相平行的各个阶段。与卢梭一样,霍尔也认为发展是一个自然的,而且很大程度上是先天的过程,可以被社会引导和支持。霍尔把青春期之前的阶段描述为个人生活中的野蛮阶段,而青春期是一个过渡到成年的时期——充满了矛盾的情感和行为:自私又利他、敏感又"凶残"、激进又保守。在经历了青春期的挣扎后,个体就能够"重生"并形成一个新的自我,准备好了扮演现代社会中的某个角色。

霍尔的著作影响了整个 20 世纪对青春期的研究,但他的思想多年来也经历了修正和挑战。当弗洛伊德和那些从他的著作中发展出自己思想的人,如布洛斯(Bios)、爱利克·埃里克森(Erik Erikson)、安娜·弗洛伊德(A Freud)继续关注生理需求及其对个体心理发展过程的影响时,其他人开始从社会学的角度来看待青春期。玛格丽特·米德(Margaret Mead)和露丝·本尼迪克特(Ruth Benedict)的研究表明,社会决定了青少年的行为、角色和价值观;还有一些人则关注于社会混乱、社会阶层和社会制度对青少年生活的影响,记录了环境在经验形成中的作用。在 20 世纪 50 年代,对青少年的研究倾向于强调同伴群体的作用和青少年经历的独特性;青春期被认为与儿童期和成年期一样都是不连续的;青少年有自己的文化,包括独特的语言、互动模式和信念。

20 世纪 60 年代的一些事件不仅推动了人们对青春期亚文化的认知,也促使研究青春期的学者关注个体的生命历程、年龄群体和个体行为所处的历史背景之间的相互作用。在米德强调文化对青少年的影响之后，一些研究人员和理论学家开始把重点放在青少年发展的社会历史背景上。他们通过研究青少年行为随时间推移的连续性和变化，对霍尔的"青少年必然有压力"的观点提出了挑战。还有一些人，如埃里克森和皮亚杰，开始在个体生命周期的背景下重新审视青春期。他们对儿童和成人发展以及自我发展、认知发展和道德发展的研究，使人们认识到青春期是一系列人生阶段之一。在这个阶段，个体需要处理诸如同一性、自主性、依恋和关系等关键问题。这些研究的重点在于它们是跨越社会、历史和文化的界限来看待发展阶段的。

最近一些关于青春期的研究挑战了那些强调社会文化决定论或普遍发展理论的方法，这表明理解青少年需要考虑诸如种族、民族、阶级、性和性别等社会类别是如何与个体发展过程相互作用的。虽然历史和文化背景对于理解青少年的经历很重要，但可能不足以解释一个人的行为、信仰和自我意识。发展阶段理论往往"涉嫌"对不具代表性的小样本的过度概括，而忽略了对个体的经历和同一性有深远影响的关键变量，如种族、阶级、性别和性取向。因此，对青少年的研究在研究对象、问什么问题以及如何分析经验等方面变得越来越具包容性，同时也越来越复杂，因为我们在考察个体发展时需要考虑一系列因素和背景。

过去30年的研究也驳斥了霍尔研究中提出的青少年发展的"风暴和压力"模式。这种模式把青春期看作一个剧烈叛逆和混乱的时期，在此期间，人际关系会随着个人对内部和外部价值体系的反抗而瓦解；相反，这个领域的最新研究恰恰强调了延续性和重新协调是青春期的显著特征。"正常"的青春期发展包括各种各样的经历，如家庭结构的多样性、性试验和性取向，以及民族和种族探索。尽管一些青少年可能比其他青少年经历更多的环境压力，但对于个体来说，这些挑战是发生在一个有意义的个人和社会环境中的。在定义"'正常'的青春期"时，学者们也开始接纳这种多元性。

就在研究人员和教师试图了解每一个个体自我同一性的多个方面时，美国青少年成长的环境却在不断变化，这导致情况进一步复杂化。20世纪末和21世纪初的青少年成长在一个把技术和全球交流视为理所当然的社会中。在很大程度上，这代青少年成长的历史和文化背景是：国际变化和冲突意味着美国和其他国家之间关系的变化；日益增多的国际交流不断改变着我们对与世界各地其他人关系的认识；在宏观环境中，这些青少年所处的社会正在努力接受多样性——妇女和少数族裔在努力捍卫自己的目标，同时试图改变社会。尽管青少年是在几十年来的变革和进步中成长起来的，但他们也面临着持续的政治和社会问题：教育系统面临着入学人数下降和资源减少的窘境；不管是城市、郊区还是农村社区，都在关注青少年吸毒、校园暴力和艾滋病的传播；种族和民族问题以及偶尔爆发的冲突延绵不绝。围绕这些问题的社会问题向今天的青少年表明，社会并不能提供所有的答案，而且似乎经常缺乏找到这些答案所需的方法和投入。

故事研究方法

我们这些教授青春期发展课程的人，在不断寻找有关我们学生生活的材料，并阐明青春期研究中出现的新方法。这些材料能够帮助学生了解过去和现在的理论家及当前的研究对青春期经历的看法，并鼓励学生就这些理论和方法以及他们自己的生活提出问题。我们希望我们的学生在针对青春期的研究中能够成为有思想和批判性的参与者，并帮助我们更好地理解生命的这个阶段是如何与更大的生命周期相联系的。

这本书的作者们在一本名为《体验青春》（*Experiencing Youth*）的书中发现了这种材料，该书于 1970 年由乔治·W. 戈塔尔斯（George W.Goethals）和丹尼斯·S. 克洛斯（Dennis S.Klos）首次出版。我们都在自己针对青春期的研究中使用过这本书，并首次将其纳入我们所教授的课程中。《体验青春》是一套由本科生和研究生以第一人称撰写的故事（研究生在第 2 版中首次出现），突出了青少年发展中的关键问题：自主性、同一性和亲密性。这些故事表明，在青少年理论和研究的框架内，作为一种审视个人生活的方式，叙事具有多么强大的力量。

通过倾听青少年个体、青少年发展课程的学生和教师的声音，我们可以更好地了解当今青少年面临的问题。故事研究表明了个体经验的复杂性，以及个人需求、想法、关系和背景之间的相互作用。每一个单独的故事都能够帮助我们更多地了解青少年以及他们的经历。总的来说，这些故事为青春期的发展领域提供了非常丰富的概述。通过审视故事主人公和其他人的生活模式，我们能够对有关青春期的关键理论和最新研究成果有一个更深入的了解。

在这本书中，我们以戈塔尔斯和克洛斯提出的模型为基础，整合了我们自己课堂上的学生的故事，以及一些有关青春期的研究中的关键理论和方法。本书中的每个故事都是由一名大学生（包括在读的和已经毕业的）编写和修改的，他们中的大多数人都上过青春期发展方面的课程。虽然不可能完全具有代表性，但我们尽可能地以实现跨种族、阶层背景以及经验等多元化的目标来选择学生和故事。这 16 个故事的作者包括白人、非裔美国人、印第安人、拉丁裔美国人和亚裔美国人。这些人中有男同性恋者，也有女同性恋者，以及那些质疑自己性取向的人。他们来自美国各地以及加勒比海地区、印度和越南；有来自城市的，也有来自郊区和农村的，还有来自或多或少具有一些特权的家庭的；有来自单亲家庭的，也有来自双亲家庭的。在这些故事中，有激发作者思考的情境，也有让其在不深入思考其行为的含义和意义的情况下顺利发展的情境。尽管我们为每个故事都起了一个标题，但实际上它们各自解决的问题都不止一个。

/目录/

ADOLESCENT
PORTRAITS

Identity

第一部分

自我同一性

RELATIONSHIPS
AND CHALLENGES

理论概述

本书自我同一性部分的七个故事向我们展示了青少年所表现出来的一种对意义的追寻和对"我是谁"的挣扎。在价值观和意识形态、社会背景下的自我以及性身份的范畴内,这些青少年作者面临着重要的选择——想成为什么样的人、如何与他人相处、应该用什么样的价值观来指导自己,以及在人生的不同阶段自己处于什么位置。尽管各位传记作者撰写的内容可能有所差异,但是读者能够发现作者们对自我有着共同的探索和关切:自我与他人的关系以及自我与更广泛的社会的关系。为了便于你了解这个部分的故事,我们先在这里提供一个框架。

爱利克·埃里克森帮助我们形成了对自我同一性的理解,他提出了一个详细且被广泛应用的关于自我同一性的心理社会发展理论。埃里克森坚信,就像对童年时期性行为的研究对弗洛伊德的时代至关重要一样,对自我同一性的研究对我们的时代也很重要。他对精神分析理论家们的自我结构以及社会文化与环境在人格发展中的作用进行了彻底的反思。在过去的几十年,他的思想被一批又一批的理论家扩展和辩证,其中一些理论家对他的理论的适用性进行了显著的扩展和挑战。

当被要求描述自己的青春期时,我们的一个学生最近写道:"我不知道它从哪里开始,也不知道它是否结束了。我的内心告诉我,我正处在从一件事到另一件事的过渡期,但我不知道那是什么。"在两件"事"之间,这个年轻人根本不知道自己从哪里来,更不知道自己要去哪里;他就是库尔特·勒温(Kurt Lewin)所说的"边缘人"——不确定自己的位置和群体归属感。作为一名青少年,他正处于自己人生中"被内在和外在的压力"填满的阶段。他正在努力建立一个自我概念,同时也意识到这个概念正在以他所能确定的速度迅速变化。就像刘易斯·卡罗尔(Lewis Carroll)笔下的爱丽丝一样,当面对毛毛虫提出的问题"你是谁"时,她很可能会这样回答:"我,我好像也不知道,先生!至少我知道,当我今天早上起床的时候我是谁。但是,从那以后,我已经变身了好几次。"根据埃里克森的术语,青少年已经进入了一个心理延缓期,即从儿童期的安全感过渡到成年期的独立性之间的时期。

青春期是个体发展过程中的关键阶段,青少年特别强烈地觉察到他人是如何看待自己的,正如普利切特(Pritchett)1971年观察到的,"其他人以及他们自己对偶像的追随和信奉极大地侵犯了他人的隐私"。在这段时间里，他人的价值观和观点在个体不断发展的认知中变得越来越清晰。在他们能够自主选择之前，青少年必须首先尝试评估自己的不同选择——不同的道德观点或宗教信仰、对社会规范的接纳或拒绝、对性的态度，以及对家人、朋友和社区的意识形态立场。在这个意义上，寻求自我同一性不仅是一个塑造自我形象的过程，也是一个试图了解将被使用的"粘土"（即个体形象的方方面面）的基本成分的过程。

在个体生命的早期，通过认同自己的重要他人，并提高自己在家庭生活和学校任务中的掌控能力，个体童年期的同一性得到了建立和强化。但在进入青春期后，那种童年期的同一性可能就站不住脚了。青少年面临的挑战是创造性地综合过去的同一性、当前的技能和能力以及未来的希望——所有这些都是在社会提供的机会的背景下进行的。因为我们生活在工业社会中，多重角色和职业选择使我们备受煎熬，这使得这一挑战变得无比困难。米德在1958年指出，生活在一个角色由出生继承或由性别决定的社会中或许更容易！然而，青春期发展的关键任务就是平衡被自己在社会结构、家庭和社区中所处的位置所赋予的身份，这种身份具有一种主观意识，涉及"我是谁""我代表什么"，以及"我如何与世界建立联结"。

有关自我同一性发展的理论关注的主题是个体的分离和独立，以及青少年在重新整合童年期自我的过程中与重要他人的联系或关系。分离理论起源于弗洛伊德1953年和埃里克森1968年的研究，这些研究主要关注个体在寻求独立、独特和统一的自我意识时，是如何拒绝先前的同一性的。联结理论探究了个体是如何一步一步地通过与他人的关系认识自己的。青春期的自我同一性发展是一个重塑人际关系的过程，以适应新的心理和社会的需求和期望。最新的关于青春期自我同一性的研究聚焦于青少年如何借鉴分离理论和联结理论的观点，以协调自己在生命的这个阶段和成年阶段所构建和表现出来的多重身份。

埃里克森关于自我同一性形成的理论聚焦在同一性的概念、同一性发展的阶段，以及同一性形成中的危机上。他对同一性的定义是，"获得了同一性的个体具有连续性和一致性，并能够据此采取行动"，同一性是"一致的经验的组织"。埃里克森坚持表观遗传的发展原则，即"任何发展的事物都有一个基本架构，在这个基本架构中，每个部分都按时出现，每个部分都有其独特的发展时间，待所有部分都出现后便形成一个功能齐全的统一体"。这些阶段不仅仅是简单的"通过"，而是连续叠加起来形成了个体完整的人格。埃里克森把对同一性的追求和通常产生的危机看作青春期的定义性特征。他的心理社会发展理论建立在这样的信念之上：生活是由一系列冲突组成的，在发展中的个体进入下一个阶段之前，这些冲突必须得到部分解决。他提出了八个基本的冲突阶段：信任对怀疑、自主对羞怯、主动对内疚、勤奋对自卑、同一性对角色混乱、亲密对孤独、繁衍对停滞、自我统合对绝望。根据精神分析理论，这些阶段按顺序出现，但从未完全解决。自我同一性的形成并不只发生在同一性阶段，个体解决角色混乱危机的程度在很大程度上取决于其对埃里克森的八阶段理论中的前四个阶段的挑战的解决。埃里克森告诉我们，在决定性的关键时刻正常到来之前，每一项任务都以"某种形式"存在着。也就是说，在所有前面的阶段中都有同一性的因素，就像在后面的阶段中也有一样。如果这些早期阶段的冲突都圆满地结束了，那么自我就能够健康发展。如果冲突不能令人满意地解决，消极的品质就会在人格结构中具体化，并可能阻碍进一步的发展。

心理延缓期——一个延迟选择的时期——是青少年或年轻人一生中解决同一性危机的时期。在这个时期，角色试验是被允许和鼓励的，很少有人会期望个体承担永久性的责任或角色。同一性危机是"由个体的准备程度以及社会的压力共同造成的"，使个体从童年的身份中分离出来，获得连贯一致的同一性。同一性危机所发生的年龄可能会因诸如阶级、亚文化或种族背景、性别等社会结构因素，或诸如儿童养育方式、父母认可程度等社会化因素的差异而有所不同。当角色试验的过程完成，个体实现了积极的同一性的重新组合之后，这个延缓期必须结束。这样的成就使个体能够"在社会的某些领域找到一个合适的位置，一个被明确定义且似乎是为他'量身定制'的位置"。这个特定的位置取决于青少年在价值观、职业、宗教信仰、政治思想、性别、性别角色和家庭生活方式等方面的承诺被接纳和确定的程度。其他更具批判性的理论学家，如杰克逊（Jackson）、麦卡洛（McCullough）和古林（Gurin）在 1981 年提出，在延缓期的选择和在承诺领域的选择受制于社会、政治和经济结构以及主流意识形态。

与埃里克森对自我同一性的信念相联系的是他对青少年创造和保持自我同一性所面临的困难的理解。同一性混乱和由此产生的同一性危机，起源于个人无法理解"环境与个人之间的相融度"——换句话说，一方面是他与不断扩大的生活空间里的人和组织相联结的能力，另一方面是这些人和组织对于允许他成为当下文化关注的一部分的准备程度。即使是在个人观点迅速变化的情况下，社会和自身的成熟也给青少年带来了在可能的角色之间做出选择的压力，从而使同一性混乱的青少年经历着巨大的困惑，并挑战着他们形成稳定同一性的能力。

埃里克森认为，青少年成功解决这些危机对于最终与他人建立亲密关系至关重要。只有通过对性取向、职业取向和价值体系的承诺，"'性亲密和深情的爱、深厚的友谊和放下自我而不担心失去自我的同一性'才能出现"。与同一性混乱相对的是同一性的健康发展，其允许青少年平稳地从关注内在核心身份过渡到探索自我在与他人的亲密关系中可能扮演的角色。

埃里克森关于同一性与同一性混乱的概念得到了詹姆斯·马西亚（James Marcia）的扩展。马西亚关于自我和同一性发展的研究始于他的论文《自我的发展和确认——同一性状态》（Development and Validation of Ego-Identity Status）。他把埃里克森提出的两个概念——危机和承诺——作为同一性形成的决定变量。危机指的是青春期是个体似乎积极参与选择职业和信仰的时期，承诺是指个体对职业或信仰的投入程度。通过使用这些变量作为决定标准，马西亚将埃里克森理论的第五个阶段划分为四种状态：同一性扩散、同一性早闭、同一性延缓和同一性获得。

同一性扩散的个体的特征是，既不积极主动地探索他们的性别角色，也不对这些角色和未来的生活抱有什么向往或做出什么选择，他们甚至不会质疑这些选择。在这一点上，青少年就像詹姆斯·乔伊斯（James Joyce）笔下的斯蒂芬·代达罗斯（Stephen Daedalus），"在生命中漂泊，就像光秃秃的月球外壳"。同一性早闭的特征是，个体没有任何危机，也不处于强烈的承诺状态，这也就是说，他们从父母或其他重要他人那里沿袭了一套价值观或意识形态立场，来代替自己对未来生活做出选择。他们既没有去检验这些价值观，也没有再寻找其他选择。这其实是对权威决定的接纳，属于盲目的认同。处在同一性延缓状态下的个体，换句话说，处于一种危机四伏的状态——正处于体验各种同一性的危机之中，尚未明确对未来做何种选择，但却不断积极主动地探索和质疑各种不同的选择，实际上处于同一性探索阶段。获得同一性的个体已经经历了延缓的危机并成功地做出了承诺，经过积极的努力选择了符合自己的社会生活目标和前进方向，实现了成熟的自我同一性。同一性获得通常发生在大学阶段，而同一性延缓和扩散则发生在青春期早期。需要明确指出的是，在不同的社会之间以及在同一个社会不同的群体和个体之间，心理延缓期的长度存在着差异。而且那些没有时间和机会去寻找同一性的人在青春期或成年早期可能并不会经历同一性危机。

包括米勒（Miller）和萨里（Surrey）在内的一些理论家认为，青少年的同一性发展（就像之前的儿童发展以及之后的成人发展）更像是一个有关联系和关系的故事，而不是一个有关分离和自主的故事。这一领域的早期理论家认为，青春期的男孩似乎更关注分离和个体化，而青春期的女孩则更倾向于在与同龄人和家庭成员的关系中建立同一性。卡罗尔·吉利根（Carol Gilligan）在《不同的声音》（in a Different Voice）一书中表达了她对埃里克森理论的保留意见。吉利根指出，埃里克森认识到了同一性发展中的性别差异，并讨论了在人类分离和依恋的最佳周期中，男性的同一性如何先于亲密感和繁衍，但对女性来说，这些任务似乎是融合的——女性通过与他人的关系来认识自己，然而，埃里克森仍然保留了同一性先于亲密感的顺序。吉利根认为，埃里克森第二、第三、第四和第五阶段的排序，并没有使个体为第一个成年阶段的亲密关系做好准备。就像在对女性故事的评估中多次发现的情况一样，发展本身是通过分离来确认的，而依恋却变成了发展的障碍。

相比之下，越来越多的当代理论家开始探索青春期面临的挑战——青少年在社会结构中扮演更积极的角色，以及认知能力的改变——是如何在所有青少年的人际关系中或通过人际关系得到协商解决的。少男少女们通过与家人和同龄人的互动，并通过其他在他们生命中非常重要的社会群体和关系网络来认识自己是谁。找到一个独立且与众不同的"我是谁"是非常重要的，这个过程发生在个体内部，同时个体通过与其他个体和社会团体的互动去协调自我。这种关系型的视角也允许我们去研究青少年因背景和需要在某种程度上的不同，是如何形成多重身份的。在学校里经历某些特定需求和机会的青少年可能与在家里的青少年不同，在家里，各种关系和期待会影响他们的行为和价值观。青少年们必须学会在寻求连贯、独立的身份与多重身份之间取得平衡。这种多重身份是通过关系协调达成的，体现了他或她的自我意识。

青少年同一性形成的过程也可能因个体的民族或种族不同而不同，也有一些理论学者提出了关于民族或种族同一性发展阶段的理论。这些分析的框架指出，在这个阶段开始的时候（第一个子阶段），非白人的青少年要么倾向于认同大多数白人，要么根本没有意识到种族或民族在他们的经历中所起的作用。通常只有在发生一系列重大事件后，他们的种族或民族变得突出，这些问题才会浮出水面，进而被他们意识到。在第二个子阶段，个体开始越来越有意识地关注他们在社会中的地位，并开始质疑在与本族文化或种族群体的关系中，以及在与主流文化的关系中，自己到底是谁。在第三个子阶段，青少年往往会认同自己的民族或种族群体，并常常热切地探索该群体的历史、文化、政治和社会地位。这些理论的最后一个子阶段是整合统一并内化的阶段。在这个子阶段，个体开始把自己对自己民族的文化或种族群体的认可融入一个更全面、更广泛的同一性中。这个更具包容性的同一性既允许个体认同他们的本族文化，又允许他们在主流（白人）文化群体中成功地进行人际交往。佩德森（Pederson）等人1993年提供了一个类似的框架来研究白人种族认同的发展。他们设定的阶段与之前描述的很相似，包括暴露前期、冲突阶段、支持少数民族/反种族主义阶段、修正白人文化阶段、重新定义和融合阶段。然而，种族认同发展的阶段理论也有其局限性。它们倾向于假设某个特定群体的所有成员都会经历相同的同一性发展过程，并且这些过程本身既是线性的又是渐进性的。关于种族和民族对青少年同一性发展影响的最新研究都集中在青少年群体在与他们本族的文化群体和主流文化群体的互动过程中探索"我是谁"的各种方式，例如，玛丽·华特斯（Mary Waters）1996 年研究了加勒比裔美国青少年对他人对自己的期待以及对自我身份意识的几种回应方式。1996 年，史黛西·李（Stacy Lee）探索了亚裔美国学生在学业要求很高的高中里的多重身份，尼利莎·弗拉沃斯–冈萨雷斯（Nilsa Flores-Gonzales）2002 年描述了来自同一个社区的拉丁裔学生是如何根据他们与学校和社区的关系发展出不同的身份的。

在对黑人同一性形成的研究中，福特汉姆（Fordham）考虑了一种"无种族"现象。他研究了黑人的同一性与学业成绩之间的关系，并得出结论，黑人青少年通常会向两个方向发展，一些人尊重"个体主义自我"，不顾他们必须加入黑人团体的"义务"——一个可能会通向学术成功的道路；另外一些人则把这视为"背叛"，他们信奉少数族裔的"集体主义精神"，以避免变成"非黑人"，即使在这个过程中牺牲自己的学术追求。最近的研究对福特汉姆的结论提出了挑战，并再次证明了非裔美国学生整合他们的种族、性别和学术身份的多种方式。米克尔森（Mickelson）和维拉斯科（Velasco）、安尼特·汉明斯（Annette Hemmings）和普鲁斯·卡特（Prudence Carter）都提供了一些关于非裔美国学生群体的故事研究，这些学生以各种方式整合了学校、性别和种族身份。瓦德（Ward）通过对学业成功的黑人少女的同一性形成的研究，发现了种族身份的形成和学业成功是兼容的。考虑到信仰、价值观、态度和家庭社会化模式的因素，以及"女孩自身对种族在她们生活中所起作用的主观认识"，她的结论是，青少年必须考虑种族身份，才能对同一性的形成有全面的了解。在本书的这一版中，特别关注青少年经历的种族和种族认同的故事是故事 1、故事 4、故事 5、故事 6、故事 7、故事 8 和故事 16。

其他一些最新的有关同一性发展的研究涉及性别和性。性别是身份认同的一个方面，是在现有的话语和制度结构中由社会建构或执行的。青少年常常在刻板的男性和女性的二元框架内探索自己的性别身份。他们在这些框架内做出选择，有时挑战一些约定俗成的规范，有时有意无意、按部就班地执行这些规范。青少年也开始探索他们的性取向和性身份，弗洛伊德认为这是发展过程中的一个自然现象，米德则暗示说文化赋予了青少年更强的性意识。尽管过去的理论家也提出了性身份的发展阶段，但最新的研究学者在研究青少年对性身份的积极建构时，再次聚焦于各种情境下的人际关系和与他人互动的作用。本书中的很多故事都涉及青少年探索性别和性身份的内容，尤其是故事 2、故事 7、故事 11 和故事 15 能够帮助我们去了解这些议题。

其他研究者也探讨了青少年在形成同一性的过程中所面临的多重认同之间的相互作用。例如，詹姆斯·西尔斯（James Sears）研究了同性恋和非裔美国青少年的经历，亚历克斯·威尔逊

（Alex Wilson）研究了同性恋和印第安人的生活。在里德比特（Leadbeater）和韦（Way）的著作《都市女孩》（*Urban Girls*）中，研究人员报告了一些研究，这些研究调查了少男少女们在性别、种族、民族和阶级等问题上的经历，以了解他们是谁。玛丽亚·鲁特（Maria Root）、特里萨·威廉姆斯（Theresa Williams）等人对多种族个体的研究有助于我们理解种族和民族特征发展的复杂性。他们的工作表明，对种族和民族认同的过程是多方面和复杂的，是所有青少年同一性发展的固有部分。

对于青少年同一性发展过程的非主流观点聚焦在特定情境下对个体的考察。发展被视为一个重新调试关系的过程。在这个过程中，个体重新定义自己与自我和社会群体（家庭、民族和种族群体、阶级、性别）的关系。在这本书的自我同一性部分，我们整理了同一性发展过程中所涉及的多个方面（价值观和意识形态、社会背景下的自我以及性）的故事。在大部分的故事中，作者自己也在探索多重身份。我们鼓励读者通过思考以下问题来审视这些自传。在每篇自传中，信任、自主性、主动性、创造性、能力和同一性分别起着什么作用？作者是在什么样的背景下定义自己的？哪些关系和联系有助于他形成自我意识？他是如何改变的？

无论你持有哪种理论观点，我们都建议你采用一种兼容并蓄的方法，其必备的组成部分是同时发现和创造自我，从而加深对自我的理解。我们相信本书这个部分的故事在基调和实质内容上都捕捉到了这一过程。在每一个故事中，对于自我，作者在文章结尾都比一开始有更深的理解和接纳。每一位作者都非常明确地表达出这一过程仍在继续，但是他们似乎已经到达了一个能够回顾过去并监测自己进步的稳定阶段。读者们在阅读某个故事时，不妨暂时搁置自己的理论假设，以免忽略从作者的生活中展现出来的细微而壮观的景象。尽管各种同一性理论都提供了非常有用的框架来理解这些故事，但最好的理论充其量也只是一个帮助我们理解的支架而已。我们应当首先从每位作者自身的角度来倾听他们的观点，通过他们自己的眼睛来观察他们的演变。在他们独特而近距离的生活细节中，我们能够看到人们为了识别真实的自我而表现出来的普遍挣扎的轮廓。你的阅读应该会影响你对这些理论的理解，至少像这些理论影响你阅读的程度那样。

/ 故事 1 /

总有一天我会光宗耀祖

这是关于美国印第安女孩珍的故事，珍自小便在两种文化下成长。在她很小的时候，父亲抛弃了整个家庭，之后母亲拉扯她和三个弟弟一起艰难度日；然而，祸不单行，她还遭到了亲舅舅的虐待，所有这些都给她留下了难以磨灭的情感创伤，但很久之后她才慢慢意识到这一点。珍自幼深深地受美国印第安文化的熏陶，并引以为豪。她考上了一所优秀的中学，也拿到了奖学金，但相对贫寒的家境以及白人同学的优越感、傲慢加深了她的自我怀疑、低自尊和种族自卑感。她没能如愿度过大学适应期，反而因为酗酒荒废了学业，最终在老家找了一份工作。通过帮助那些有需要的印第安青少年，她从他们身上看到了真实的自我，找到了生命的意义，并且重返大学。

　　我是在美国北达科他州俾斯麦市长大的，我的父母是在一个政府安置项目中认识的。这个安置项目试图通过将美国的印第安人从他们的自治区或部落转移到城市以达到种族同化的目的，并通过再教育使得他们在经济上能够自给自足。我的父母恰恰是在科罗拉多州丹佛市的此类项目中相遇并结婚的，我们姐弟四个也出生在那里。我是家里的老大，在我出生时，我来自夏安族的母亲 22 岁，来自黑脚族的父亲 21 岁。

　　三弟出生之前，父亲逃回了他在蒙大拿州的老家，那时我差不多四岁。我对父亲没有什么确切的印象，但我的母亲却说是他教会了她如何照顾我，因为那时的她对照顾婴儿一窍不通。在我出生之后，父亲开始酗酒并到处拈花惹草，不久便嗜酒成性。尽管母亲与父亲的关系不好，但她却总是告诉我们父亲是如何爱我们，如何是一位好父亲。因此，无论何时，只要他一回家，我们就会蜂拥而上，但在他离开之后，我们就再也没有见过他。在我七岁那年，父亲因醉酒死在了老家，年仅28岁。我记不清母亲是什么时候告诉我们这件事情的，但对我来说已经无所谓了。因为自打他抛妻弃子的那一刻起，他在我心里就已经死了。

在我六岁的时候，我们跟着母亲搬到了俾斯麦市，她的许多族人和亲戚都在那里，搬迁是因为在母亲的部落文化里，家族特别重要，而且他们能为我们的生活提供帮助。最初，我们并没有接受社会救济，也没有依靠那些亲戚力所能及的帮助，因为母亲不想让我们永远这样生活下去，她想成为我们四个孩子的榜样。于是，为了能顺利在州立大学社会工作专业拿到本科文凭，她白天工作，晚上读夜校。就这样，我们在一个庞大家族的单亲家庭中长大。

母亲在工厂里做零工，父亲死后我们也从他的社会保障金账户里得到了一些经济方面的帮助——有粮票，也有政府补助（美国对有子女家庭的补助计划）。那时的我们非常穷，会去一些跳蚤市场买二手货，我们绝大部分的衣服、家具和玩具都是从美国的两个慈善机构——救世军（Salvation Armies）和好心愿组织（Goodwills）那里获得的。

在母亲拼命工作的那些年里，弟弟们和我由母亲的一个弟弟来照顾。她没有其他选择——舅舅需要一个住的地方，而我们需要一个照顾者。那时他大概20出头，从我上一年级到六年级，他一直与我们同住。每次我们放学回家，他都会在家门口迎接我们。他会告诉我们一些道理，比如，当那些白人小朋友在放学回家的路上追赶我们的时候，我们要团结互助，不要害怕为自己的权益而斗争。

但舅舅也是一个酒鬼，而且有暴力倾向。无论是他清醒还是喝醉的时候，我们都是他唾手可得的羔羊，尽管母亲禁止他在家里喝酒，但他置若罔闻。有很多次，由于皮带或鞭子在我们身上抽打的印记太过明显，我们都不敢穿短袖短裤。母亲在家的时候，他不敢对我们动粗，而且在他打了我们之后，他还会威胁我们说："你们最好闭嘴，不要告诉你们的母亲。"年幼的我们不敢不从。

他鞭打我们的理由通常都非常荒谬，比如，谁动了他的杂志；谁把厨房弄乱了；谁弄丢了他的袜子，袜子在哪里；谁干的这事儿；等等。内疚、无辜、事实、对错，这些有什么意义呢？没有一点意义。就算我们是完美的孩子，也改变不了什么。我们学会了一回到家就立即打扫屋子，不管屋子事实上是否已经足够干净。我们习惯了躲在自己的房间里直到母亲回家。也可能是因为我们的这些行为让他感觉自己在这个家里不受重视，他便对我们的狗撒气。有时，我们忍无可忍也会出言反击，但那有什么用呢？总之，他会把所有的过错都归咎于我们。

为什么我们对此只字不提呢？我也不知道。我只记得有一次，舅舅抓着弟弟兰斯的头发把他拎了起来，我听着兰斯凄厉地惨叫，感觉到了一种从未有过的无助。我非常生气，也很害怕，但同时又有点庆幸被抓的人不是我——尽管我知道自己不应该这样想。在我上六年级的时候，母亲终于把他赶走了。对我们来说，这是一件振奋人心的事情，我依然记得当时那种重获新生的感觉。

为什么过了这么久才赶走他呢？母亲肯定早就知道舅舅的"恶行"，只是她的家族严格施行族长制度，男人掌管着家里的大小事务，女人只能顺命听从，永远不能评论男人做错了什么，因为那将被视为不尊重男性。在传统意义上，对于外甥来说，舅舅就是第二位父亲。母亲和父亲的家族都有酗酒的恶习，因此我猜想我的两个舅舅肯定也有同样喜怒无常的父亲和舅舅。这些行为通过代际相传一直延续，因为男人们有着莫大的权力去肆意妄为。当舅舅与我们同住的时候，母亲也没能逃过那样的模式。她尽了最大的努力，不惜一切代价想要使我们生活得更好、更幸福，为了让我们快乐，她是那么艰辛地付出，因此我不能生她的气。

当我第一次开始主动回忆舅舅对我们的所作所为时，我非常憎恨他。我甚至为他不能胜任工作、婚姻一地鸡毛、他的孩子被溺爱得胡作非为，以及酗酒问题给他带来的严重的病痛而幸灾乐祸。但是我想告诉你的是，他是爱我们的，虽然这听上去有点奇怪。我不能任由仇恨填满自己，所以我尽可能地去了解他的背景与过往，去弄清是什么导致他丧心病狂地毒打我们。这些事情一直纠缠着他，他才是那个与他的所作所为共生的人，他不需要另一个人来恨他，或他生活的其他部分来折磨他。

我母亲那边的大部分亲戚生活在奥马哈，他们中有许多人是新宗教——美国原住民教会的成员。新宗教融合了基督教教义，教育其信众通过接受教育或努力工作来适应城市生活，并发现自己和他人生活中的真善美，至少对我来说是这样。

美国原住民教会的聚会通常要持续一整晚，在那里你可以为所有人祷告，包括你的家人。你根本没法睡觉。人们会唱古老的赞美诗，同时吃一种有点苦、名为"佩奥特"的仙人掌。老一派的信徒会教导人们如何将《圣经》的教诲和真理应用到生活中，还有些人会谈论长老告诉他们如何做一个好人。他们还会谈论该如何应对生活中的危机、为什么生活会如此、如何看待不幸和灾难，以及如何发现值得感恩的事情并为所拥有的一切感到知足。他们还会谈论谦卑，并意识到我们所面对的大部分事情都会随着时间而成为过去。正是在那里，我感受到了对智慧和推理论证的敬畏。

为了参加教会聚会和传统的宗教仪式，我们频繁地开车回到内布拉斯加州。在那里，我们向上帝和神灵祈祷和献祭，并举行宴会，载歌载舞来庆祝他们为我们所做的一切。我们也曾穿越周边各州去参加跨部落的聚会。来自不同部落的歌手和舞者相聚在一起，友好联欢。我们也会和母亲娘家的近亲们一同小住，他们会给我们讲述那些古老的故事，带我们参观他们的领地。我们四姐弟喜欢去郊外，因为那里的世界与城市无关。

当我在公立学校读完六年级后，母亲让我去参加一所私立学校的考试，据说是舅妈极力推荐的，她们希望我能够去一所比公立学校更好的学校读初中。幸运的是，我被录取了，而且还拿到了奖学金。当七年级开学的时候，我就转学去了那所私立学校，其实我并不想去，我想和我的朋友们一起继续在公立学校读书。

我仍然记得那种因不合群而产生的焦虑感。那是一所圣公会管制下的大学预科学校，非常富有，从幼儿园到高中都有。让我觉得自己是"局外人"的并不是我的种族，尽管这也有一些潜在影响。如果说有什么事情比我上小学时和弟弟哭着回家，然后被告知要团结起来抗争更糟糕的话，那我会说是贫穷让我觉得自己是一个局外人。

开学第一天，英语老师让我们以"你去过的最远的地方"为题写一篇作文。写完之后，我们把作文都贴到了张贴板上。我写的是内布拉斯加州，当我去看同学们的作文时，我发现有一个同学写的是"我乘豪华游轮周游了全世界"。出人意料的是，大部分同学写的都是欧洲、加利福尼亚等地——炫耀几乎占据了学校生活的大部分时间。

那里的孩子都很不友好，我说的不是肢体上的，而是言语上的。他们会问："谁会为你付账单？难道你从来没去过卡尔霍恩俱乐部？你的衣服在哪儿买的？你的意思是说你从来没有离开过美国？你们的房子是租的？你是说你没有零花钱？"我无法拥有他们所拥有的，也不能真正明白那些东西的重要性，但我能强烈地感觉到，当我和某个人说话的时候，他并不是在专心听我到底在说什么，而是在研究我的衣服。

所有这些事情都不是我的家人和亲戚们能够理解的。他们一致认为，对我来说，能够考上那所学校是件很好的事情。他们希望年轻一代能够找到自己理想的工作，不用再过他们的那种苦日子。贫穷实在太让人痛苦了，数不清的账单太沉重了！我开始逐渐接受这些现实，并认为自己应该可以坚持下去，但这并不能帮助我面对每天的质疑和同龄人的冷嘲热讽。当他们那样做的时候，我只能把脸转到一边或低下头，或者只是面无表情地耸耸肩，因为我十分不自在。

学习课本上的东西并不是特别难，大部分内容只靠死记硬背就够了，在课堂上我都能记住，但是过后又全忘了。当我在家的时候，母亲会盯着我完成作业。她总是告诉我们上学是多么重要，如果我们认真读书，将来就不会像她那代人那般艰难了。如果有什么是值得一提的，那就是作业内容真的很无聊。我发现班里的同学都极度关注他们的作业，分数对他们来说超乎我所能理解的重要。母亲从未对我说过"珍，我希望你可以得 A"，当我没得到 A 时，她也从未表现出过失望。她总是会问"你真的努力了吗"，仅此而已。其他同学努力学习是为了获得高分，但对我来说，学习是鲤鱼跃龙门改变命运的生机。

我绞尽脑汁能想到的唯一解决问题的办法，就是不断缠着母亲给我买新衣服。她竭尽全力满足我，但在我看来，我的衣服依旧非常落伍。所以我开始从商场里，从学校没有上锁的学生储物柜里偷衣服。然后有一天，我被逮了个正着，那是一种被"人赃并获"的感觉。我猜其他孩子一定会议论纷纷："你能相信她做了什么吗？"最重要的是，我知道我伤害了母亲，这才是我最在乎的。我被学校停了几天课，当母亲和我来到校长办公室谈话时，我被问道："怎么会发生这样的事呢？"我终于忍不住了，开始哭诉同学们是如何给我起外号、如何嘲弄我，以及我如何再也忍受不了对自己的鄙夷。我从未意识到这些事情是如此困扰我、伤害我，这就是我偷东西的原因。

母亲把我领回了家并和我谈心，她告诉我偷窃是不对的，会给我的人生带来污点，并显得我没有教养，从而令她受辱。她也告诉我说人们是多么容易一念之差去偷窃，但那是不对的；相反，说出真相且真诚待人却无比困难。她也说我们每个人都会犯错，这没什么大不了，只要"吃一堑，长一智"就好，然后她还谈到同学们嘲弄和羞辱我的那些事情，她说："他们是无知且不道德的，他们并不了解你，也不了解你的优势，他们只是一群顽劣的孩子而已。"我知道，一切都是我咎由自取，并因此感到羞耻，但是她使我相信她的爱，也相信我自己。这件事使我从母亲身上学到：做人要有宽容之心。

在学校，我学会了掩藏真实的自己，我必须装得和其他学生一样快乐、富有且势利，然而由于家庭的贫困和部落的聚会，我做不到像他们那样，无论如何也做不到。大部分时间我都很无聊，或者因为家事而分心。所以足球队输了又如何？晚上八点钟后不能打电话有什么好生气的？

这都算什么问题？

我觉得我必须装腔作势，或者过一种引人注目、光鲜亮丽的生活，这样人们才会对我感兴趣，否则我注定会成为一个孤独者。无论如何，无论在哪儿，我都需要聚光灯能够打到我身上，所以在两年的时间里，大概在八年级和九年级之间，我变成了一个说谎者。我编造亲人死亡的故事，谈论有关酒精和大麻的话题，告诉人们我有希腊血统，但当他们问到我的"希腊祖母"时，我就岔开话题。我知道那是弥天大谎，也暗自思忖自己的祖母，并懊恼为什么不能以她和自己真正的家庭背景为傲。看起来我好像抹杀了她的存在，捏造了一个不存在的女人来证明她的一文不值。我发现自己内心的一部分真的很邪恶，我为自己变成这样一个可怜虫而感到厌恶，但当我从我的所作所为中获得快感时，我忍不住一再这样做。后来我决定绝不再撒谎了，因为那终究不是我实际的生活。我生活的某些部分虽然不堪且难以理解，但那就是我的生活，与其他同学相比，它并不是无足轻重的。并不是所有人的生活都像有钱人或有生活保障的人那样幸福，但这并不意味着后者比那些不幸的人更有价值。

从那时起，我才意识到母亲为了抚养四个孩子付出了多么艰辛的努力，我才知道所有的账单以及我们年轻人越来越高涨的欲望都落到了她一个人身上。她会大发雷霆，数落我们"永不知足"，或者"不帮忙操持家务"，在那些年间，她会用各种粗暴的方式指出我们的错误。当她发脾气的时候，我就会哆哆嗦嗦地缩成一团，不由自主地害怕，但这与我们小时候被舅舅伤害还不一样——我能理解她为什么会沮丧和咆哮。尽管如此，母亲从未放弃教育我们，她会告诉我们，我们是多么地聪明，将来如何能够成为人上人。即使我们做错了一些事情，她也能够理解我们的动机，并且不断地提醒我们"知错能改，善莫大焉"。

有些时候，我们也会去参加美国原住民教会的聚会，参加各种祈祷仪式、大型宴会，或和亲戚们一起进餐。我喜欢所有这些事情，虽然我从没想过为什么我会这样觉得，但我知道做这些事情让我感觉很舒服。我记得在我上九年级时，有一次，在参加完聚会回来后的一周，在数学课上，我一边听讲一边四处张望——我的思想在开小差，我不停地看着窗外，回忆我们去加拿大参加的一个在很大的湖边举办的聚会。在那次聚会的中场休息期间，我和弟弟开着摩托艇就冲到了湖心，然后引擎突然坏了，我们就那样漂浮在湖水中，欣赏着岸上的聚会——看着所有参会的人，闻着那缭绕的香味，听着那优美的音乐。人们谈笑风生，一派喜乐融融的祥和盛景。

我们试着启动引擎，但没有成功，而且我们还忘了带船桨，就这样，我们漂得离岸边越来越远。就在我们快要被对岸的芦苇丛包围的时候，我们又尝试发动了一次摩托艇，这一次成功了，我和弟弟兴奋不已。当他操纵引擎的时候，风向后吹动着我们的发梢，我们开足了马力往前冲，没过一会儿就回到了岸边，从此我们有了可以拿来津津乐道的"湖中历险记"。

聚会上的人们总是喜欢互相打趣，这就是我所喜欢的笑料。夜晚，我们可以看见满天繁星，我发现黄昏以后放凉的咖啡味道特别棒。木头燃烧所散发出的气味也给人带来一种轻松、温馨的氛围，即使夜幕降临，即使身体早已精疲力竭，即使晚上不能睡觉也没太大关系，因为快乐的时光总是稍纵即逝，一定要好好享受当下。我们四个当中数我最喜欢跳舞，在我很小的时候，我就喜欢跳舞。我能一直跳，直到脚上磨出水泡，直到他们强制让我休息。

在学校里，没有人知道在这个世界上，我会对什么事情感到自在和舒服，我感觉自己就像一只笼子里的小鸟。我学习对数函数有什么用呢？我不断地听到从走廊里穿过的三个女孩窃窃私语，对她们的老师品头论足，说她看起来像个书呆子，又说什么"难道约翰不是炙手可热的人物吗，他刚刚和女朋友分手啦"……所有这些都让我感到非常恶心。

这种周旋在学校、旅行和家庭之间的生活方式让我感到难以招架。母亲一个人既要满足我们的生活所需，又要支付各种账单，这压得她喘不过气来。尽管她完成了大学学业并拿到了学位，一年可以挣到 18 000 美元，但这对于一个五口之家来说远远不够。母亲时时刻刻都处在压力之中，这种压力并不仅仅是经济上的，更多的还是来自我们——四个处于不同青春期阶段的熊孩子。有的时候，我并不是最乖巧的那个，当我没有足够的钱去做一些事情的时候，我也会生气烦躁，我会表现得好像这全是母亲的错。我的弟弟里克和兰斯开始和学校里那些帮派小混混们混在一起，他们抽大麻、逃课、各种违反纪律。有一次，由于那位曾经和我们住在一起的舅舅威胁说如果再发现兰斯抽烟就"揍死他"，兰斯差一点离家出走。

我最小的弟弟比尔跟我就读于同一所学校，其他两个弟弟则去了公立学校。当他们读完六年级的时候，他们也来我的学校参加了考试，但没有获得奖学金，虽然后来学校给了他们一个奖学金名额，但母亲也无奈地放弃了。与往常一样，学校总是会催着母亲付清学费，如果她不按时缴费，我们就会没有食物，或者没有暖气和电。大多数时候，我希望另外两个弟弟可以和我们在同一所学校上学，但有时我又庆幸他们没有来。在我的内心深处，我并不想让他们觉得自己很糟糕，我希望生活对他们来说"更容易"一些，我不希望自己多年来遭受的愚弄和嘲笑在他们身上重演。

九年级中期的时候，我交到了一些朋友，我觉得和一些新同学交流起来要相对容易。在整整两年的时间里，我第一次有了朋友。大部分的时间，我们的话题都聚焦在学业、男孩、田径跑步是多么地困难，等等。我喜欢那样的生活。

我认为对于我和比尔来讲，高中时期是对贫穷麻木不仁，以及试图忘记那些夏安族和黑脚族的原住民生活方式的典型阶段。那样做能够使我们活得容易一些，因为看起来我们需要在学校以一种方式为人处事，而回到家又需要换成另一种方式，这种不断的切换让我们难以适应，凭什么孩子应当受这种折磨呢？我不再愿意参加自己的家族聚会，在高中的最后两年里，我基本上不怎么在家族成员的面前出现，我把精力和时间投入到体育运动中，和朋友们待在一起，或者长时间跟他们打电话聊天。与被人念叨"账单缺口怎么那么大"相比，学校生活更容易一些，至少表面上是风平浪静的。我可以在讨论学业方面应对自如，但是对于帮助母亲摆脱贫穷却无能为力。

我上 11 年级的时候，我的弟弟比尔也上了高中，唯一的问题是我不再像以前那样喜欢他了，因为我从他身上看到了自己的影子。他看不起我们家庭的贫穷，并为此感到羞耻，学校和同学对他来说成了最重要的。当他对母亲置之不理的时候，他的这些心态暴露无遗。母亲只是想告诉他一些事情，他却以一种高傲的姿态回答她。我对此非常生气，认为他不尊重母亲为我们付出的一切。与家人相比，他更关注他的朋友们。他会对我的其他两个弟弟说一些侮辱性的话，比如"好吧，你懂什么"。后来，他还跟他们说一些什么"我们私立贵族学校"之类的话。他看不起他们，但是我觉得，比尔和我能进那所学校是我们的幸运，而其他两个弟弟不得不去读公立学校并不是他们的错。

等到快要选择大学的时候，我的内心特别挣扎、疑惑，我发现很长时间以来，我一直在竭尽全力地忽视那些对我的家庭和部落来说很重要的东西。我像其他人那样申请了大学，并在入学考试中取得了相当高的分数，顺利从那些喜欢我的老师那里拿到了推荐信。当我递交申请书的时候，我填了州外的学校，因为我想看看外面的世界是什么样的。整个过程非常有趣，因为所有的常春藤盟校都向我伸出了橄榄枝。我对上名牌大学并不太感兴趣，尽管其他很多同学都为此痴迷，他们很多人都会参加两次考试，一位同学甚至还揶揄我说"哈佛大学打电话来找你了"。我之所以喜欢我现在的学校，一个很重要的原因是那里有一个美国印第安人社团，我需要一些与我的背景有联结的纽带，使我能够在远离家人和部落的情况下获得大学期间所需的帮助。

我的母亲和亲戚们再次受到鼓舞，在他们眼里，我似乎飞上枝头变凤凰了，除了一些老顽固，其他人都为我感到开心。"姑娘家家的难道不应该结婚生子吗？为什么要跑出去四年呢？"虽然他们并没有直接这么说，但是当外祖母告诉他们这个消息的时候，他们把眼睛瞥向了一边，或者直接顾左右而言他。在我眼中，上大学并不意味着弱化我身上的印第安人色彩，或者我忘记了自己的出身，如果非要说上大学有什么用的话，我认为它反而可以加强我的民族自豪感。

有些时候，外祖母会故意告诉人们我要去哪里，这让我很恼火，因为她说话的口气很容易让我招人嫉妒。她的炫耀对象的孩子大多就读于州内的大学或社区学院，在我看来，他们也很优秀。我并不想让别人羡慕甚至嫉妒我，或者觉得我狂妄自大。很多亲戚总是忍不住张扬，他们为我感到自豪，但我很讨厌他们大张旗鼓地宣布我将要去哪里，因为他们并不总是提到苏加入海军陆战队后取得了多少杰出的成绩，或者鲍勃担任了塑料工厂的主任。他们并不比我差，事实上他们所做的事情要求甚至更高。

高中毕业礼是无聊透顶的，我没有像其他很多学生那样流泪，只记得很开心高中生活终于彻底结束了。我并不怀念我的高中生涯，更不会想念那里的大多数人。

离家去上大学那天，很多人一起到机场送我。母亲、外祖母、外祖父、两个舅舅、两个表弟，还有我的三个弟弟。他们为我和弟弟们还有母亲拍了很多照片。当我和弟弟们告别时，母亲强忍着泪水没有哭出来，我知道她会很想念我。突然间我也意识到自己其实也会思念她，这让我感到有点惊讶。泪水在我的眼眶里打转，我的嘴唇也在发抖。外祖母说："你是去做大事的，这不是什么不好的事情，我们不应该流泪。"在我登机的那一刻，我听到他们呼唤我的名字，我转过身去，然后被他们抓拍了最后一张照片。在放置好行李后，我坐了下来，看着窗外开始抽泣。有位男士想跟我搭讪，但当他意识到我在哭时，就放弃了。飞机开始滑行进入跑道，我望向登机口，他们都还默默地站在那里，挥舞着双手，我看到母亲依然在哭。那就是爱，而我离开了爱我的人们。

能够进入大学，我感到非常开心，部分是因为这是我"凭本事"得到的，部分是因为我认为大学生可能会更理智和成熟，不会存在高中时那样的小群体，不幸的是，我错了。在新生周里，我发现大部分人和高中生一样无趣，这让我简直惊呆了。我无法适应课堂，也不喜欢我的室友，更讨厌那些遇到的笨蛋，我无法发觉自己在那里的真正意义和目的——除了结识了一群自以为是的人，还有一堆无聊的团体。那是一段我凡事都要靠自己的时间，可问题是我并不知道自己能干什么，我觉得自己一无是处。

第一周的某个夜晚，我孤独地坐着，像我以前参加部落聚会或在内布拉斯加州那样看着天上的星星，突然我的胸部紧绷得像要裂开一样，我大声地咆哮着："为什么我要在这里？"我躲在树丛中抽泣，因为我不想像高中时那样，再次成为焦点。

以下是我在大学的第一个学期所做的事情：第一周我上了数学课，上半学期我上了英语课，我的第三门课一周只上一次；无论何时，只要我想喝酒，我就能烂醉如泥；我欠了三四份英语作业没有交。我会去阅读那些必读书目，但就是无法安静坐下来回答那些话题性的问题；坐在电脑前面，我生平第一次竟然想不出来任何该死的字眼来形容英国小说家康拉德（Conrad）的《黑暗之心》（*Heart of Darkness*）一书的意象及其对读者的影响。我去上的前三节数学课都是在复习八年级的课程，重点是我一直讨厌数学。这是我上午最早的课程，可是我没有一丁点儿动力起床去上课。

我一喝醉就开始胡言乱语或哭哭啼啼。记得有一次，我参加了一个联谊会，看着人们跳舞，看着他们在拥挤的地下室里进进出出拿啤酒，看着他们跳上跳下，为一场啤酒乒乓球比赛欢呼雀跃，就在这时一个杯子被打翻了。我本应该玩得很开心的，但我却冲了出去，站到了一棵松树底下，攥紧拳头，为我的家人哭泣。我一直为像这样的抽泣或胡言乱语感到很尴尬，并下决心以后不再这样。我很想家，比我想象的还要想，但我并不知道我感到空虚，也不知道自己出了什么问题，因为我本应该好好活在当下，毕竟我还年轻，还在上大学。

人们开始帮助我，朋友们会问我有没有去上课，有没有把数学和英语补上来，当我回答说没有的时候，他们会说："珍，你必须去，否则你会有麻烦的。"当他们那样说的时候，我不是沉默，就是微笑。终于有一天，我被院长"请"到了办公室，他问我为什么会出现这样的问题，我只能回答说不知道。我非常紧张，不知道他会对我说什么。他说："你原来是在私立学校上的学，你在那里学习非常好，你在这里应该更好的，但你却表现得一团糟，为什么你不能好好学习呢？"我什么都没有说，他问我是不是想家了，我几乎是哭着回答的"是"，他告诉我必须去上课，而且相信我能够做到。当我从他的办公室里走出来时，我努力使自己平静下来。哭，对我来说有什么用呢？

刚开始的时候，我大约一周和母亲通一次电话。她总是会问我在和哪些人交往，我也会如实相告，并告诉她我和他们在一起都做些什么事情或谈论什么话题——当然除了喝酒。母亲绝不容许她的任何一个孩子染上这个恶习。她也会询问我上课的一些情况，而我只是草草地说："并不太好。"然后她会接着问我的成绩怎么样，而我会回答说："妈妈，我不知道，反正不是特别好！"她总是安慰我说："珍，如果你想回家就回来吧，你知道我们都希望你开心。"

有的时候我会想，要是有一个男朋友，没准一切都会好起来。新生报到的那一周，我遇到了一个印第安男孩约翰。我开始向外寻找我现在缺乏的东西。我喜欢他仍然和他的部落保持着密切的联系，那是他汲取力量的地方。周末的聚会结束以后，我们一起度过了好几个晚上（别多想，我们什么都没有做）。我们大部分时间都待在一起，人们总是猜测我们是不是恋爱了，我也想知道。

约翰过来找我，说想和我谈谈，当时我心里正好有点焦虑，也有点想家，但瞬间就释怀了。他说了一些当我在他的房间里睡着的时候，他很想吻我之类的话，还说和我在一起他很快乐，他很尊重我，等等。这几乎像是在对我表白，按理说等他说完的时候，我应该立即起身投怀送抱，然而，我却说我要去洗手间，因为我的确需要。

等我出来的时候，他已经下楼了，我感到有点失望。他一直在喝酒，醉得一塌糊涂，然后我就知道我们之间没有下文了。突然间我感到无比的孤独和悲哀！第二天我们继续一起学习，仅此而已。他不太健谈，当我们回到他的房间时，他说我可能会恨他，因为他已经决定和前女友复合，他并不想和不是纳尔霍人（美国最大的印第安部落）的女孩约会，我回答说希望他能够幸福。我很惊讶自己竟然说出那样的话，但我是真心的，尽管他是我最后一根救命稻草。我让自己走上了一条自我毁灭的道路，我随心所欲地用酒精麻醉自己，痴人说梦般地期待他回心转意，完全忘记了学业。

随着第一学期的结束，期末考试来临了。我不想起床去参加数学考试。去了又有什么意义呢？无论如何我都完蛋了，我还有好几份作业没有完成，而且第三个课程的学期论文也没有写。我在休假的时候接到了一个电话，院长让我必须退学，所以当我回到学校的时候，我只能依依不舍地收拾行李。我后悔了，我努力了那么多年，好不容易才来到这里，我才刚刚开始人生的新篇章，本来可以大有作为，比如规划我的生活，自力更生，或者和同龄人一起享受大好年华。

当我回到家的时候，母亲很支持我，我的大多数亲戚也很支持我。我其实并不知道自己到底应该干什么，是去找一份工作还是去州立大学读书，我没有心思做任何事情。大约有三个月的时间，我一直待在家里，打扫卫生、做饭、与母亲和弟弟们一起玩，我尽量逃避进行自我反思，更不愿思考未来。我唯一努力去做的事就是去内布拉斯加州看我的外祖母，并尽可能多地参加美国原住民教会的聚会和祈祷仪式。

我开始偷偷地喝酒，无事可做的时候我就喝酒，或许只是为了让自己兴奋一些。有一次，我溜进浴室，一小口一小口地喝伏特加，直到自己喝晕了过去。我的弟弟里克告诉母亲，我看起来很奇怪。我隐约记得当她抚摸我的后背时，我哭了。第二天早上醒来时，我想："哦，天呐，我都做了些什么？"我很后怕，我什么都不记得了，我真的不敢相信自己竟然喝得烂醉如泥。

母亲回到家后，对我说："珍，你不能这样对我，你爸爸就是这样死掉的。如果你因为酗酒而有个三长两短，我将会悔恨终生。你怎么了？你为什么要这样呢？"我无言以对，但我意识到父母会比孩子先离开这个世界。我从她赤红的脸上看出，母亲知道她自己什么也帮不了我，我必须靠自己，借酒消愁没有任何前途和意义。我看到自己的极力逃避是如何将自己的人生逼到了夹缝中，我必须想清楚到底是什么在困扰我。我哭着向母亲道歉，那是我生平第一次真诚地道歉。

后来，我报名参加了一个宗教和心理学的夜间课程，并在市中心一所专为印第安人开设的非传统性高中找到了一份工作，辅导孩子们英语和数学。绝大多数学生来自当地的印第安人保护区，还有的来自南达科他州、北达科他州、内布拉斯加州和蒙大拿州。大量印第安人涌进俾斯麦市，或是为了找工作，或是为了找乐子。他们中的很多人都很穷，而且酗酒，很多人都来自不健全的家庭。令我吃惊的是，他们认为放纵是一种生活方式，是他们所了解和接受的唯一生活方式。他们落后的教育、他们的贫穷、他们的酒精和毒品滥用、他们的身体放纵、情感放纵和性放纵……总之，百废待兴。

有一个叫莎伦的女孩总是非常安静地做作业。当大家在活动中选中她时，她总是会极力躲避；当在课堂上被叫到名字时，她的声音都会颤抖，甚至不敢抬头。如果我哪天告诉她，她非常聪明，也很漂亮，她就会立即反驳道："不不不，一点儿也不是那样的。"如果她不得不寻求一些帮助，她就会说："我很笨，我做不来。"我听到莎伦的男朋友嘲笑她说："我怎么可能和你在一起，我能够随心所欲地得到任何我想要的女孩。"莎伦央求道："对不起，请不要生气，我会照你喜欢的那样做的。"在听到这些后，我心如刀绞地跑进洗手间，试图屏蔽她央求他的声音——那正是当别人生我的气或者不喜欢我的时候我所说的话。

他们一无所有，因此所有心存斗志的人都会为了尊严和荣誉而坚强、独立、敢作敢为。每个人都有自己的需要，我不知道为什么那些孩子总是向我诉说他们的生活；也不知道为什么那些孩子总是挑剔几乎所有的老师和助教（大部分时候都当着他们的面），而我却能幸免。也许是因为我才19岁，比他们大不了多少；也许是因为我是一个印第安人，我喜欢看他们笑，逗他们玩，陪他们聊天。当他们和我交谈时，我也会认真倾听，因为他们所说的是他们生命中的故事。

所有我能告诉他们的就是："你并不一定非得那样，知道吗？"一直以来，这些孩子都像是被关在笼子里的鸟，是丧失了自由的，是被困住的，他们正是我回到学校的原因。我必须找到一种方法去打开他们童年之外的生活和世界，使他们至少能读完高中，接受足够的教育，为上大学做准备。我必须找到一种方法，不让他们为自己的过去感到羞愧。我想以某种方式给学校带来一些改变。学业以及你在学校里的成就决定了你将拥有什么样的生活和事业。我看到很多学生如羊走迷，而这与他们的智力没有任何关系。为什么高中通往大学的道路如此狭窄？

工作帮我决定了在大学期间该做些什么。回来之后，我的成绩一直不错。虽然我督促自己去上课，按部就班地阅读那些发给我课程资料，但我还是很纠结，相比学习和学校里的事情，我更关注我的家人以及家里所发生的事。

我的目标并不是门门功课都得 A，而是尽我所能去学习那些对我从事教育工作有用的东西，或者帮助我理解他人的东西。我也尽可能地多了解这里的文化，弄清什么样的理想与标准能够激励学生和教授们。很多时候这也是一种痛苦，因为尽管这里的大多数同学在成长过程中拥有很多优势，尽管他们聪明过人，但却难以置信地缺乏同情心或同理心，他们看不到有的人还过着非常艰难的生活。他们的世界和生活也是封闭的，很多时候这都让我无比沮丧。有人认为学术知识就是衡量一个人是否拥有智慧和值得尊重的标尺。这是我所不能理解的，因为学术知识跟我们是谁有什么关系呢？在我看来，智慧与书本和理论毫无关系。

刚回来的那段时间，我住在一个男女混合的公寓，但是我发现我依然会通过喝酒来消磨时间。每周我至少会宿醉三次，我喝了太多的酒，把身体都喝坏了。现在，如果我一次喝三瓶以上的啤酒或调制酒，第二天就会卧床不起、不省人事。幸运的是，我一年之中只这样昏睡过两次。现在，我一个月只喝一两次啤酒，仅此而已。我的酒瘾并没有很大，因为我最终发现喝酒解决不了任何问题，而只会浪费时间和生命。

自从我回来之后，我就成了美国印第安社区的活跃分子，只要有可能，我就会住在社区里，感觉那里就像家一样。我的大多数朋友都是印第安人，这并不是因为我有偏见，而是因为我觉得和他们在一起更自在。当我遇到陌生人的时候，我仍然会害羞和沉默。在过去的一年里，我不惜一切代价地逃课，现在我决定不再那样了，而且我和一个男孩相爱了，我们交往了两年，但是三个月前分手了，这让我很痛苦，现在依然如此。

我的前男友彼得能够接纳我的一切，包括我的缺点。他过去常说，他希望我们可以共同完成我们都想做的事，并且彼此坦诚，毫无保留。但我并不知道该如何接纳自己，我向他索求的太多了，就好像希望他能弥补我，弥补我生命中所缺少的东西。现在我知道，除了我自己，在这个世界上，没有任何人能为我做到这一点。在遇到彼得之前，我总是很孤独。和他在一起让我学会了如何去接触他人，而不是做一个整天幻想爱的人。他走进我的生活，让我学会了如何去信任他人。

有一次，我和一位高中时的朋友一起外出，她谈到了她的父亲是如何与那些受虐待的儿童和酗酒的学生打交道的。她罗列了所有那些学生的特征。你能想象吗，当她滔滔不绝的时候，我感觉她其实就是在说我。我目瞪口呆地坐在那里，感觉就像胸口挨了一拳。

在我和彼得相处的时间里，我从自己身上发现了很多受虐待儿童的行为特征。当我意识到这些的时候，我感到很轻松，即使我和彼得交往的时候，我也会经常感到绝望和沮丧，我总是担心他会离开我。我从未真正理解他眼中的我是什么样子的，所以我会努力成为他想要的样子。我害怕和他发生冲突，如果我生他的气，我就会生闷气，憋在心里，因为我不敢说出来。我对自己没有安全感。事情越积越多，当我最终爆发的时候，我甚至都不知道自己到底在为什么生气。有时我甚至连话都说不出来，我认为自己没有生气的权力，至今我依然有这种倾向。

我看到我是如何把他当作沉溺的对象，我无法给予他他所给我的那种爱和接纳。当我告诉彼得我和弟弟们都被虐待过，以及我想对此做些什么时，他竟然抱住了我。我的声音在颤抖，我几乎无法忍受我所发现的东西，彼得问我是不是想哭，我说"是的"，他说"过来"，然后把我抱在怀里，但是我哭不出来。他问我感觉如何，我说我感觉很羞耻，他说："哦，宝贝，你没有什么好羞耻的，那绝不是你的错。"然后我就泣不成声了。

日子一天天过去，在我们分手之后，我变得越来越没有安全感。我央求他复合，不断纠缠他，企图成为他生活的一部分。我忍受着对他的思念，慢慢地，我对自己和他都失去了信心，然后我意识到自己需要面对一场更漫长的战争——去让自己感觉好一些，而不是向我的受害者应激反应屈服。天呐，我真希望自己是在正常的情况下和他相识的，我真希望自己没有被虐待过，但这并不能改变过去，我需要面对现实，慢慢逃离童年所发生之事对我的困扰。至少现在我意识到了，而不像其他很多人那样从来都没有发现到底是什么在困扰着他们。

毕业指日可待，我打算继续攻读研究生，主修印第安人教育，我想从事课程设计和行政管理方面的工作。但我可能会先教书，以获得一些实际的经验。我发现，州外的经历使我获得了更多的视角，并促使我最终能够欣赏自己的家族文化。我将永远尽我最大的努力去保持与家族、与美国原住民教会、与生活中的那些传统和聚会的联结。我希望能将这其中的一部分甚至所有都传承给我的孩子。

我学会了把自己看得很重要，并意识到了自己的优势和能力，最终我开始能够和自己以及他人友好地相处。我期待着看到自己将来的样子，尽管需要经历一个漫长的过程。当我走向毕业典礼的礼堂时，我希望我的亲人们能和我在一起，我会昂首挺胸地走下去，我会让一切重新来过。

我写下这首诗，为我自己，为也曾和我一样迷惘的你。

> 我穿上外套和网球鞋，
>
> 我玩了一场游戏，我赢了，
>
> 我乖乖去上学，
>
> 我认为去了解我的亲人，
>
> 是有意义的事情，
>
> 我喜欢玩游戏，
>
> 但并不为此沉迷，
>
> 来自各个领域的知识，
>
> 我的想法、我的希望，
>
> 总有一天，
>
> 我所有的长辈，
>
> 会为那些追随他们的晚辈，
>
> 而感到骄傲并受到尊重。
>
> 我梦想，为那些，
>
> 还没有来到这里的孩子，
>
> 开辟一条出路！
>
> 这样年轻的人们可以，
>
> 用我从未有过的方式，
>
> 更加游刃有余地打一场胜仗，
>
> 这是我们的愿望，
>
> 这就是我们的愿望。

/ 故事 2 /

寻找桑伽姆

亚萨在童年时期一直是她印度移民父母眼中的完美女儿。在青春期的时候，她陷入了一种"在一个完全不同的环境中被另一种文化指导"的冲突之中，并努力在"顺从的印度女孩"和"独立的美国女孩"之间平衡自己，她对同一性的追求导致她与父母之间的冲突与摩擦愈演愈烈。大学期间，她开始和不同背景的人打交道。在一次与母亲同回印度的旅行中，通过"桑伽姆"的比喻，她开始意识到自己所寻找的自我同一性。桑伽姆是一个印度语单词，意为"汇合处，无论是地理的、物理的、精神的还是智力的"。最终，她认为自己是一个优秀的印度女孩，只不过不是父母心目中的那种女孩。

当飞机在印度德里的甘地国际机场降落的时候，同机的乘客们开始操着浓浓的印度口音交谈起来，嗓门越来越大。我在这样的环境中生活了七个月之久。那是大学三年级的秋季学期，在学院国际交流中心的赞助下，我前往印度研究教育体系。我已经八年没有去印度旅行了，我知道这次旅行对于像我这样的拥有印度血统的美国女孩会是一个挑战。我会觉得自在吗？我能够和他们顺利交流吗？在印度我会感受到在美国的那种迷茫吗？我决定不强迫自己进入灵魂探索之旅，相反，我打算敞开心扉接纳各种文化，入乡随俗，随遇而安。

当我走出德里机场的那一刻，午夜的热浪包围了我。我感受到了一种既遥远又奇妙的熟悉感。外面成群结队的人在迎接他们的亲人，他们挥着手，激动地围着回家的亲人问这问那，表达着他们的兴奋和热情。我差点忘记了这就是印度的欢迎仪式——所爱的人外出旅行尤其是国际旅行归来，可以说是整个家族的大事。我快速扫视着人群，目光落在我的叔叔、阿姨、祖母，最后是我九岁的堂妹身上，他们一同向我飞奔过来，热情地拥抱我，欢迎我回家。

在那里的前几周，我都觉得自己像个外国人，尽管我有之前探亲之旅的回忆，而且也从父母那里耳濡目染了这个国家的习俗，但我还是觉得与这里的日常生活有些脱节，好像自己是一个局外人。作为一个"外国人"，我并不认为自己受到了很多这种文化的影响。毕竟，我是作为一个美国人到这里观察学校的，我的亲戚们也视我为美国人，这也是他们对我感兴趣的原因。

自从上了大学，我就开始忽略自己的印度血统，这让我最终能够自然地融入当下的生活。我没有参加学校组织的南亚团体活动，因为我觉得那些活动总是倾向于延续刻板印象，从而导致它们的文化遭到边缘。它们的"文化之夜"变得越来越关注肤浅的东西，渐渐沦为娱乐而不是真正的教育，比如露骨的时装表演、来自宝莱坞电影的舞蹈，还有那些无厘头的滑稽短剧嘲弄着他们本应引以为豪的东西，所有这些与我所熟悉的印度文化都大相径庭。因为没有渠道来表达那部分的自我，我的大脑出现了某种程度的失活。但是回到我的祖先所生活的地方不久后，我就开始感觉到了我身体里的那个印度女孩。无论是好是坏，那片土地、那些人、那些景色、那些气味、那些声音、那些味道，都开始从记忆的最深处渐渐浮现出来。慢慢地，观察者／人类学家的客观思维定式开始被参与者的个人主观性所取代。我记得有好几次我都在想：这个国家就是我的一部分，这是我出生的国家。这是一种无法抗拒的地域感，一种对这片土地的责任感，因为它已经成了我的一部分。这让我觉得有些不可思议。

这并不意味着我喜欢印度的一切；相反，很多事情都让我对那里的民风感到愤怒。例如，一名少女走在街上，很少不遇到猥琐的眼神肆无忌惮地上下打量，这充分反映了父系社会中男性的权力。无论我走到哪里，都会遇到这样的事。在一个小镇上，一群年轻的男人跟着我，还试图偷拍我，就好像一个穿紧身背心和运动鞋的印度女孩是他们见过的最不可思议的人一样。此外，贪污腐败在日常生活中也是无处不在，贿赂似乎是一种解决问题的常用手段。而且，不难想象的是，贫困程度和阶级划分也是非常令人难以接受的。一个建立在如此明显而又古老的等级制度之上的社会使我开始质疑自己的偏见，我对于自己不了解的东西怎么能妄加论断呢？虽然我不得不在一定范围内接受这些事情，但我是在一个与以前完全不同的环境中接受它们的。我会深深地为那些消极的事情而忧心，但也为那些积极的事情而自豪，就好像它们与我有关似的。残疾的乞丐儿童和那些美丽而古老的寺庙，在我心里激起了一种似曾相识的归属感。我的很多情感——愤怒、兴奋、生气、困惑和喜爱——都被强化，然后转化成我生命中多年来都未曾触及的那部分。

在印度待了一个月之后，我的母亲也来了，我的这些情感更加强烈了。我们一起旅行了几次，一开始她有些犹豫，她想待在德里和家人在一起，但我坚持说我们应该去看看这个国家，毕竟我们两个都不是很了解印度。我们走遍了印度的东西南北，甚至还去了趟尼泊尔，这些旅行让我们对印度的文化和土地有了全新的认识。我们去的每一个地方都像印度的一个迷你小国，每一个地方都有自己的语言、食物、服饰和生活方式。

我们去了两个著名的地方——阿拉哈巴德和科摩林角。阿拉哈巴德（印度北部城市）地处恒河、亚穆纳河与萨拉斯瓦蒂河三大圣河的汇合处，由于是桑伽姆，这个地方被称为圣地。每隔12年，就会有数百万人前往阿拉哈巴德参加印度教的大壶节，这是一个象征着重生的沐浴节日。科摩林角在印度大陆的最南端，也是一个水域交汇的桑伽姆。阿拉伯海、印度洋和孟加拉湾三大水域在这里汇合，形成了一望无垠的蓝色海洋。呼吸着那里的空气，我深深地陶醉其中。所有的水流和那些来自不同地方、已经历尽万千事物的实体汇集在一地形成了一个统一体。我觉得自己与这些桑伽姆有很深的渊源。那些独立的河流就像我内心深处的不同起源，我从来都不知道自己到底属于哪里。在阿拉哈巴德和科摩林角的经历给了我一种安慰，让我觉得自己拥有的不同身份起源就像不同的河流一样自然。母亲的陪同使我加深了对这种身份挑战危机的认识，也为我的身份认同提供了一种慰藉。

我们的旅行经历，再加上与亲人们（有一些是我之前从未见过的）在一起的时间，以及在祖国生活的经历，让我对自己有了新的认识——我是谁？我来自哪里？我将要去哪里？尽管我并不觉得自己能够完全确定自己到底是印度人还是美国人，但我对于自己身上的两种文化的差异和综合性感到更舒服了。在我们回美国的途中，当我问起母亲的文化身份认同时，她表达了自己作为移民的挣扎。她用困惑的眼神看着我说："你知道的，亚萨，我在美国生活了30年，但直到我再次回到印度，我才意识到，对于这两个国家，我都有一些认同和不认同的方面。说实话，我感觉有点迷失。"我觉得，那一刻是我们两个人最亲密的时刻之一。尽管我们有着不同的性格和观点，尽管我们曾因各自的文化挣扎而起过无数次争执，但我永远都不会忘记那个时刻我们是多么地彼此相通。

理解母亲的那个瞬间对我来说意义非凡，因为父母和我成长于不同的环境中，我们很少与对方的个人文化经验相联结。我的父母都出生在印度，父亲出生的那个地方现在已经归了巴基斯坦。他来自一个信奉印度教的家庭，是五个孩子中的老大，他的家庭非常贫穷。在 1947 年印度分治事件中，他们从刚刚成立的巴基斯坦迁到了印度，经历了令人难以想象的艰苦。在德里安顿下来之后，我的祖父开办了一家至今仍在经营的家族企业。由于祖父要拼命工作，而祖母又疾病缠身，因此父亲年轻时不得不扮演父母的角色，照顾弟弟妹妹。尽管生活很困难，但他在学校里的学业成绩一直名列前茅。20 世纪 60 年代早期，父亲获得了美国一所理工学院的奖学金，远渡重洋来到了美国，他也是家族里第一个来美国的人。父亲后来在一所常春藤盟校获得了博士学位。毕业之后，他回到德里接受了家里人安排的相亲，也就是和我的母亲。母亲的故事则截然不同。

我母亲的家庭在经历了分治时期的苦难后，很快就富裕了起来。我母亲是四个孩子中的老大，她基本上是在印度长大的，但有时也生活在世界的另一端，因为她的父亲在联合国工作。我母亲的家人互相之间很亲近，外祖母是一个非常有爱、在照顾家庭方面尽职尽责的女人，算得上标准的印度妇女模范。我的母亲在学校里也非常优秀，她主修化学，后来去了美国学习自然科学，直到 1970 年回到德里考虑结婚。

我的父母是奔着结婚才认识的，他们可以说是闪婚的，还没约几次会就认定对方就是自己要找的那个人了。认识不到六周他们就结婚了，然后一起回了美国，开始了他们的新生活。四年后，我的姐姐出生了，又过了六年，我出生了。姐姐出生之后，母亲放弃了对科学的热爱，选择把自己的生命奉献给她的孩子和家庭。

一踏进我们家的家门，你就会发现我们是一个十足的印度家庭。很多漆画都是印度传统的风景，我们的客厅里摆满了印度风格的家具、彩绘木屏风，还有雕塑——一尊是甘地，一尊是佛陀。那些印度神像的小型铜像、泰姬陵的微型复制品，还有一幅很大的印度地图，都增添了这些主题性陈设的美感，空气中还弥漫着印度熏香的味道。每天晚上，你都能看到我的母亲在准备辣扁豆、米饭、印度泡菜和一些蔬菜。

我的父母用非常印度化的方式养育姐姐和我，并试图把他们的美国客家文化整合到他们传统的印度文化里，因此，在我成长的过程中，我对自己的印度血统感到非常自豪，也很感兴趣，尽管平衡这两种文化令人很头疼。当我还是个孩子的时候，我喜欢告诉别人"我来自印度"，并随口说出一些事实，比如"你知道泰姬陵在印度吗"或者"我的阿姨住在印度，但她说英语"，以及那句永远骄傲的宣言："我去过印度，我来自印度。"

上小学的时候，我去印度旅行过几次。炎热的天气、熙熙攘攘的人群、贫穷、街头小贩的声音，蚊虫叮咬的瘙痒、辛辣的食物和热情的亲人……这些经历加深了我对这种文化的依恋。我父亲的一个弟弟与他的家人住在我们附近，这也给了我很多帮助。姐姐和我与这些年龄相仿的堂兄弟姐妹很是亲密。随着年龄的增长，我们和父母讨论了很多跨文化的问题，我们会为他们的家庭习俗而哄堂大笑，我们也会达成罕见的相互理解，而这是我们和我们的"美国朋友"所无法做到的。

我们这个地区的很多印度家庭，包括我们家，每个星期天都会去一个虔诚的印度教徒家里，那里的客厅被改造成了一个宗教活动场所。地板上铺上了白色的布，我们全都脱下鞋子，盘腿坐下听他讲话。他会大声诵读经文，当他开始弹奏脚踏式风琴的时候，我们会站起来唱宗教歌曲。我从来没有怀疑过这些宗教传统，参加的时候也不觉得奇怪；相反，当我想起这些时光时，还会感到安全和温暖。人们互相之间都认识，我就是父母的朋友们看着长大的，我称呼他们叔叔阿姨。也正是这样的传统习俗，维持了我们印度社区的紧密联结。

我是父亲的掌上明珠，他非常喜欢和孩子们一起玩，我们爱他就像他爱我们一样。他很疼爱我，我们在一起有很多快乐的时光。在我所认识的人当中，他是最能逗我笑的人。我喜欢他送我入眠，因为他会编最好的睡前故事，还会和我做最有意思的游戏，唱最棒的歌谣。我是一个非常聪明的孩子，这让我的父母非常自豪。对于印度移民来说，没有什么比教育孩子更重要的事了。我对于童年生活没有任何怨言，我的家庭生活几乎是无忧无虑的，非常自在。作为家里的小宝贝，我既可爱又聪明，我能够得到所有我想要的，这让我感到无比快乐。

在我上初中后，情况开始发生变化，我开始把对父母的崇拜转移到我那上高中的姐姐身上。我成了她的同伙，与她"沆瀣一气"。当她约朋友出去玩的时候，我对父母撒了谎，骗他们说我和姐姐一起去图书馆，其实我们是和她的朋友一起出去玩。起初，我对于撒谎还感到有些内疚，但等到12岁时，我和姐姐的关系要比和父母的关系还好，从某种意义上说，我俩的"团结"也是非常有必要的。我开始像男孩子一样听摇滚音乐，质疑那些宗教信仰，并意识到我并不总是认同父母的价值观，所有这些都让他们非常不高兴，并为此忧心忡忡。父亲和我再也不能友好相处，他的脾气似乎成了我们家的第五个成员，母亲则很担心我由于叛逆而荒废了学业。我怀疑一旦我的姐姐离家去上大学，我所面临的这些问题会更加严重。

当我变成家中唯一的孩子时，我和父母的争吵开始变得越来越频繁。慢慢地，我发现我的家庭与我美国朋友的家庭对待新选择和决定的方式是不同的。随着年龄的增长，我自己都越来越难以接受自己对所经历的那些变化的反应，更别提我的父母了。例如，他们希望我保持顺从和不争辩的态度，而忽略我正在长大并开始形成自己的价值观的事实，他们看不到这种价值观未必与他们的价值体系相一致（由于我是在一种完全不同的文化中长大的，这似乎是不可避免的）。当我不同意他们的观点时，他们就会认为我不尊重他们。对于我的质疑，他们的一贯反应就是"我们是你的父母，你不能质疑我们，我们知道什么才是最好的"，这让我非常崩溃，因为我觉得我有权对他们自由表达我的观点，并维护自己的信念和立场。但无可否认的是，这完全是西方式的理想。

我和我姐姐不一样，为了避免冲突，她总是会隐藏并内化自己的不满，也正因如此，我们的父母认为她比实际上更听话，这使我的"大不敬"在他们看来愈发地不能容忍。他们认为他们教育我姐姐的经验足以拿来"搞定"我，但他们想错了。我通常会说出自己的观点，尽管我知道这最终可能会使矛盾升级为数小时的指责、哭泣和摔门。

整个高中时期，我和父母有过无数次的争吵。在那段时间里，我从来没有让步过，我觉得必须要为自己发声，做一些我知道他们不会同意的事情。我知道这会导致更多的争吵，但我对不被允许向自己的家人表达看法就是不满。这种来自他们的压力，以及想成为一个中规中矩的印度女孩和独立自主的美国女孩的完美结合体的挣扎，使我备感困扰，几乎快要窒息。我曾经学习成绩优异，尊敬父母，维护他们的传统价值观，压制我的性冲动和质疑，周末晚上10点前一定回家，把考上好大学当作人生理想；我也曾尊重我的文化遗产，参与课外补习活动，还是学校表演活动中的明星。我非常苦恼，既要保持传统的身份，又要尝试我这个年龄段自然而然需要、但父母绝不允许的一些新鲜事物，我分身乏术。我也不想和我的父母吵架，但我觉得我有权表达自己的想法，不管他们是否同意。

尽管在家中的处境如此窘迫，我还是设法完成了高中学业。我的成绩非常优秀，并且经常参加社区服务活动，参与话剧表演，还结交了很多好朋友，也获得了一些奖项。我的父母和我都认为这些活动是非常重要的，也是他们期待的。然而当我满足他们的这些期待时，我并没有获得我想从他们那里得到的赞誉。我一直渴望通过取悦他们来得到我最想要的东西，但我所获得的所有认可都来自其他人。我只是想让我的父母主动地告诉我，而不是在我的乞求下去说——"我们以你为荣"。不幸的是，他们唯一主动对我说的就是我做错了什么。他们不理解为什么我歇斯底里地想要听到他们为我的成就感到骄傲。这让我非常伤心，也非常困惑他们到底想从我这里得到什么，以及我想从自己身上得到什么。为了能和他们愉快地相处，我需要付出多少努力才能满足他们的理想模式呢？我在美国长大，我不可能是一个完美的印度女儿。尽管我拥有别人眼中的积极品质，但我还是非常自卑，我极度困惑，努力挣扎着去维持自己的同一性。这种困惑和对控制感的需求通过轻微的饮食失调和无处不在的郁闷感表现了出来。

在别人眼中，我们是一个幸福的家庭。我从不和朋友们谈论我在家里的情况，因为我不想让家丑外扬，而且我也觉得，除了我姐姐以外，没有人能理解这些。我觉得我的人生是失控的，尽管我积极投身于我的信念，但我生命中最重要的两个人却从未接受过它们。

你可能会轻易说我和我姐姐是受害者，然而我们都知道，虽然我们有怨言，但我们的父母不能被妖魔化。他们对我们如此生气和失望是有原因的。我想，这在很大程度上跟他们的成长背景有关——正如作为在美国出生的移民儿童，我和姐姐对自己的身份认同感到苦恼一样，我的父母同样挣扎于保护他们的传统免受外来文化的侵蚀。他们自己的父母20世纪四五十年代在印度抚养孩子的观念成了他们在美国遵循的模板，然而在这里，盲目的尊重和顺从是行不通的。

我的姐姐是唯一一个理解我们家庭动态的人，我们彼此依靠，互相寻求建议和同情，我们之间的联结是无法割裂的。如果没有姐姐的支持，我不可能处理好那么多我必须面对的问题，她是我的亲姐姐，是我的至亲，是我的一部分，无论未来发生什么，我都必须和姐姐保持亲密，没有她我的生命就不再完整。

除了我的家庭对我的同一性产生着深远的影响，我所拥有的人际关系也深深地影响着我。我的初恋发生在大学一年级，我们是一对有趣的组合。他是一个温和的保守派，来自一个关系亲密的家庭，喜欢重金属音乐，也喜欢看起来像南方美女的女孩，而且非常理性，而我却是一个来自一个不正常家庭的顽固的自由主义者。我讨厌重金属音乐，我的衣着打扮更像个嬉皮士而不是淑女，而且非常感性。但正是这些差异让我们对彼此产生了兴趣。他经常挑战我，我们都想让对方从另一个角度看问题。毫无疑问，我们经常争论，但我们也从对方身上学到了很多，我们的爱情是令人向往和激动人心的。我们对彼此奉献了自己的贞洁和承诺。

然而，一段时间之后，我发现我们之间的差异阻碍了我们的幸福。我发现自己变得非常依赖他，而且他似乎总是认为我所说的话不重要，这让我觉得很挫败。当我们的意见不一致时，他就会变得不耐烦、傲慢无礼——与我们刚认识时完全不同。我不喜欢自己在他面前的样子，为了讨他欢心，我开始变得沉默，努力成为他想让我成为的那种女孩，这让我很恼火。他对我的家庭和我的民族一点都不感兴趣，因此我也慢慢地与它们脱离。和他在一起的时候，我感觉自己完全是一个美国人，而那正是他想看到的。大三那年，由于要去国外留学，我们有六个月的时间没有在一起（我先是去了印度，后来又去了伦敦），我们也意识到"应该分手了"。我知道我需要一个能够真正尊重我所有方面的人，特别是当我重新与我的印度文化建立联结之后。

在伦敦的时候，我卷入了一个女同学的生活。这是我第一次和一个让我真正"有感觉"的女人在一起（这不仅仅是一次典型的"试验"），但在这个情形中我感到非常放松。我一直认为，被同性吸引是非常正常的，我有很多同性恋和双性恋的朋友，但是我知道如果被我的父母或其他家族成员知道的话，他们一定会疯掉的。让我感到感恩的是，这个女人渴望了解我的事情，而这是我的前男友一点都不关心的。我被她充满活力和激进的性格所吸引。回到学校后，我们继续交往了一段时间，她对我的影响使我更加热衷于政治活动。从那以后，我们一直保持着好朋友的关系。尽管我主要还是喜欢男性，但和她的关系也使我意识到自己对女性的吸引力，并为此感到非常舒服。我认为我的性取向是流动的、灵活的，并因此没有给自己贴标签，因为那只会限制我的性取向。

我和上一任男朋友在一起比和任何人在一起都要开心。我们交往了一年，在我大学毕业时，我们结束了关系，那时他还在上学。我们有很多共同的兴趣和信仰，并深深地爱着对方。他爱我是因为我是谁，而不是因为他想让我成为谁。我们分享着彼此的所有，和他在一起，我感到很完整、很舒服。他是如此慷慨、关爱、接纳，这让我更加意识到自己可以成为一个更好的人。他提高了我对另一半的期待标准——他（或她）要能够带着自豪和安慰，把我的各个方面都激发出来。

虽然这些代表了我最近几年的亲密关系，但我的浪漫生活真正开始于15岁那年。那时我在上高中，一名高三的学生开始关注我。他非常聪明、有趣、迷人，也给我带来了很多心痛和青春期的创伤。其他的浪漫关系包括一个我在海边遇到的嬉皮士、一个双性恋演员、一个海洛因成瘾者、一个重生的基督徒、一个有恋物癖的自恋狂、一个蹲过监狱且喜欢打高尔夫球的人……这些浪漫关系对象及其他我交往过的人虽然各不相同，但他们有一个共同点：都是白人。

我担心如果我跟印度男性交往的话，他会把印度女性世代以来所扮演的卑躬屈膝的角色强加给我。我认识的许多印度男性在看到他们的母亲如何对待他们的父亲之后，都会把这种关系——妻子服从、侍奉并畏惧丈夫——视为人生理想。虽然这些印度裔男性在整个青春期经常和白人女孩约会，但在婚姻方面，他们想要的仍然是一个印度女孩，尤其是从印度来的女孩。当然，这只是一般情况，我知道并不是所有印度男性都是如此，但是我的恐惧阻止了我客观地看待和他们交往的想法。

我认识的大多数男性都是白人，他们往往比我认识的印度男性更符合我的个性。我曾想过，我可能是为了报复父母或打破传统而拒绝与他们交往，但我觉得这不是事实。我对父母隐瞒了我大部分的浪漫生活，所以我们并不讨论这些，况且我还一直想取悦他们。尽管我做了许多违背他们信念的事情，但我常常希望我与他们的价值观是一致的。我更愿意与他们达成某种程度的理解，而不是做让他们生气的事情。

我曾经想过最终和一个印度人结婚，而且我确实看到了这样做的一些好处。比如，我们能互相理解，彼此认同，而这是我和一个来自另一种文化的伴侣所无法做到的。如果我们有了孩子，那么拥有共同的历史将会使我们的生活更加容易。事实上，我确实没有主动去寻找一个印度男性，因为我觉得现阶段我没有这样的需要。我承认我应该努力消除自己对印度男性的偏见，但是我相信，当我遇到更多能够交往的印度男性，而不是那种典型的"印度好男人"之后，这些偏见会自动消失。

我不是典型的"印度乖乖女"，女权主义、激进主义、性和毒品占据了我生活的大部分。如果我的父母知道这些，他们一定会震惊的。他们从来都没有想过，他们那在常春藤名校读书、高度积极并以任务为导向的女儿会跟毒品沾上什么关系，他们自己也从不抽烟酗酒——这是他们对他们的父母和彼此永不违背的承诺。虽然他们默认了我偶尔喝酒这一事实，但还是会很不舒服。

我文化中的一些教条甚至影响到了我的私生活。有时，当我享受性爱的时候，我的思绪会游走我的祖先和某些家庭成员身上。我会想，如果他们能看到我在做什么，能感受到我的感受，会有多震惊。痴迷于让家人们以我为傲，并接纳自己的文化是我与同一性斗争的症结所在。这样的担心几乎延伸到我生活的方方面面，但是我依然不能否认那些带给我快乐的事情。我的生活并没有混乱无序，我很年轻，对这个世界充满了好奇；我也很安全，并不是瘾君子，只是"点到为止"。与其说我是一个科学家，倒不如说我是一个行为艺术家。我是一个优秀的印度女孩——只不过不是我父母想要的那种。

在大学的最后一年，我开始从我的双重文化中获得更强的安全感。那趟印度之旅让我对自己的身份如何与印度保持联结有了新的认识，所以我决定加入学校的南亚文化社团。我在一个学期内参加了三个小组。当我表达我对"亚洲文化之夜"的反对，以及我发现他们长期持有一些刻板印象时，他们认真地听着，很多人也表示同意，他们还推出了一些改革——一个活跃的积极分子开始影响这些亚裔群体对自己文化的看法。

我也写下了我的经历和我的印度之行。为了上比较文学的课程，我写了一个很长的故事——关于移民母亲和她们的女儿、性、异国情调和文化平衡。我的文字来得很自然，因为它们都是我在心里思考了很久的问题。我为这篇文章感到非常自豪，其中一部分还发表在了学生文学杂志上。我在一个亚洲话剧社团作品中心（我帮助组织建立的，旨在削弱对亚洲女性的偏见）朗读了这部分内容。我在大学学生会里向一群新生讲述了我的印度之行，并与他们讨论了这次旅行及其如何影响了我回到校园后的生活。

我能够通过自己正在做的工作和与他人分享的经历来了解我是谁。我现在对自己与美国文化和印度文化的联结感到很自信。我的自信加强了我与父母的关系，我认为我们正开始更好地相互了解。这是真正的分享。随着我们越来越了解彼此的文化背景，之前封闭的交流之门越开越大。虽然有时这仍然是一场艰苦的战斗，但我渴望接受挑战，不仅仅是和我的父母。我喜欢表达这些问题和我的想法，而不是把它们埋起来不去探索。就好像我体内的一口井被打开了，不同的河流一起奔涌而入，塑造了我，也塑造了其他人，创造了一个桑伽姆——一个身体、同一性和文化的统一体。

续集　10 年后的亚萨

在我 30 岁生日后不久，我在纽约的家中写了这篇《寻找桑伽姆》的续集。距离最初的探索已经过去八年多了。这些年发生了很多变化：无数的人、地方和事情塑造了今天的我。

大学毕业后，我搬回伦敦继续我的国际教育工作。为了工作，我经常在欧洲各地旅行。对于年轻人来说，伦敦本身就是一个非常有吸引力的城市，我尽可能地沉浸在伦敦的文化中。我在那里没有什么朋友，所以我只能自娱自乐：参观博物馆，看电影，游览这个城市。所有这一切都很美妙，但最激动人心的是，我有生以来第一次在一个西方城市中感觉自己的亚裔身份不再引人注目。

由于后殖民时期的移民，伦敦有大量的南亚人，这让我产生了一种新的体验：在大街上、在商场里、在电视上，到处都能看到和我长相类似的人。这让我觉得，在伦敦，身为南亚人是很正常的。向别人解释为什么我的皮肤是棕色的，并让他们把亚裔身份代言人的角色强加给我的日子已经一去不复返了。我现在身处一个到处都是南亚文化的城市，它的影响力是显而易见的。伦敦提供了一个东西方融合的环境，在那里我比在美国舒服得多。

我甚至不得不改变称呼自己时的用词，因为在英国，"Asian（亚洲人）"这个词指的并不是东亚人，而是南亚人，而"Oriental（东方人）"是对东亚人的特定称呼。在美国，我花了很多年的时间就自己亚洲人的身份去和别人争辩——我告诉他们，"印度也属于亚洲！"但在伦敦，我的身份看起来却是很自然的。然而，用"东方人"一词来称呼东亚人，甚至仅仅是想到它，就让我觉得不舒服。我想，对我而言，这个词永远是物化且过时的。但在欧洲的那一年半的时间里，身为亚洲人的感觉很棒。我确信这种归属感，连同伦敦的普遍吸引力，对于我成为"亲英派"功不可没，即使这会招来一些讽刺。后殖民时代的移民政策允许大量的南亚人进入英国，这使我在英国生活得特别舒服，也让我对这个在我父母的时代残酷对待他们家乡的政府产生了一种深深的敬意。从某种意义上来讲，是我父母移民到美国这件事，给我灌输了一种双重的存在感，让我把自己定位在一个二元的社会中。与那些我称之为家的其他地方相比，伦敦在这些方面是特别包容且支持的。

在欧洲的生活使我进入了一个更加成熟的阶段。我从未感到过如此孤独，也从未意识到自己竟如此能干。由于没有老朋友的陪伴，我不得不一切都靠自己。我与过往熟悉的环境隔着半个地球的距离，这对我的要求比我所能想象的还要高。有好几次我都不得不在没有支持的情况下独自应对困难的局面，而那些支持在过去的 22 年中都是始终存在的。除了好几次不得不处理的相对比较"客气"的搬家困扰外，我还经历过几次令人震惊的性骚扰——一次是在伦敦街头，一次是在去俄罗斯的夜车上。最终，我被磨练成了一个更加老练而且有能力的年轻人。2004 年，我满怀信心地返回美国，继续我的研究生学习。

我从美国东海岸的一所名牌大学获得了教育学硕士学位。这个项目持续了整整一个学年，我一生中从未如此发奋图强、如此批判地思考和学习过。我的理论和实践观念受到了重大的挑战，自我同一性和青春期作为一个重点领域的影响力得到了加强。我非常积极地倡导公立学校的学生使用多种学习方法。当年为了撰写《寻找桑伽姆》，我研究了一种密集的定性研究方法，它允许一种创造性的纪实文学写作形式，而这正是我非常重视的一种教学工具。

在研究生阶段，我发现自己相对缺乏与年轻人打交道的实践经验，这让我感到很震惊，也限制了我的发展。因此，当项目结束后，我回到了我在西海岸的家乡，开始为一家非营利组织工作，为公立学校的青春期女孩提供帮助。我组织了一些团体项目，重点是对青春期女孩、媒体素养和行动主义进行批判性的研究，并一对一地帮助这些女孩。这份工作和那些女孩对我来说都是意义非凡的，我被这个机构的使命深深地折服。

我喜欢把我在这个组织的工作看作"游击队式教育"，因为我们会进入一些公立学校，对那些几乎被边缘化的年轻人做一些激进的研究工作，而这会涉及一些不被体制允许并被视为禁忌的话题。与青春期的女孩讨论女权主义、极端种族主义和性别歧视，给她们机会来表达自己的心声，并推动她们将自己所说的话转化为某些具体的行动，是非常"惊世骇俗"的。我是多么幸运，因为我的青春期有我的姐姐为我提供这些方面的经验，但我当时要是能够参加我们现在为这些女孩提供的支持项目的话，肯定会受益匪浅。由于我们是一家独立的机构，我们能够做很多实际需要的工作，而且没有那些学校系统的雇员一进门就会遇到的官僚主义壁垒。通过这些工作，我和我的同事与那些女孩建立起了牢固的关系，更重要的是，我还获得了一些实际应用那些在学校里集中学习的理论的经验。在这一过程中，我的理论学习和实践经验相辅相成，共同得到了加强。

作为一个成年人，在自己长大的城市中生活是一件美妙而又富有挑战的事情。从社会和环境的角度来看，这座城市本身是美丽且充满活力的。我知道和父母住在一起是不可能的——大学毕业后，我们之间紧张的关系（好不容易）有所好转，我不想让情况倒退。然而，我的公寓离我父母家只有 12 分钟的车程。这一点，再加上我们对彼此的坚持干涉，构成了新的挑战。

尽管我已经独自生活了好几年，但我的父母依然有一种将他们的某些价值观强加给我的倾向，而我也依然在为达到相互理解这一终极目标而习惯性地反击，尽管结果并不尽如人意。或者，即使有那么一瞬间，我的目标实现了，但很快，我们双方都不可避免地切换回了我们最初的思维模式。我用"不可避免"一词，并不是在嘲笑或讽刺什么，而是说要改变一个人的信念是非常困难的。更重要的是，我不能对父母的固执己见横加指责，因为我自己也是如此。然而，这并没有使事情变得非常简单。

我的父母对我所选择的教育领域并不十分熟悉，他们的孤陋寡闻导致他们将我的工作视作无用功，而不是对其表示关心或欣赏。我曾经邀请他们参加我们机构举办的活动，向他们展示我们和那些女孩一起做的事情以及女孩们独立完成的工作。尽管我的父母非常明显地看到了这项工作的价值，但是他们不太明白为什么它对我来说是如此重要。我从来都没有告诉他们真正的原因，那就是我对于这个领域的兴趣主要是因为，在我自己的童年时代和青春期，我陷入了某种深深的困惑和对自我同一性的质疑，而且没有得到足够的支持。这种交织着性别、文化、种族和性的问题，他们可能在认知层面上能够理解，但在个人层面上与他们谈论这些事情可能会显得太私密而令人不舒服，或者根本就聊不下去。

在那个时期，另一个争论的焦点来自在阿拉斯加的一个渔村长大的一个高大的白人音乐家。他来自一个福音派基督教家庭（他已经从家中"叛逃"了），从未上过大学。他是我的男朋友，以上这些描述很明显是简化的，并没有表达出我们是多么地相爱、我们在一起有多么快乐。我母亲和他相处得很艰难，这更多的是由于阶级原因，而不是种族原因，尽管他的白人身份并没给他带来什么特权。虽然母亲的沟通方式很伤人，但至少她能够承认这个问题，而且我也明白她对我与一个没有相同经历的人交往的担忧。对于这件事，父亲并没有发表太多的意见，毕竟我一般也不会和他分享我感情生活的细节。

我男朋友和我之间教育水平的差异对我们的关系是一个巨大的挑战。他曾经渴望上大学，但是他的家庭并不富裕，而且他父母也不认为上大学很重要。在他的家乡，很多人虽然没有上过大学，但也过上了幸福而成功的生活。在我们交往一年后，他去上了社区学院，这大部分是受我的影响。回家之后，他会滔滔不绝地跟我分享他学到的所有东西。虽然我为他感到自豪，但也慢慢开始意识到他在学校以及我们关系中的成长和我自己的并不匹配。他特别依赖我，在很多事情上都不够果断，受教育水平也低，这些都让我觉得自己更像是他的老师。这些问题导致我们开始对彼此不满，但那时我们已经交往了两年，而且已经走得太远了，我们关系中还有其他一些美好的因素在支撑着我们。我们住在一起，也深深地沉浸在这种拥有彼此的生活中，以至于我们之间的矛盾——由于一些我们无法控制的事情，有些是无法解决的——也慢慢成了我们关系的一部分。

我并没有告诉父母我们同居了，他们也没有发现，我为自己的不诚实感到内疚，但是对于当时的我来说，要想过上自己渴望的生活，这样做是必要的。尽管我父母住的地方离我不远，但我却能够轻易地做到保密，因为他们从来都不会"突击检查"。而且，由于他们与我的男朋友尤其是这一任男朋友的想法格格不入，他们也很少过问有关他的事情。

我花了很多时间在母亲面前为我的男朋友说好话，有时甚至歇斯底里地想让她理解我的经历，即使是在我和他正经历着矛盾和冲突的时候。这种沮丧和失望与日俱增，促使我做出了一个让我打那之后一直受益的决定。在与母亲进行了一次极度绝望且激烈的争吵之后，我彻底认识到，我们之间的价值观不同这一事实是不可改变的，但我处理这种不一致所导致的争端的方式却是可以改变的。我开始慢慢停止让他们同意我的观点，也停止重复那些我知道会演变成争吵的交流。有时，世界和平比完全理解更重要，而且没有必要给彼此带来不舒服和痛苦。刚开始的时候，这真的很困难，因为在我的家庭里，我们对彼此的关爱和投入都致力于让对方做出行为上的改变。但是在我改变自己行为和期待的过程中，我们整个家族的动态都受益匪浅。

2007年，我和男朋友移居到了美国纽约。我有很多要好的朋友都生活在那里，他继续他的大学学业，而我开始追寻自己的演艺和电影事业。除了学生时代我所参加的那些表演之外，我对这个领域一无所知，但投身一个知之甚少的职业世界是非常新鲜和刺激的。在那里的第一年，我上了一些非常棒的课程，也参加了一些电影的拍摄和商业演出。我从这些经历中学到了很多东西，包括令人沮丧的事实，即种族主义和性别歧视充斥着整个商业化的演艺界。为了在那样的世界里谋生，很多演员被迫忍受着这些难以忍受的现实。为了让自己完全融入那样的世界中，我也不得不暂时把自己的理想搁置一旁。但是最终我的理想胜利了。

尽管我获得了演艺事业的巨大成功，但我并不觉得自己为这个世界带来了多少价值，我想回到一个让我感到自信和有价值，并提供医疗保险和固定月薪的工作环境中去。所以在纽约待了一年之后，我就把表演放到了次要位置，选择为一家非营利组织做质量研究方面的工作，那是我向往多年的行业。我生活在一个充满活力的城市，和很多亲近的朋友在一起，也跳出了自己原来的圈子，在纽约过了一把当演员的瘾。我现在从事着自己满意的工作，不管是在社交方面还是在职业方面，我一切都很好。但是我的亲密关系破碎了，在相处了四年之后，我和我的男朋友做出了一个痛苦而又毁灭性的决定——分手。我花了很长时间才从这件事中恢复过来，尽管我知道这是最好的结果。其中一个积极的结果就是它对我和父母的关系产生了积极影响。

由于这次分手对我的打击非常大，我的父母最终歪打正着地变成了多年来我梦寐以求的那种角色。我希望这种变化是长久的。以前很多时候我都非常"低调"，不和他们分享我男朋友的事，所以当事情变得非常糟糕的时候，我的抑郁程度震惊了他们，以至于他们一下子变得非常贴心、温柔，并成了我非常有耐心的倾听者。我要求母亲来纽约陪我一周，在我所有离家生活的岁月里，我从来都没有发出过这样的邀请，而那更像是一种求救，所以她知道我的情况一定很糟糕。她的陪伴和鼓励使我好受了很多，从那以后，我开始能够越来越真诚和开放地与他们分享我的人际关系和生活选择。

姐姐的生活选择也促进了我与父母之间更自由的相处方式。在我写《寻找桑伽姆》的那些年间，姐姐和我保持着前所未有的亲密关系。她现在已经结婚生子，我们之间的互动模式也自然发生了改变，但我认为她依然是那个最了解我，而且是我在做很多重要的选择时最信任的人。她的丈夫是一个白人，在他们恋爱的那些年，他们与我父母之间也经历过不可避免的挣扎和矛盾。我的母亲没有意识到，在我姐姐与她丈夫的关系中，存在着一种我母亲的婚姻里从未有过的亲密关怀。不过，当姐姐戴上戒指的那一刻，这位姐夫就被理所当然地当作儿子迎进了我们的家门。他花了一段时间来适应这个角色，多年的不友好使他积累了一些反感和不满。当然，这些都是陈年往事，再加上新近出生的孩子——我父母的第一个外孙，这个家庭显得更加亲密，我的父母似乎也更幸福了。我不会对此做什么深入分析，或者担心孩子的出生冲淡了一直存在的家庭功能缺失问题。因为在这段时间里，事情变得越来越好了，我也开始享受那些美好的事情，而不再纠结于自己愤世嫉俗的人生。

这种意识也开始在我的个人生活中发挥作用。我现在也在和一个印度人交往，他是一个非常成功的表演家和活动家，我们在很多方面都很相似，并且都对我们的关系非常满意，而我父母的反应更有意思。当我告诉他们我们之间的关系时，他们非常开心，尽管他的职业不传统，前途也不可预测，但仅仅因为他是一个受过高等教育的印度人，那些批评声就消失得无影无踪了。而我的年龄也与此事有关（我的父亲最近给我转发了一篇文章，里面有一些类似"单身女性到了40岁就变得非常挑剔，而她们应该更务实一些，居家过日子"之类的话）。但是对我来说，很明显，如果这个人是一个白人，我的父母一样不会接受，但由于他是一个我父母喜欢的印度人，因此，当我告诉他们我们交往的事情后，他们就开始询问一些暗示着"谈婚论嫁"的问题。他的父母也是如此，所以"查户口"就这样开始了。我们的父母不仅调查自己孩子的配偶，还调查自己的亲家。

一方面，所有的热情、支持、问题和兴趣都是非常美妙的，因为我和我父母之间从未经历过这些，尽管我一直梦寐以求；但是从另一方面来说，这种刺眼的双重标准有点令人难以接受。令人沮丧的是，这样的支持并不是一直都有的，这并不是说我和现在这个男朋友在一起是因为我过去得不到支持。换句话说，如果没有先前的那些关系（我父母不希望我拥有的经历），我也不可能和现在的这个男人在一起。但是当该说的都说了、该做的都做了以后，我对这种情况的感觉就像对我们家目前相对和谐的状态的感觉一样——"不要对礼物吹毛求疵"。我承认这种情况是不公平的，我为我以前约会过的很好的人（以及我自己）没有从我父母无条件的支持中受益而哀伤，但是在目前这个阶段，由于我们都非常幸福，因此我没有兴趣去挖掘哪些陈芝麻烂谷子的事情。

所以就这样了，我现在在和一个印度人谈恋爱，这是我第一次与有色人种交往。撰写《寻找桑伽姆》迫使我去思考自己过往的一些生活倾向，并以批判的眼光看待自己和早年约会的对象。我发现自己经常处于"文化教师"的境地，我对歧视、异国情调的体验，以及对种族和民族的学习和探索，促使我认真考虑寻找一个具有相似文化背景的伴侣。自从和交往了四年的男友分手后，我在找对象的问题上目的性更强了，也更清楚了自己不可协商的方面，这些都促使我选择更合适的人去约会，我也比以往任何时候都更加理智。当我重读自己所写的大学第一个男朋友对我的描述时，我感觉很奇怪，我当然不是"为感情而活"，事实上，这个钟摆已经摆到了另一边，有时我非常理智，以至于和我交往的人会说我处理关系的方式很"官方"。尽管我不喜欢这样的描述，但我也无法反驳，因为这确实曾帮助我排除了那些不适合交往的人。

这就是我与现任男朋友在一起时的精神空间。当我们刚开始交往的时候，我确信我们之间相似的兴趣爱好、职业目标和文化背景意味着我们的关系会发展得很顺利。事实上，也正是这些相似点使我们对彼此做了太多的假设，这不可避免地成了我们之间的包袱。虽然他在政治上算一个革新主义者，而且是一个很有创造性的冒险家，但在其他很多方面，他又非常保守。例如，他赞同一些社会实验和直率的沟通，而这是我特别反感的。在某些方面，我觉得他是那种我完全不能交往的典型的"印度好男人"，这导致了一系列完全不同的矛盾。但我要说的是，从所有的层面上说，我对这段关系都投入了很多，同时也收获了很多，这是我在以前的关系中所没有过的。也正因如此，我对这个男人更加信赖，并致力于更有效的沟通和理解。我们一起表演、一起写作，来促进我们价值观的一致性，这种共同的创造让我们觉得非常满足。

当我们刚开始在一起的时候，当我看到我们在商店橱窗里的影子，看到我的手握着他的手，我们不同的褐色色调以一种我不熟悉的方式交织在一起，我确实有些惊讶——我居然在和一个印度男人交往。虽然这肯定不会令人不快，但我还是需要慢慢适应。对我来说，和一个印度人约会几乎算是一种激进行为。我的很多朋友都对我委身于一个印度男人表达了自己的惊讶，这让我的男朋友有些苦恼，因为这让他觉得自己以及这段关系对我来说是奇怪的。可以确定的是，反讽并不陌生。

在我之前的文章以及现在的续集中，我的恋爱关系占了大量的篇幅。当我重新阅读我在《寻找桑伽姆》里所写的那些关系时，我感到非常尴尬。我心想："哇，我居然讲了这么多事情！"我停顿了一下，意识到那时我的确有很多话要说，要证明许多东西。人际关系是我将自己置身于预期规范之外的一种方式，而且形成我自己的性身份也是非常重要的，当然也是很有趣的。但是八年以后，事情发生了很多变化，我也变得越来越稳重，越来越脚踏实地，也不再那么在意自己的身份认同了。在现在这个阶段，我觉得我的身份认同或多或少地得到了理解，现在是一个强化和维护它的阶段。那些曾困扰我的问题也慢慢尘埃落定，比如，我的文化身份和性身份得到了解决。我在大学期间和大学毕业后的几年间所进行的自我探索，已经成了我成年生活的基础。在我书写前面的文字时，我刚刚接触二元论的概念，并适应了双重性。现在，它们已经刻画出了"我是谁"，并在我的职业、创造性、学术、关系和社会选择中体现了出来。

当我读到桑伽姆的比喻的时候，我有一点畏缩，因为我将自己作为一个年轻人的自我身份挣扎与一种古老的自然力量相提并论似乎有些浮夸。然而，根据我目前所处的情感状态，我不得不说，我对自我身份的挣扎，与自然力量一样强烈——它们虽正常但惊人，虽特殊但又普遍存在。

/ 故事 3 /

内在的仇恨

作为一名 20 岁的拉丁裔大三学生，乔斯在家庭、种族和自尊的问题上苦苦挣扎，他的父母是从中美洲移民到美国的。本文探索了他早年在学校的经历以及他成长中的信念：学术上的成功会让自己在其他拉丁裔学生面前与众不同、出类拔萃。但直到他上了大学，他才开始意识到这种态度以及他对父母那种隐晦的轻蔑其实都是一种内化的种族主义。在大学里，他投身于主要的拉丁裔社团，并在学生会中担任领导角色。他开始痛苦地识别并处理对自我的仇恨，同时接纳自己那正在"壮大"的拉丁裔身份。

康纳老师是一位典型的高中代课老师，古板又深怀偏见，他对待我们的态度也非常恶劣——总是指责我们的声音可以冲破教室的后墙，并没完没了地督促我们写作业。作为回应，通常我们都会扔纸条、窃窃私语、顶嘴、搞恶作剧……总之，尽我们所能去捉弄他。

"可怜的糟老头。"我常常这样想。他的身高不足一米七，除了环绕发际线中间的那一小撮白头发，其他地方都是光秃秃的。他戴着一副长方形的眼镜，总是穿着一身灰色的西装。我想这大概是他唯一的一套西装，因为他几乎任何时候都穿着它。

一天早上，我们刚捉弄他几分钟，广播里就响起了国歌。当音乐响起时，我们像往常一样站了起来。通常我们都能很好地保持安静，但这次我和我的朋友安德鲁一直在说笑。

当广播结束之后，如我所料，他开始倚老卖老，大肆斥责我们不尊重国家，但他没有将他显而易见的怒火撒在我们所有人头上，而只是凶狠地瞪着我。

他呵斥道："为什么你不在自己的国家做这样的事？"

…………

一阵沉默。我简直惊呆了，他真的是那样说的吗？我不假思索地回应道："你怎么不在你的国家做这样的事呢？"我向前迈了一步，当时没有镜子，所以我并不知道自己看起来的样子，但我知道我的脸唰地一下红了，我微眯双眼，眉头紧锁，非常愤怒。当我被激怒时，我通常就是这副模样。这通常具有预期的恐吓效果，因为它与我平时的快乐表情形成了鲜明的对比。

他斩钉截铁地回答："这就是我的国家。"

我又向前迈了几步，虽不是冲着他，但明显带有挑衅的意味："这也是我的国家。"

"那么在你父母的国家呢？"他反问道，似乎并没有意识到自己越来越咄咄逼人，但他说出的每一句话都显示出他觉得自己越来越被冒犯到。

"那么在你父母的国家又怎样？"我用同样嘲讽的口吻问道。

"我的父母是土生土长的。"他沾沾自喜地说。

那时我并不知道"土生土长"一词，虽然我很生气自己竟然不知道这个词的意思（我真想超越这个男人所拥有的智力和身体优势），但我向他咆哮道："这是什么意思？"我不知道我怎么了，我从未对任何老师包括助教发过火，我会跟他们开玩笑，讲一些好玩的事情，但我在展示幽默的时候都会注意尊重别人。

后来我才知道，他的意思是说他的家人是在美国出生、长大的。因为他看起来并不像是美国印第安人，所以我不得不假设他的意思是说他的祖先是乘"五月花号"或因其他类似的荒唐事件来美国的。那时我正站在桌子的一旁，离他油光闪闪的脑袋只有一臂之遥。我不知道自己在做什么，我怎么可能准备好去面对这样一场"战斗"呢？当我扑向他的时候，我到底要做什么？暴打他一顿？给他一巴掌？我愣愣地站在那里，安德鲁和我另一个朋友戴夫冲上来从背后把我拉开了，"算了，乔斯，回来，犯不着跟他这样！"我知道他不值得我这样做，但是这算什么？到底发生了什么事？我打算做什么？为什么我会如此愤怒？

我并不是那种非常容易产生暴力倾向的学生，我不会和同学更不会和老师发生冲突，但现在确实有一些事情失控了。我对于他的话的震惊和质疑让我跟着了魔似的。他真的是那样说的？直到今天，每当有人问我是否直接遭遇过种族歧视时，这个画面总是第一个闯入我的脑海，感觉就像我的脸被人打了一巴掌。但事后看来，相比康纳老师，这个事件揭示的更多的是关于我自己的东西。

为什么他只攻击我而不是别的同学？为什么他把我看成一个调皮捣蛋、对自己的国家毫无尊重的青少年？为什么他如此赤裸裸地把我视为一个棕色皮肤的外国人？高二那年的那天，我感觉自己变成了一个少数群体成员，我觉得自己是一个拉丁美洲的学生，不属于那里。然而，一天之后，当朋友们告诉我说"乔斯，你真是一个美国白人"时，我感觉非常自豪。

让我惊讶的是，我就这么承认了这一点，现在回想起来，我在高中时就是一个背叛了自己的人，像一个可怜的乞丐一样麻木不仁，是一个"椰子"，是所有这些侮辱性词语的缩影。在大学期间，我的一个朋友把那些不认同自己背景和文化的拉丁裔学生称为"无关的人"。是的，那说的就是我，我就是与之无关。

在我的高中学校里，人群非常多元化，然而，在荣誉榜上，还有我参加的那些跳级课程里的学生，几乎全都是白人。我与那些屈指可数的有色人种被淹没在白人学生的海洋里。鉴于我的大部分同学都是白人这一事实，我也有很多白人朋友。偶尔我会和一个在幼儿园时代就认识的拉丁裔同学一起玩，但他也是"无关的人"。他穿着卡其裤、灯芯绒裤、马球衫和系纽扣衬衫，这些衣服被大多数人视作"预科生"的标志。在我的高中，"预科生"是"聪明"的同义词，而"聪明"，除了少数例外，基本都是指白人。

丹尼尔——我从四年级就认识的好朋友——是一个有着棕色头发和蓝色眼睛的白人。那个时候，我的两个最好的朋友尼尔森和萨拉，都有着暗淡的棕色头发和动人的蓝色眼睛。在我上初中和高中时与我成群结队的女孩中，除了少数例外，其他都是白人。她们都是中上层阶级，大部分在 16 岁时就拥有了自己的汽车。这些人就是我的朋友，我为他们感到骄傲。

但这并不仅仅因为他们都是白人那么简单，我也不觉得自己有很多白人朋友有什么问题，更不觉得自己和他们结交是因为他们的肤色，他们仅仅是我每天所见到的人而已。然而，真正重要的是这种对白人的重视所产生的态度和思想。为什么康纳老师的评论伤我如此之深？确切地说，就是因为我不愿意承认自己和很多朋友是不一样的。我与他们在很多方面都很相似，被孤立为一个拉丁裔学生对我来说是极大的伤害，因为在我的内心深处，我确实认为自己比大多数拉丁裔学生要优秀得多。我非常聪明，我雄心勃勃，我成绩优异，我很有趣，这些品质并不是大多数拉丁美洲人所具备的，然而那个老师粉碎了我的骄傲。虽然承认这些让我很伤心，但我不得不说，这就是多年前他让我如此沮丧的最大原因。他把我从自己的无知中拉了出来，我曾以为自己属于白人世界，也被他们接纳，并将这视为美好、幸福和成功生活的象征，但他迫使我去面对自己的种族主义。

后来，在我高中的最后一年，我和母亲谈到了这件事。事实上，我非常欣赏她的养育方式，我很好奇她是如何如此成功地抚养我们，使我们比大部分拉丁裔学生都要优秀的，但我从没意识到这样的想法是多么愚蠢。我也从来不敢大声重复自己的种族主义观念，但在当时，当我遇到其他拉丁裔人时，我常常会往最坏的方面想。我很容易就会想，这个人一定是个毒贩或者其他罪犯，因为我已经先入为主地对他们产生了偏见。在我心里一直有一个清晰的划分：我和我大部分的核心家庭成员都不属于这类人。

这些都是我内心深处的想法。无论何时，当要填的表格涉及种族或民族时，我都会选择"西班牙裔"，并对此非常自豪。作为极少数没有浪费青春的拉丁裔学生，我觉得自己很了不起。我告诉自己，虽然其他拉丁裔学生可能会把我视为异类，但那并不重要，因为我就是跟他们不一样，这让我觉得很开心。

所以，除了在那些小方格里打钩之外，我的文化和背景对我没有任何意义，事实上，我甚至还把它们当作笑话：

"别再偷我的钱了，西班牙佬！"
"哎，别看着我，我只是一个西班牙佬！"
"嗯，这些西班牙佬并没有明白。"
"你真是一个卑鄙无耻的西班牙佬。"

这就是从我嘴里、从我最亲密的朋友们嘴里经常蹦出来的话。他们总是开玩笑地那样说，而我也总是表示同意。我觉得这很有趣，因为我觉得被称为"西班牙佬"是非常具有讽刺意义的。我记得一位白人朋友告诉我说，我表现得比他更"白"——我的举止、衣着、言谈都很"白"。很显然，对他来说，我很"正常"，而"正常"就意味着是"白色的"。你是不是黑社会成员？要想"正常"，你一定要是白人。你不会每天早上都开枪或带着枪吧？你必须是"正常"人，你必须是白人。你在学校里不说西班牙语，你不会跳拉丁舞？你一定要"正常"，一定要是白人。当他们说我是西班牙佬的时候，我哈哈大笑！真好笑，我告诉自己。我是一个西班牙佬吗？我觉得自己是什么都可以，就是不能是西班牙佬。

除了这些我曾认为非常有趣的嘲讽之外，我在学校的生活基本上和拉丁美洲没有一点关系。我告诉自己，我很正常，因此我的种族不可能成为我的首要特征。我认为这一点很矛盾。大多数人永远都无法理解这种想法——这种对自己身份的完全蔑视。我觉得对一个青春期的学生来说，质疑自己的身份是很正常的，但我不仅仅是质疑——我否认那些与生俱来的东西。

到了高中后期，我尽可能地避免晒太阳，我不想比其他学生更黑，我不想一眼看上去就和他们不一样。有时候，我真的会为在夏日晒黑的皮肤而焦虑，那样我还怎么保持自己的白人身份呢？我每天早上照镜子时，不仅希望我的皮肤和五官能有所不同，还希望我全部的种族特征都能够被清洗干净。尽管我隐藏得很好，但自我憎恨还是在我心里留下了烙印。

我父母的英语口语都不好，以至于当我带朋友们来家里做客时，我觉得非常羞愧。当父亲尝试着讲一些笑话的时候，我感到很难为情，他那浓重的口音使他的声音听起来就像一个住在男人身体里的青少年。当父亲滔滔不绝地对他们讲一些奇闻轶事时，我觉得非常尴尬。我从来不会像别的同学那样带父母去参加学校的活动和表演。更糟糕的是，我对拉丁美洲人的优越感也会投射在我父母身上。虽然他们的年龄更大，也更有经验，但是由于他们不能像我一样通过电话和他们的房产抵押银行进行沟通，或者像我一样无障碍地听懂七点钟的新闻，我感觉自己的层次更高。在我看来，我最好的能力是我在家里所说的语言、我的肤色和父母教导我的价值观永远都无法企及的。

作为一名白人社区里的拉丁裔学生，我的挣扎和故事也正是我父母的，两者不可分割。我现在意识到，自己大部分的经历正是多年以前他们故事的续集。在我出生的前几年，他们从洪都拉斯非法移民到美国。在洪都拉斯，我的父亲即将成为一名工程师，而我的母亲在公立学校当教师。当他们来到这里的时候，他们失去了一切，被迫在一个语言不通的国家里从事卑微的工作。几个月后，他们被抓住并被遣返。当他们第二次来到美国后，他们不断地奋斗，希望日子能够越来越好。我大哥阿尔曼多比我大九岁，是跟父母一起移民来美国的，二哥史蒂夫比我大五岁，是他们在美国生的第一个孩子，因此被赋予了他们所能想到的最美国式的名字。

在我七岁之前，我们一直住在市里的贫民窟，周围都是黑人和拉美裔的孩子，我能够回忆起的童年感受就是恐惧。我非常害怕乘公共汽车去学校，也害怕别的小朋友，我就像一个生活的黑人社区里的惊恐的白人小孩。我害怕其他人，因为我认为自己天生就是异类。甚至在上小学的时候，我就开始形成伴随了我整个青春期的自我憎恨和种族主义。

所有我能记得的事情就是，当我在家的时候，我不得不用枕头盖着头来掩盖警笛声和机枪声。但是当我在学校，和"聪明的孩子"一起参加阅读和数学课程时，我感觉自己仿佛置身在一个安静的白人社区，这让我很舒服。在我的父母终于攒够了钱后，我们搬出了那个贫民窟，搬进了我梦寐以求的白人社区。

我父亲过去是现在仍然是一个酒鬼。喝酒对他来说比任何其他事情都重要，是他人生的一部分。我无法想象他手中没有啤酒的样子，就像我难以把他给我带来的伤害与他本人分开一样。在我很小的时候，我非常尊敬也非常崇拜我的父亲，但这也许主要是出于对他的畏惧，害怕如果我表现得不好，他会做出什么可怕的事。他是一个令人生畏的男人，有着圆圆的啤酒肚、粗壮的肱二头肌和小腿。

我最早的一些记忆就是"挂"在他伸长的胳膊上，像一只灵活的猴子一样荡来荡去，他的声音很洪亮，同时又是"爆破式的"，说起西班牙语来总是粗着嗓子，这并不是说他说得不好，而是说他总是从标准英语中学一些口语式的表达方式，比如"所以我告诉他——嗨，伙计，去你的，好吗？混账！"他似乎非常喜欢讲故事，一直滔滔不绝，当然这可能跟他经常喝酒有关。尽管他已经40多岁了，但是对我来说，他的声音听起来就像一个耍酷的青少年。但随着我的成长，我开始把他看作一个卑鄙无耻之徒，他不再像以前那么伟大。他洪亮的嗓音，即使在他情绪好的时候，听起来也像是在咆哮，总是带给我很多的眼泪。

我父亲上次打我的情景至今仍历历在目。那时我上七年级，整个初中期间，我都有一份投递报纸的差事，我经常会一放学就开始投递报纸。在一个工作日放学后，我没有去送报纸，而是去了一个朋友家。我们玩了一下午，打牌、讲故事，直到五点钟之后我才回家。当我骑着自行车进入车道时，我看到父亲站在我家门前的台阶上，我僵住了。他凶神恶煞地瞪着我，甚至没等我进屋就开始大喊大叫。他责问我为什么回来晚了。我们住在一所高中的对面，当父亲对我大发雷霆时，我能够感觉到有一大群学生正在看着我们。对于父亲如此大庭广众地羞辱我，我感到非常愤怒。我一进屋，他就"砰"地一声把门关上，然后继续用西班牙语羞辱我，说我猪狗不如，是个不负责任的混蛋，没有告诉他我去了哪里。他面红耳赤地用恶毒的语言攻击我。

当他怒气冲冲地上楼时，我知道他要去哪里、要说些什么。在厨房的走廊那头，我看到我哥哥史蒂夫的房门打开了，他的头探了出来。我凑到史蒂夫的耳朵旁，就像小弟弟经常做的那样，小声说："如果他打我，我就离家出走，如果他打我，我发誓，我根本不在乎，我一定会逃跑。"泪水唰地一下从我脸上流了下来，我鼓起勇气准备迎接我所知道的一切。我听见父亲咚咚地走下楼梯，我看到他手里挥舞着一根皮带，我愚蠢地试图用我的手去挡那些抽打，他咆哮着让我放手。他一下又一下地抽打我的大腿，一阵阵剧痛袭来，至少在我的记忆中，没有什么比被皮带抽打更痛的了。我多么渴望他能够停下来，我歇斯底里地哭着求他住手。

最后，他停了下来，大概是受够了我的尖叫和泪水，他快速转身上楼去了。而我一直在哭，在厨房的地板上蜷缩成一个球。我多么希望自己有勇气站起来收拾东西永远离家出走。在此之前，我已经想象和计划了很多次——我要带什么东西，我要去哪里，但我也只是想想而已，从来都没有付诸行动。我只是不停地哭，就像我以前所做的那样，而不是把我的计划变成现实。

我不确定他那天是不是喝了酒，还是只是心情不好。我的意思是，为什么有人会因自己的孩子回家晚就暴打他？我的父亲以及他那天给我的感觉，变成了洪都拉斯的象征和我的文化根源。他正是我极力避免成为的人，当他喝酒的时候，他在我眼里就是一个愚昧又可怜的傻瓜，很快我就开始将这些情感投射给我身边的那些少数族裔。当然，我的母亲除外，因为她不一样。

我的母亲是世界上最好的女人，她可以为我做任何事情，包括与我的父亲保持婚姻关系。她之所以没有离婚都是为了我，因为她知道离婚对我的伤害，因为她不想让我们搬出那所就在高中前面的漂亮房子，因为她需要父亲来供我上大学。渐渐地，时间长了，我开始把这种"都是为了你"视为理所当然。

我出生的时候心脏有杂音，这导致我那渺小的生命显得更加脆弱，我的家人都对我格外关照，但母亲对我安全的担心要超过其他任何人，这部分是因为她的性格，部分与当时的情况有关。我在如此幼小的年龄患上这种疾病，而且又是她最小的孩子——她永远的宝宝，这意味着我注定要享受特殊待遇。她几乎把她所有的呵护和母爱都给了我，即使是到了高中，她也会拍打着我入睡，并在早上叫醒我。有时，我会让她给我按摩后背，尽管她会开玩笑地抱怨，但还是会那样做。我和母亲之间的亲密关系与被我视为敌人的父亲相比，简直是极大的反差。

随着我慢慢长大，我在家里的地位和在母亲眼中的重要性也在不断提高。阿尔曼多没有读完高中，辜负了父母期待他成为家中第一个在美国读大学的儿子的梦想，史蒂夫步其后尘，在州立大学只上了两个学期就辍学了，我成了他们最后的机会。在我父亲的家族中，在我那32个堂兄弟姐妹中，我是第四年轻的，却是第二个上大学的。当阿尔曼多搞破坏的时候，父亲会毫不犹豫地用他唯一的方式来收拾他，而据说奶奶也是用同样的方式使父亲"听话"的。相比自己在多年前"品尝"过的一些工具而言，他只使用了皮带，这已经是一个温柔的转变了。然而，不知何故，在他的成长过程中，他一直都很爱奶奶，并感恩奶奶对他的每一次惩罚。无独有偶，我的哥哥阿尔曼多出奇地为父亲带给我们的痛苦辩护，在我们所有人中，他是唯一一站在父亲那一边的。也正因如此，再加上其他一些原因，我和哥哥阿尔曼多不太合得来。即使他知道父亲打了我，他也会觉得自己更狠的打都挨过，从而把我视为一个被宠坏了的小弟弟。

在他们婚姻的大部分时间里，母亲既没有为父亲辩护过，也没有反击过。每当他喝醉酒时，她都默默地忍受着他的责骂。然而，随着时间的推移，或者是因她现在在美国所感受到的自由，或者是因她个人的成长，她开始保护自己。当他大发雷霆时，她会反唇相讥，但通常情况下，她的反击正是他发脾气的理由。但是大多数时候他都不会去听，而只会破口大骂，然后怒气冲冲地扬长而去，并在接下来的几周都睡在一个有床的地下室里。最后，当我上高中时，我的父亲把他大部分的衣服都搬到了地下室，有时甚至几个月都不与我母亲同床。这么多年过去了，他们仍然"在一起"——也许用"在一起"这个短语有点奇怪，因为他们谁也不搭理谁，也从来不待在同一间屋子里。对我来说，他们的婚姻早就名存实亡了。

当他们激烈争吵时，父亲会粗暴地打断母亲，让她闭嘴，希望她能安静，恢复他们在洪都拉斯的平静生活。但是她的反应让父亲大为惊讶。"这可与在洪都拉斯时的生活方式很不一样，"他可能暗自思忖，"这不是本该有的样子。"他觉得妻子就应该负责做饭，为他端茶倒水、打扫房子，永远和他站在同一战线，从不顶嘴。但是我的母亲——一个了不起的女性，是不会同意那样做的。她知道自己已经是美国女性了，旧的方式必须改变。以前，我会哭着对自己说，我多么希望母亲能屈尊就范，停止反驳，但是现在我非常崇拜她的坚强。作为一个小孩子，我曾经只是期待那些争吵消失。无论如何，我总是责怪我的父亲，我不想成为他那样的人，但他却是我生命中对我影响最大的男人。在我看来，他代表的就是拉丁美洲的男性，因此我对于长大成为那样的人一点都不感兴趣。

数落父亲的过错总是很容易，但在我的记忆里，他还有另一面——更温柔的一面。他并不总是那个毒打我、呵斥我母亲的男人，有时他也为这个家庭牺牲了很多。大二那年，我被校报评为校园活动家，我所发表的那篇文章描述了我参与的所有活动以及所获得的所有成就。我把我的母亲描述成我"生命中的动力"。在这篇文章被刊登出来的几天后，我把报纸寄回了家，但我有点担心我的父亲会怎么想。当我最终和母亲提到这件事的时候，她说他们一同读完了那篇文章，并且都哭了，父亲也没有像我想象的那样生气或嫉妒。母亲告诉我，家里邀请了所有的亲戚朋友来吃烧烤，在聚会期间，父亲拿出了这篇文章当众宣读，并且为不懂英语的亲戚们用西班牙语进行了翻译，他甚至还把这篇文章带到单位去向他的同事炫耀。母亲告诉我，所有的亲人都为我骄傲，而我却只关注父亲的反应。这是一个我称之为爸爸的男人，尽管他对我是那样地凶狠，但每一天我都努力想要证明自己给他和母亲看。当我回顾我的人生时，我发觉，除非我的父母都认为它是精彩的，否则我也不会认为自己是成功的。在我的内心深处，我相信如果 20 年前事情是另一番模样——如果我的父母做出了一些稍微不同的决定，如果我的父亲只付出了一半的努力，那我的生活将会完全不同。无论我喜不喜欢，我都是欠他们的，这个想法促使我不断地追求成功，即使我觉得自己"已经做了很多事情"。

这就是我的故事里不能没有我父母的故事的原因。他们的美国之旅并没有因为他们的到来而结束，甚至也没有因为他们最终成为美国公民而结束。这两个故事继续串联在一起，同样重要的是他们留在洪都拉斯的大家庭和与他们一起移民的家庭。在我成长的过程中，我经常被许多姑姑、叔叔、堂兄弟姐妹和表兄弟姐妹围绕着。正如我的父亲成了拉丁美洲男人的象征一样——尽管我一点儿也不想成为那样的人——我的大家族也代表了我的种族、我的文化和我的种族主义的靶子。

在我看来，我的核心家庭成员与其他亲戚是不同的，在我的成长经历中，"不同"就意味着更好，我们感恩这种与众不同。我的姑姑们要么单身，要么离婚，要么再婚，我的堂兄弟们经常被逮捕，或者有私生子，这导致他们的父母非常伤心。我的堂兄弟们也是唯一与我有密切联系的拉丁美洲人，所以对我来说，他们的行为仿佛代表了所有拉丁美洲人。他们不断地惹麻烦、犯法、偷盗、欺骗、说谎、悖逆。我和我的哥哥们偶尔也会表现出一些类似的行为，但我们从来都不会越界。我的堂姐妹们有的未婚先孕，有的和男友同居，有的闪婚又闪离——我把所有这些行为都视为"亚白行为"（不是白人的典型行为）。做错误的事情——就像我的亲戚们所做的那样，实际上就是使自己不像白人，这在美国是无法出人头地的。

的确，我和我的哥哥们比我的许多堂兄弟更有教养、受教育程度更高，也更有礼貌。但我并不那么认为，而是认为正因为他们是拉丁美洲人，他们才会做这样的事。虽然我们也是拉丁美洲人，但我们超越了我们的文化。"超越了我们的文化"这个想法现在让我感到很恶心，然而曾几何时，我竟然信以为真。我并不认为因为我们是拉丁美洲人，所以我的家庭是成功的；或者，除了我们（仍然）是拉丁美洲人外，我的家庭是成功的，尽管那是一个不可否认的事实。

超越我们的文化的想法也让我回想起一个印象深刻的情景，那发生在我们去洪都拉斯的一次家庭度假的途中。一个和我年龄差不多的小孩来到我们的面包车前，请求我们搭他一程，我们告诉他车里没有座位了。但当我们继续前行时，我注意到他已经爬上了我们车后面的梯子准备与我们同行了，他竟然在每小时五六十英里 [①] 的车速下抓着汽车扶梯！那时，我真的有点讨厌这个小孩，我不敢相信他竟然厚着脸皮就这样蹭我们的车。十几年后，当我再次想起那个孩子时，我不禁也想到了我自己。如果不是成长环境发生了改变，我可能也是那般模样，这样的想法一次又一次地出现在我的脑海里，但在那个时候，甚至是在我收拾行李准备上大学的时候，我依然用轻蔑的眼光看待那个孩子，即那个"可能"的自己。

我的父母并没有强迫我必须成功，一直以来，我都是自己给自己施加压力。自从阿尔曼多从高中辍学、史蒂夫从大学辍学以后，我觉得自己必须是那个"光宗耀祖"的人。阿尔曼多和我素来不和，他甚至拒绝来参加我的高中毕业典礼。在他来看，我的成功只是突出了他的失败，父母对我的自豪对他来说就是一记耳光，曾经他才是那个被期待成为第一个做我现在正在做的许多事情的人。史蒂夫则自鸣得意，总是梦想着能够回到学校重修学业赶上我，这就是我离开家去上大学时的情形——我对家里的大多数人都感到愤怒，也坚信自己比他们以及我的血统都要优秀，并肩负着一个重要的任务，那就是把父母想看到的漂亮的成绩单和大学文凭带回家。

在大学的大部分时间里，我的生活都是按部就班的，有自由支配的时间，并且遇到了很多非常优秀的人，但直到我第一次参加拉丁裔学生组织"革命联盟"的活动，我才第一次与内心的仇恨产生了共鸣。我觉得我有责任去参加这样的组织，尽管我相信自己比自己的背景要优秀得多，但我也需要直面一个事实——我只有在所谓的拉丁裔身份方框里打钩，才能被大学录取。类似"关联""合群""认同"之类的字眼意味着我要么被拉丁美洲群体视为"自己人"，要么被他们排除在外。如果我认同了，基本上就意味着我肯定了我的文化，也意味着我对自己身份的认同并不仅限于在方框里打钩。

我参加了"革命联盟"的第一次会议，因为我觉得自己有义务参加，而不是想从中获益。我不想被主流人士视为一个拉丁裔学生，也不想被拉丁裔学生视作叛徒，我将这种对自己的不满和对种族身份的愤怒深深地埋藏起来，一点也不想让别人知道。我几乎没有想过，这就是我喜欢的方式，但是在我入学后的前几周，我总感觉被一种排斥感所笼罩，感觉自己似乎与周围的一切都格格不入。很多同学都穿着名牌服装，就读于他们父母的母校，大多数学生都和我很不一样。我很害怕有人会突然发现我并不是真正地属于这里，我有一种被淹没的感觉，好像我不得不重新开始我的生活，重新建立自我。但我也不知道自己是谁，更不知道如何在这里生存下去。

---

① 1 英里 ≈1.61 千米。——译者注

第一次"革命联盟"会议是在一间闷热的屋子里召开的,所有拉美裔的学生都面对面地坐着。很快我就被一种自己"完全不是拉丁裔人"的感觉刺激到了;相反,其他人都显得很"拉美"——他们操着特有的口音,用混有英语的西班牙语流利地交谈着。他们讨论着烹饪和自己喜欢的美食,尽管我喜欢母亲做的家常菜,但却不知道那些食物的名称。最重要的是,他们似乎对各自的文化背景都非常熟悉,他们在文化、社会、政治方面的了解与觉察比我想象的还要深刻。我对洪都拉斯有多少了解呢,我甚至不了解那里的政府管理体制,更不用说"我的同胞"过得如何了。除了在学校里学到的东西之外,我对拉丁文化一无所知。以前,我从未觉得对文化的无知是一个问题,但突然间它变成了一个很大的问题。

最尴尬的时刻是轮流做自我介绍的时候,他们一个接一个地用标准的西班牙语拼出自己的名字。我认识的一些人经常这样做,但是个别人的反应还是让我猝不及防。Drew 变成了 Andres,John 变成了 Juan,人们拼自己名字的速度也在不断地加快,我们快速地"打圈",但是我并不知道自己该怎么做。当然,我也可以轻松地使用西班牙语,但我从来没有那样做过,也不想为了合群去那样做,甚至对于那样做有一丝恐惧。如果我说出来的东西听起来比较糟糕,或者我没有说对自己的名字会怎么样?我不想在众目睽睽之下被人取笑,不想让他们知道我只是一个冒牌货。我只是想坐在不起眼的角落里参加这个活动,让我感觉自己已经"证明"了在种族方框里选择西班牙裔/拉丁裔而不是美国白人的缘由,尽管我希望自己是白人,至少我感觉自己是。

当最终轮到我做自我介绍时,我操着浓浓口音说出我的名字——何塞·加西亚。我感觉出卖了自己的灵魂,这倒不是因为我不想成为拉丁美洲人,而是因为我居然为了能够被拉丁裔学生接纳而故意隐藏起了真实的自我,我从未感到如此地困惑与混乱。在我的内心深处,我看不起拉丁裔学生,我的种族主义是如此根深蒂固,然而为了能够被我的拉丁美洲同伴们接纳,我竟然愿意表现得像另外一个人。我不知道自己是谁、自己想要什么,我只知道我想被接纳,我想取悦每一个人,但却发现自己无法取悦任何人。

我的困惑与混乱没有好转,反而变得更糟糕了。在大一的秋季,我加入了学生会。作为代表学生的组织,学生会一直担心自己是否真的具有代表性,所以会根据性别和种族来挑选成员。我并不是一个真正积极的学生会成员,而只是一个拉丁裔学生的象征,至少在我看来是如此。

随着时间的推移,我逐渐理解了"象征"一词。拉丁裔象征、少数群体象征、有色人和少数人、被忽视的种族主义、种族主义的权力关系、偏见、制度性的种族主义……这些都是我在我大学一年级之前从未听说过的名词或短语。这是作为一个非白人学生必修的速成课,我相信如果你问任何一个白人，他们很可能对其中一大半词都不了解，这并不只是因为他们是白人，而是因为他们和这些东西毫无交集。我就是一个典型的例子，我从来没有考虑过这些东西，但由于我是有色人种，是少数群体的代表，我就"应该"知道这些。在一次学生会会议中，他们邀请我作为拉丁裔学生代表发表意见，这给我上了一课。我明白，我并不是作为一名普通的拉丁裔学生来表达自己的想法，而是被期待给出"官方"的"拉丁裔观点"，就好像我们所有的拉丁裔人有一天聚在一起，就一系列问题进行了民意调查，然后得出了一致的结果一样。种族之间有很大的差异，而在种族内部也存在多样性，我真希望我的朋友们都是色盲，我不想被视作拉丁裔人或者别的什么人。在很短的时间里，我从讨厌我的种族转变为不在意它，但当其他人忽略它时，我仍然心存感激。伴随我成长的那种内心的仇恨已经消失了，但是一些根源性的东西依然还在。在我接受并真正为自己的文化感到自豪，而不仅仅是容忍它之前，我还有很长的一段路要走。

我继续去参加"革命联盟"的聚会，也继续为自己的无知而挣扎，我听着其他有色人种的学生分享他们在成长过程中遇到的种族问题，开始发现我的童年有越来越多的方面与他们的童年有关——作为移民孩子的共同点。最重要的是，我生平第一次被那些与我有相同肤色、相同成绩的学生围绕，我不再是白人海洋里的特例了。我在自己和自己的种族之间筑起的墙开始倒塌。尽管我已经有 70% 变"白"了，但我的大学依然引导着我向多元化发展，所以当我意识到这一点时，我不再觉得那种"白人和成功之间有必然联系"的观点还有任何意义。

我想起有一次深夜和朋友杰克的谈话，他有一半拉美血统，一半白人血统。他突然告诉我说他反对那些反歧视运动，认为那是对白人学生的反向歧视，而且只会更加强调种族界限。正如他所说的，"为什么今天的白人要为过去的白人所做的事情买单呢？"这一问题引发了激昂的争论，尽管他那样认为，但我还是坚持说在这个国家仍然存在着种族分裂。它是社会性的，多年前那位高中代课老师的行为就表明了这一点；它也是经济上的，正如我小时候生活的贫民窟所证明的；它也是教育上的，就像从小学到高中，在我所选的高级课程的教室里，基本上都是白人面孔；它也是文化上的，就像我在第一次"革命联盟"会议中所感受到的那种孤独和隔离感。"你说的没错，"我继续说，"现在大部分白人和从前的事情都没有任何关系，但这无法抹去那些问题，也没有改变少数群体依然因历史原因而受苦这一事实。此外，无论白人是否负有直接责任，都不会改变他们受益的事实，因为他们得到的，正是其他人所失去的。这并不是一个对与错的问题，这是事实。但是，这并不意味着我们不应该试着改变现状。"杰克不停地争辩说，少数群体只需要"停止自怨自艾"。

那天晚上，我就这个话题提出了自己的理论："听着，杰克，生活就像一场长跑比赛。从一开始，少数族裔参赛者就被压迫、被奴役、被征服，与此同时，白人参赛者却一直遥遥领先。突然间，所有的限制都被解除了，奴隶制被废除了，也不再有种族隔离了，所有的事情都被拨乱反正，但是真的平等了吗，杰克？所有这些法律上的平等并没有改变一个事实，即所有这些白人选手都已经领先了几个世纪。这在现实生活中是如何体现出来的呢？在经济、在教育、在社会态度等方面，这些都是很大的问题。人们需要一个大的解决方案，虽然我并不觉得反歧视运动是最好的长期解决方案，但在人们愿意做出更大的承诺之前，它至少是一个短期的方案。"

杰克说，他利用自己的拉丁裔背景进了大学，就像利用自己的跑步天赋一样（他的越野赛成绩也为他上大学加了分），这就是他的拉丁美洲人身份对他的意义。由于我内心深处对种族有着根深蒂固的执念，因此我对他所说的话感到很愤怒。尽管就在几个月前，我也说了同样的话。

在大学里，一旦我开始处理那些被长期压抑的种族身份问题，一切就像泄了闸的洪水一样。有时我会和人发生激烈的争论，并会说出一些连自己都敢不相信的话。在那些时刻，我声称所有白人都是种族主义者，或者美国边境应该一直保持开放，但这些都是我学习过程的一部分，我不断向前，测试、尝试不同的事情，观察一些想法的走向，然后评估自己是该继续相信它们还是放弃。我试着找回因对自己文化的无视、憎恨、偏见而被埋藏多年的那一部分自我。

在另一次深夜与朋友的谈话中，我再一次想起了在洪都拉斯，那个厚着脸皮蹭我们车的小男孩，我当时非常不喜欢他。"但与在洪都拉斯看到的那些光着身子在大街上乞讨的小孩相比，我又有什么区别呢？当然，我知道我的干劲和职业道德是非常重要的，但我认为最重要的区别还是在于我所拥有的机会——能够就读于一所比洪都拉斯的所有学校都要好的学校，而且能够追求那些我父母一辈子没有机会追求的东西。然而一切也有可能是完全不同的，也有可能是另外一个小孩坐在这里，而我在洪都拉斯，这就是为什么我觉得必须帮助他们认识到自己的潜力，否则我就不会觉得自己能生活得很快乐，我想给予别人那些我所拥有的机会。"当我说出这些话的时候，我相信我整个人都是这么想的——我知道我再也不会以同样的方式看待自己的角色和人生目标了。我从来都不信教，但我觉得我找到了自己的使命。我也知道，我将永远都不会成为投资银行家或商人，我的定位是在服务领域、在教育领域、在那些我能够用我的能力去改善别人的生活，帮助他们"打开一扇门"的领域。

尽管我有了新的见解，但那个恶魔依然住在我的心里。多年来，当我照镜子时，我看到的都是一个因肤色、头发颜色、说话方式和其他特征而没有吸引力的人，这些负面情绪不会轻易消失。我感觉我的鼻子太大、太圆了，一点也不挺拔，我讨厌自己一直比平均身高低四英寸[①]的事实，也不喜欢自己的褐色眼睛和黑色头发。我对于自己的长相与合群与否的不安全感依然存在，尽管不论是在认知方面，还是在情感方面，我都在不断成长，但我并没有完全摆脱那些困扰我的老旧思想。

曾经，我厌弃自己，也厌弃自己的背景和亲人，但我对自己和他人的认知已经被我在大学里所遇到的所有新朋友改变了。我曾经认为所有的拉丁美洲人都是懒惰的，所有的有色人种学生都不如白人学生，但在学校里，这些都被彻底推翻。由于我不在家，我与家人的关系以及他们彼此之间的关系也被迫发生了改变。我离开家正是我的家人所需要的。

在阿曼尔多和他的未婚妻莫莉住的新公寓里，他拍了一张光彩照人的照片，从中可以明显看出我们家庭动态的变化。在照片中，我们紧紧地依偎在一起。父亲的右手搭在哥哥的肩膀上，另一只手紧紧地搂着母亲。母亲笑得很甜美——这是一个真诚的微笑。她看起来真的很开心，因为家人都在身边。你几乎可以读出她的想法：一家人再次团聚了，和以前不一样，这次是真的团聚。在那张照片里，我正在亲吻我的哥哥，我抱着阿曼尔多的脸，在他的右脸颊上亲了一下。他一直微笑着看着镜头，手臂紧紧地搂着我。拍完照片后，阿曼尔多用双臂抱住我，把我搂进怀里，给了我一个大大的拥抱，后来，史蒂夫也加入了我们。就在那里，在我哥哥阿曼尔多新房子的厨房里，在我父母和未来嫂子的注视下，他开始向我道歉，为多年来对我的不友好而道歉。当我们拥抱的时候，他抽泣着说："我很抱歉，乔斯，我为自己对你造成的所有困境道歉，但是你知道的，我那样做是因为爱你，我想让你做最好的自己。你是我最小的弟弟，我愿意为你做任何事情。"然后他也向史蒂夫张开双臂，我们三个就这样紧紧抱成一个圈，他继续泪流满面地说："你们都是我的弟弟，是小男子汉，我非常爱你们俩，非常非常爱。我会永远和你们在一起，无论你们有什么需要，都一定要来找我，好吗？没有什么事情是我不会为我的兄弟们做的。"泪水顺着我的脸颊流了下来，平时冷静而矜持的史蒂夫也哭了起来。我们在爱与和解中再次走到了一起，这是我在那一整年里缓慢成长的顶峰——在多年的疏远之后，我被我的哥哥们接受了，我也终于接纳了他们。当我们紧紧相拥的时候，我听到母亲让父亲看着我们，我能够感受到她内心深处的幸福，看到自己的儿子们最终团结在一起，她感到非常自豪。

几个月后，我又向前迈出了一步。我去了华盛顿特区实习，在一家致力于加强拉丁裔社区建

---

① 1英寸≈2.54厘米。——译者注

设的非营利组织担任研究助理。我发现我身边的人都将他们的生命投身于改变拉丁裔社区。特别是组织里的两位领导进一步改变了我对拉丁裔人的看法。他们都是常春藤盟校的毕业生，简历上都写满了令人难以置信的经历，他们本可以做自己想做的任何事，却选择了去回报他们各自的社区。通过他们，我结识了很多非常有才华的拉丁裔人，我从高中开始对拉丁裔人呈指数级加剧的观念也进一步得到了改善。由于这两个人的成功，我消除了一切重大的偏见。我钦佩他们，钦佩这两个拉丁裔人。但在过去，我会忽略他们是拉丁裔的事实。尽管这只是一个微乎其微的细节，但却揭示了我是如何看待这一问题的。

当我还在华盛顿特区工作时，有一次，我周末飞回家乡去我的高中学校观看音乐剧演出。我叫来四年级时就认识的好朋友丹一起观看这场演出。我告诉他我加入了学生会，对各种活动充满热情以及在那所自由艺术学院的日常琐事，同时，我也提到了我在华盛顿特区的实习经历以及在那里的美好时光，并且骄傲地出示了我的名片。"赋予拉丁裔社区力量，"他一边读上面的介绍，一边对着我笑，并扬起这张名片给我们一个共同的朋友看，"克里斯，乔斯现在是拉丁美洲人了，看看这张名片，我们的小布朗朋友开始建立社区了。"他的语气充满了嘲讽，他们两人都盯着那张名片开始哈哈大笑："笑死人了，简直无法相信你会跟这堆垃圾混在一起！"他们的笑声越来越大，似乎不相信名片上的内容。

我很崩溃，这些人真的是我的发小吗？这就是我以前一直享受的生活吗？我确实曾经为自己的身份和信仰感到羞耻过，但却从来没想过竟然会有这般羞耻。有什么事情是我能够重新来过的吗？有什么事情是跟我的种族主义无关的？有好一会儿，我都觉得非常不适，坐立不安，想站起来离开那里。就在那时，就在我开始为自己感到难过之前，突然发生了一件连我自己都震惊的事情，我说："闭嘴吧，丹，你这个混蛋！"他目瞪口呆，似乎对我的反应难以置信，笑声也戛然而止。我继续说："你在过去的两年中没有成长，并不意味着我也没有！"

"嗨，拉丁先生，别介意，我只是认为这种事情根本不像我在高中时认识的乔斯会做的。"丹一边说，一边把名片还给我。

"我在很多方面都和你曾经认识的乔斯不一样了，人都会成长，丹，你知道吗？我对自己的这些改变非常满意。"我最后看了他们两个一眼，然后坐回到了剧院的座位上，我并不认为自己特别能言善辩，但我表达了我想表达的，我没有退缩。

随着演出的继续，我回想起那次深夜与杰克的谈话，以及我谈到特权和种族主义时的激情。我脑海中浮现出那个洪都拉斯男孩的形象，我再次想象自己过着他的生活。然后我想起了代课老师康纳先生，想起了他带给我的愤怒。我回想起无数次我称自己为"西班牙佬"的场景，以及我对自己文化的唾弃。最后，我想起了我的父母和他们曾经给予我并继续给予我的一切。丹静静地坐在我旁边，指责我"跟他在学校里认识的乔斯不一样了"。我笑了，他是对的，我很庆幸并自豪自己没有和他一起开玩笑，否认这个我花了两年时间塑造并将继续塑造的自己，我希望自己永远都不停止塑造新的自我。

/ 故事 4 /

一个体面的女孩

杰西出生在波多黎各，她在很小的时候就和家人移民到了纽约。在这个故事中，她探索了她强大的家族关系、别人对她的信任，以及她自己的承诺如何帮助她避免了在所在的城市社区可能遇到的危险和复杂状况。她描述了自己在帮派暴力、冷漠的教师和资源匮乏的学校面前是如何与家人、朋友保持联结的。她看着朋友们辍学、贩毒、加入当地的犯罪团伙，只因他们缺乏她所拥有的支持系统。大学提供了新一轮的挑战，面对其他人的无视和学校客观的学术要求，杰西渴望成功的决心使我们相信她一定会成功的。

在我 17 岁那年，我第一次考虑买一把枪。我很多发小一上高中就拥有了自己的手枪，并和当地的枪支贩子和黑市贩子建立了联系。我觉得那也没什么大不了的，我想我可以用暑假打工省下来的钱从小伙伴那里买一把枪，并用一些零钱感谢他们所提供的服务。我感觉这就像去杂货店帮我母亲买一罐豆子一样简单。我只需要走出家门告诉乔伊、雷德或爱德温，然后所有的事情都会被搞定，就是这么简单。有了枪，就有了安全，我就能够向那些把我的沉默寡言当作没有能力保护自己的人证明我的实力。我讨厌打架，现在只要轻轻扣动扳机就可以有力地证明我的能力，而不必像每次争执时那样造成身体和精神上的痛苦。

16 岁那年一个清爽的星期六早晨，当我在附近的一个购物中心给母亲买生日礼物时，两个女混混袭击了我。我依然能够清晰地记得当第一个攻击者用她的拳头打我的脸时，我的眼镜掉在地板上的声音。最初我有点晕头转向，但很快就看清了攻击者的面孔，并采用了我哥哥小时候教我的最关键的防卫策略：永远不要停止扭打。当警察赶到现场时，他们很难分辨出攻击者和受害者。其中一名攻击者非常害怕地站在我身旁，而我则稳稳地用胳膊锁住她同伴的脖子，威胁着要杀了她。一名女警察命令我放开手，但我并没有听从。两名警察随后制服了我，另一名警察扶起了第一个攻击者。在目击者的作证下，警察逮捕了那两个女混混，并让我正式起诉她们，我拒绝了。过了一会儿，那两个女孩被释放了。一名攻击者哭着悻悻而归，她的同伴则用手捂着自己流血的鼻子。我无精打采地坐在长椅上，看着她们的背影越来越远，最后消失在人群中，我脑海中出现过追上这对"活力二人组"，为她们的受伤而道歉的想法，但我的另一部分还想继续扭打。在这两个女孩离开之后，那两名警察把我送回了家。当我意识到这件事很可能意味着接下来一连串的暴力袭击时，我的心往下一沉。黑帮组织为它们的成员复仇是迟早的事情，帮派暴力永远都不会结束。

　　17 岁那年，我的注意力明显地从自己身上转移到了家人的安全上。在母亲节的前一天，我正在离我家几个街区远的地方练习侧方停车，突然接到了母亲的电话——几个抢劫犯在她回家之前洗劫了我们的家。几分钟之后我赶回了家，发现母亲正盯着地板上的一片狼藉默默流泪。我慢慢地清理出一条通道走进卧室，寻找那天一大早我给母亲买的礼物。我翻箱倒柜地搜寻，希望能找到买给母亲的项链，但它还是不见了。

　　也许整件事中最困难的部分就是确定歹徒进入和逃跑的路线。我们住在公寓的一楼，歹徒穿过院子从客厅的窗户爬进来十分容易。我们的院子是小区里最热闹的地方之一。人们经常来这里打手球、抽烟、喝酒、烤肉，以及举办生日聚会。不用说，一定有无数目击证人，但是他们要么是犯罪嫌疑人的同伙，要么就是为了明哲保身而不愿多说。在洗劫发生的几天之后，我哥哥的朋友告诉我们，这次洗劫只是一次警告，当地的犯罪团伙正在追杀我哥哥。他上次从大学回来的时候，有人看到他穿着一件印有黄色字母的毛衣。幸运的是，我哥哥在洗劫发生的前一晚回到了学校。然而，我们家再次被洗劫或任何一个家庭成员被袭击都是迟早的。我拒绝坐以待毙，等着警察拘捕犯罪嫌疑人后来通知我们。我的家庭面临的危险迫在眉睫，我必须亲手解决这个问题。

　　尽管我从来没有正式加入过某个帮派，但在我们的社区里，我认识很多帮派成员，他们会在我遇到危险或争执的时候为我出头。哥哥的那些"兄弟"向我保证，如果出了什么事，他们会为我赴汤蹈火，但我不想让任何无辜的人卷进来，保护家人的安全是我自己的责任。在放学回家的路上，我在家对面的一家比萨饼店里找到了我的朋友雷德，他在高一辍学后就开始贩卖枪支。他已经听说了我家的遭遇，也问过我他能够为我做些什么，就是在那个时候，我告诉他我打算买一把枪。最初他特别惊讶，并问我打算用它做什么，我一时竟不知该如何回答。我们约定三周后与他和他的"分销商"在我们小学的教学楼前见面。但到了交易的时间，我却没有出现。尽管我不断地将自己购买枪支的目的合理化，以至于忽略了非法购买枪支的潜在后果，但我内心的一些东西还是阻止了我迈出最后一步。当我准备保护家人的时候，虽然我已经把自己的生死置之度外，但我不能以牙还牙。

如何选择，如何决定？像"是""否""也许""有时""始终""从未"这样的判断，都是由影响我成长的价值观和经历所决定的。我的经历教会了我，无论做什么决定，都要重视正直、尊重和荣誉。我在一个拥有虔诚信仰的家庭里长大，从我睁开眼睛的那一刻起，这样的价值观就被植入了我的生命。尊重他人，尊重长辈，相信那些看不见的事物，关怀需要帮助的人，懂得爱不分种族、肤色、信仰……所有这些塑造了我和家人与周围世界的互动方式和观念。虽然我们没有太多的物质财富，但这些原则是无价的，因为它们帮助我们度过了困难的时期，当生活幸福的时候，这些原则就更有意义。随着年龄的增长，我对人们的爱和尊重，以及我的信仰，使我能够追寻有时难以想象的梦想。别人对我能力的信任也是我成功的催化剂，使我做出的决定不会损害我的责任感，并使我更接近自己的目标。

在我成长的社区中，暴乱和犯罪活动侵蚀着我那连明天的太阳都不一定能见到的童年。幸运的是，在一天结束后，我有一个可以回的家——一个支持系统，在那里，我不会遇到白天长途跋涉去学校或者参加同龄人化装舞会时可能遇到的任何事情。在布鲁克林的公寓（我们从波多黎各移民过来后的第二个家）里，我学到了人生中最重要的一课。我父母一生的信念都很坚定，他们告诉我，我可以移山——而且在我的一生中，我也的确做到了。

我出生在波多黎各阿瓜迪亚特区医院，我还能记得（有些夸张了）当时那盏闪烁的灯悬挂在产科 C12 产房的天花板上。我的左边就是大西洋，海浪拍打着港湾，温柔的海风把潮水吹到岸边。父亲坐在我的右边，他粗糙的双手托着腮帮，目不转睛地看着自己创造的这个世界。我的母亲把我抱在怀里，她的脸颊贴着我漂亮的额头，默默地祈祷着，他们拿什么养活我呢？他们没有钱。然而，在所有的不确定面前，他们还是心存希望的。

当我还生活在波多黎各的时候，我的奶奶和我经常在星星出来之前就坐到外面。刚开始我们只是一集接一集看电视剧来打发时间，直到天空中布满了闪闪发光的星星，然后我们就开始数星星。我记得自己小时候曾经说过，我希望我能把天空装进我的口袋。后来，在我们搬到纽约后，天空就变了，我在布鲁克林的所有夜晚都没有见到过像波多黎各那样的星星海洋。不过，在阳光明媚的日子里，太阳还是像我爷爷的深蓝色眼睛那样明亮。刺眼的光线倾泻在脏乱的人行道上的玻璃碎片和瓶盖上，这些都是前一晚街头斗殴留下的痕迹。尽管我周围的环境与以前非常不一样，但我把布鲁克林的居所称为"家"只是时间问题。

我们在纽约的第一个家位于布鲁克林莫特大街的一栋栗色单片住宅项目楼。街道上到处都是前一天晚上寻欢作乐的人丢弃的空酒瓶。多年来，我逐渐熟悉了那些瓶盖的颜色：红色、蓝色、绿色，还有紫色，其中红色的最为常见。在做保管员的父亲攒够了钱后，我们搬到了另一个地方。

我们的情况有了一些改善，迪凯特大街 2364 号走廊里的尿味比莫特大街项目楼里的少了一些。然而，不幸的是，入室抢劫、枪击、毒品交易的发生率并没有改变。在我高中的最后一年，我们遭遇了入室抢劫，我哥哥在 18 岁之前被打劫了三次。

我依然记得戴着露指手套写字的挑战，在寒冷的日子里，这是我完成练习册上的乘法表的唯一方式。除了外套以外，太空加热器发出的橙色光是我们唯一的供暖设施。父亲解释说，房东有时会忘记给房子送燃油。然而，我们必须完成家庭作业，这并不是因为父母的催促，而是因为那是我们应该做的事情。对我和我的兄弟姐妹来说，这是所有孩子在看电视或去教会布道会或皇家护卫队（相当于童子军）之前都会做的事。在我看来，每个家庭成员都担负着不同的任务。作为一个孩子，我的任务就是在父母下班回家前完成作业，然后收拾屋子；我父母的任务包括工作、做饭、睡前给我们读圣经故事、唱赞美诗、早晨在我们上学之前祷告。没有任何事情能妨碍我们履行自己的职责，因为我们每个人都是家庭兴旺发达的重要组成部分。

当我们面临困难时，母亲会教导我们要珍惜我们所拥有的，因为"无论事情变得多么糟糕，都不是最糟糕的"。我的父母都经历过"最糟糕"的事情——在 13 岁成为孤儿之前，我父亲被他的父亲虐待了很多年。他直到八岁才拥有一双属于自己的鞋子，有的时候，一杯热橙叶茶（由他家后院里的橙子叶做成的）就是他和他的八个兄弟姐妹好几天唯一的食物。我母亲成长于波多黎各的一个小农场里，她有 13 个兄弟姐妹，在六年级的时候，她不得不辍学去帮助我的外祖母操持家务，她的一生也经历了许多艰难困苦。母亲的忠告直到今天都影响着我对世界的认知。在母亲的影响下，我觉得我们的公寓已经够好了，我不介意晚上穿着作为圣诞节礼物收到的外套，戴着祖母作为生日礼物送给我的帽子和围巾睡觉。家就是家，我很高兴能有一个栖身之所，有衣服穿，还有一对生活好时爱我、生活不好时更爱我的父母。

从小到大，我一直把我住的街区当成我的游乐场。我和朋友们在我们公寓的院子里玩跳房子和捉人游戏，当旧的游戏变得无聊时，我们就发明新的游戏。有时我们会坐在大楼前的台阶上，描述云彩的形状像什么动物或什么人。我的弟弟曼尼总是觉得云彩像小狗——通常不是吉娃娃就是叼着玩具骨头的小比特犬。

每个周日，在教会礼拜开始之前，我和朋友们都会等着弗洛斯蒂先生开着冰激凌车过来。有时，无数选择令垂涎三尺的我们激动不已——有雪糕，有中间有个口香糖大小的鼻子的马里奥甜筒，还有草莓浆果蛋糕、巧克力玉米卷、香蕉船、巧克力、草莓、香草奶昔等。选择是如此之多，而我们离主日学开始上课的时间太短了。我们很多人都会选择永不过时的经典款，也是弗洛斯蒂先生的招牌产品——香草冰激凌甜筒，上面撒着五颜六色的糖屑。一天下午，我发现快速旋转甜筒可以制造出"彩虹龙卷风"。从那一刻起，为了纪念我的这一重大发现，我和朋友们在咬第一口之前都会先旋转冰激凌，并欣赏我们的"彩虹龙卷风"。

在我们放学回家的路上，我们会蹑手蹑脚地经过华尼托的地盘，因为他总是会在酒窖前睡觉，手里拿着他那印有"达美乐比萨饼"商标的褪色的塑料酒杯——红蓝色的字迹依然鲜艳，但绿色的字迹已经褪成了淡黄色，让我想起了小学食堂的鸡肉面汤。当华尼托醒着的时候，他就会像摇拨浪鼓一样摇他的杯子。他兜里的硬币响得像教堂的钟声，每天早上都会提醒我，是时候祷告并准备上学了。他会跟我们讲他在波多黎各的美好生活，那个时候他还没有失去右腿，能够爬上棕榈树去摘成熟的椰子。尽管他从没有重复讲过一个故事，但他的故事总是以同样的格言结尾："对你爱的人好一点，好学上进，永远不要参军。"

暑假是我们生活中最快乐的时光。捉迷藏、偷培根、踢罐子之类的游戏充实着我们的假期。只有父母都有工作的孩子才会在暑假去波多黎各、圣多明戈或佛罗里达。当太阳照在我们的背上，灼热的柏油马路开始升起缕缕蒸汽时，没有什么能比在打开的消防栓前跳舞更美妙了。当太阳下山后，我们暑假的大部分夜晚都在与夜空嬉戏，因为我们会尝试跑过月亮。但无论我们跑得有多远或多快，看起来月亮好像一直坐在我们的肩膀上。

我童年的大部分生活都是如此——在户外与邻居、朋友、表亲和兄弟们一起探索新的发现。然而好景不长，随着年龄的增长，母亲开始限制我进行户外活动的权利。到我12岁时，我已经不能再和朋友们一起出去玩了，因为母亲说我已经长成一个少女了，而街上没有一个地方对于"少女"来说是安全的。尽管我明白母亲的用意，但直到今天，每当我回忆起四月那个凉爽的午后，我的朋友们站在院子里焦急地等我出门，而我却出不去时，我仍然能够感受到一丝怨恨。在我看来，这可能是母亲做过的最让我记恨的决定之一，在那之后的很多年间，这都是我与母亲争论的一个话题。为什么我不能出去和我的朋友们一起玩？少女？12 岁的时候，谁不是个少女呢？我只不过是想和朋友们一起打手球、篮球、棍球，在我们的公寓楼里玩捉迷藏，这有什么不妥呢？我看不出来这些娱乐活动怎么会威胁到我作为一个得体又受人尊敬的女孩的身份。

有好几个月，我都只能站在一楼的玻璃窗前，看着我的朋友们在院子里玩耍，幻想着有一天可以再次进入他们的世界。他们离我坐的地方只有区区五英尺①，但这五英尺却是如此遥远。我的朋友们发明了一种篮球游戏，有时，他们会把我的手臂当作篮球筐，我就在客厅的窗户那里向外伸出自己的双臂围成一个圆形，然后路易斯、艾德、托尼、斯蒂芬妮轮流来投篮。后来有一次，我的朋友史蒂夫没有投中，而是打碎了我家窗户的玻璃，然后他们就不再这么玩了。然而我并没有放弃，我知道迟早有一天母亲会大发慈悲，允许我出去和他们一起玩。我说服自己，母亲可能只是需要"适应"一下——她很快就会"回心转意"的。

日子一天天地过去，一周又一周，一个月又一个月，然而情况并没有发生任何改变。当我对母亲的回心转意不再心生幻想时，我开始尝试偷偷溜出去。毫无疑问，总会有邻居或伙伴"义正言辞"地阻止我，因为我的母亲已经告知他们关于她限制我"公民自由权"的决定。又过了一段时间，我开始意识到母亲不会放弃她的决定，于是我也停止了抗争。从那时起，我的街区不再与以往一样。这些年来我建立起的友谊发生了微妙的变化。我经常看到我的邻居、朋友路过，但随着年龄的增长，我们童年纯真的光芒逐渐暗淡，就好像是儿时我们玩手球或者踢易拉罐造成了可怕的后果时，我们紧张兮兮地讳莫如深一样。我意识到，那些被父母允许和朋友们在外面玩耍的女孩，已经适应了这种生活方式，但这种生活方式却可能会破坏她们的安全和幸福，严重限制她们成功的前景。

在那些年间，我的很多朋友都变成了我们在童年时代大部分时间都试图回避的人——那些承诺如果我们用背包帮他们运毒品就给我们买糖吃的男人；那些胳膊上针眼密布、向我们讨要路费或香烟的有气无力的女人；那些当我们跑到街上去捡我们丢失的篮球或手球时，我们看都不敢看的持枪歹徒……还有一些人不到 17 岁就悲惨地死了，其中一些死于飞车射击、帮派争斗和毒品走私。

---

① 1 英尺 ≈ 30.48 厘米。——译者注

与我那些卷入危及自己生命的活动和行为中的朋友不同，我在唱诗班的朋友安东尼让我刮目相看。在我高二的时候，我的歌唱老师推荐我和其他三名学生去布鲁克林学院的艺术表演中心参加选拔赛。麦克、贾内尔、安东尼和我被告知在一个寒冷的星期六早晨去当地的社区大学，在六个导演面前录音。当我们到达那里的时候，发现有差不多七八十名学生已经在焦急地等待着录音。我们看着学生们一个接一个地走出小小的录音棚，有的拿着粉色的纸条，有的则没有。我们很快了解到，粉色纸条就意味着被选上了，幸运的是，我们四个都是兴高采烈地拿着粉色纸条出来的。从那以后，我们每个星期六都会在早上9点半准时到达社区大学的表演艺术中心（否则就面临被送回家的危险），然后进行大约四个小时的声乐练习和两个小时的小提琴练习。如果我们在一个学期中缺席两次以上，就会立刻被节目组除名。毫无疑问，我们的每个星期六都是忙碌且疲惫的。我们的导演很严格，眼里不揉沙子。在排练过程中，如果任何一个小节有降音或是气息不足，他就会让那个组的每个人单独唱一遍完整的歌曲，直到发现"罪魁祸首"。然而，对于创作美妙的音乐来说，这些都算不上什么。我们学习歌剧、交响乐，还有一些我们之前从来没有听说过的作曲家创作的伟大作品。我们也排练一些经典的外国歌曲，尽管我们并不理解那些歌词。我们喜欢在那里的每一分钟，我们的合唱团在全市非常有名，我们经常在不同的节目或集会中表演，我们曾多次上过电视和报纸，我们感觉自己非常重要。因此，尽管害怕会被逮到走音，我们还是期待星期六快些到来。我们非常感恩能够有这样的机会参加不同类型的学习，并最终在学期结束时创作一些让我们的家人和朋友们感到自豪的作品。每一个尴尬的瞬间，或者看起来没完没了的排练，对我们的表演来说都非常值得。我们知道，在每个学期结束的时候，我们的努力都会获得意想不到的回报。这不像在学校里，我们辛苦努力的结果总是不那么明显。在全美知名的合唱团里创作音乐，使我们能够享受我们的劳动成果，并向他人展示我们他们不曾真正了解过的一面。

尽管安东尼会因每个星期六都在唱诗班唱歌而被他的很多朋友嘲笑，但他觉得这项活动让他的生活充实了起来，使他能够远离他的街区，远离麻烦。他决定不卷入或参与任何非法活动，而是让自己投入那些他觉得有意义的活动中。"光明的未来就在我们自己手中。"他经常会这样说。在我们高二的那年，安东尼成了最优秀的男高音，而我只是一个平庸的女高音。然而，在我接到关于安东尼自杀的电话后，我们美妙的音乐之旅结束了。那天下午，我交了制服——一想到排练时安东尼的座位空着，我就受不了。年轻人不应该这样，尤其是像他那样，我心想。

多年来，随着我生命中熟悉的人物不断消逝，我花了很长时间才认识到：死亡就意味着即使我搜遍地球上的任何一个角落，也找不到这些人了。和那些我非常珍惜的人以及回忆说再见虽然很艰难，但我接受了这些丧失，因为从长远来看，它们只会使我更坚强。我开始意识到，这就是生活，我需要接受它才能继续前进。家人的支持和母亲的指引帮助我继续前行，就像她经常提醒我的——除了生死，其他都是小事。我决定，除了死亡，没有任何事情能够阻止我奋力前行。我祈祷我爱的人以及他们的家人能够拥有继续前进的力量，我知道类似这样的悲剧会让人们在愤怒中失去希望，因为那些没有答案的问题和哀伤通常会使人变得愤怒，甚至萌生报复之心。这样的恶性循环也正是那些播报员和记者经常会在报纸和简讯节目里轻易公布的事实，他们把贫民窟描述成一个堕落且没有希望的世界，那里没有无辜的、有血有肉的真实的人。

随着岁月的流逝，我目睹了我的许多朋友在艰难的环境中失去了自己的目标和抱负。我绞尽脑汁，却搞不明白到底是哪里出了问题。我们中的很多人都曾相信，我们长大后会成为医生、宇航员或科学家、律师之类穿着高档西装在市中心工作的大人物；还有一些人梦想成为嘻哈歌手、演员——那些我们只有在电视或杂志封面上才能看到的人物。在我们的脑子里，这些是毫无疑问的，我们一定会实现。可是还有一些人的父母认为他们的孩子只会和自己一样一无是处、懒惰、穷困潦倒，甚至会英年早逝或在监狱里了此残生。我依然记得达伦的母亲对着正在听音乐的他大声呵斥："没错，你早晚会在监狱里和你爸爸团聚，一无是处的蠢猪！"我相信我的很多朋友都内化了这些消极的观念，从而害怕去尝试，因为他们认为自己一定会失败。达伦原来想成为一个艺术家，但他高中没读完就辍学了，然后 15 岁时开始从事非法交易，16 岁起，他就已经是监狱的常客了。

不幸的是，我们的求学经历给我们留下了同样的印象：没有人指望我们会成功。我上的是一所很大、很拥挤的公立中学，大约有五千名学生。高一那年，帮派暴力事件时有发生。我所在的这所高中简直是暴力犯罪的温床，那些敌对的帮派之间经常会在午餐时发动暴乱。我们常常被迫躲在停着的汽车后面，等着警察来保护我们的安全。金属探测器、不公正地对我们犯罪的保安以及破旧的设施是我们日常生活的一部分。从外面看，我们的学校就像一座监狱。一楼的所有窗户都安装了防盗网。我们的实验室简直就是个笑话。有一半的时间，我们都没有做实验的材料，因此我们不得不"估计"实验的结果。我们的学校缺乏必要的教学资源和师资力量，这导致我们的教育经历充满了失望和冲突。如果我们的老师哪天准时出现在教室里，我们就会感到很幸运。高三那年，我的物理老师经常"课"上到一半才走进教室，在点名之后，他就会进入超长的"午休时间"，然后直到第二天早上那节课的中间才回来。此外，如果我们的老师具备他所教那门课程的授课资格，那简直就是万幸。考虑到这些简陋的条件以及学生们各种不同的需求，学校无力解决那些影响学生课外生活的障碍也就不足为奇了。我的很多朋友其实是带着他们自己的花花世界走进校园的，以至于他们看不到学校教育的实际意义。困难的环境抹杀了他们求学的动机，进而扭曲了他们对更光明的未来的看法。破碎的家庭、被忽视的经历、身体和性虐待、毒品和酒精滥用，仅仅是破坏学生生活的挑战的一小部分。

毫无疑问，无法评估学生需求和实际情况的学校环境，也无法为他们提供有效的教育。我的很多朋友和家庭成员都无法融入学校文化，因为很多时候，老师们的期待和学术水平与学生的需求和实际情况并不一致。学校这块净土本应帮助学生逃避社会环境中那些消极负面的影响，但即使只是六个小时，它们也无法做到这一点。我们学校的条件告诉我们，我们不配它们花这笔钱，因为我们注定要与我们的祖先为伍。虽然学校保障不了我们人手一本数学课本，但在校门口，学校安排了手持金属探测器的保安列队欢迎我们。他们对待我们如同对待帮派成员、毒贩和罪犯，就好像我们生来就注定早晚会成为这些人。学校帮助我们重申了我们在社会中的归宿——街头、监狱和死亡。

尽管如此，我还是喜欢参加学校的活动。午餐时间，我们被允许到学校外面吃饭。校门口的大街上有无数的商店和餐厅，总是熙熙攘攘、人头攒动。当 Foot Locker and Footaction 公司（美国鞋业公司）公开发售新款乔丹运动鞋、天柏伦靴子或耐克经典款鞋子时，我们总是第一个知道。在我们高一的那年，我和我的很多朋友都找到了课后的兼职工作。我曾在曼哈顿的一家药店工作，在化妆品部做礼品包装工和库存管理员。14 岁时，我开始能够在经济上帮助我的家庭，没有什么能比在经济方面帮助家人更令人自豪的了。这份兼职也给了我机会去买一些我父母买不起的衣服，我为自己的独立而骄傲。

弗兰基是我在公立学校最好的朋友。我们在三年级就认识了，多年来已经亲如姐妹，我们几乎一起做任何事情，包括出去玩、学习、在我们努力奋斗的领域互相帮助、参加教会活动和青年聚会。我们几乎是彼此的跟屁虫，就像连体婴儿一样，她的母亲鲁伊斯太太经常会这么说。我们的性格也互相影响，尽管我们都很害羞，有一些拘谨，但我更坚定、自信一些，有时也比弗兰基更冲动。弗兰基总是鼓励我先后退一步去分析情境，在做任何鲁莽的决定之前先冷静下来。在整个小学和初中阶段，弗兰基经常会在我课间的争执演变为打架之前介入。在自我保护方面，我是一个急性子，而她总是鼓励我使用积极的策略来解决冲突。与此同时，当我觉得她过于忍让时，我也会鼓励她冒险坚持自己的立场。我们是一个充满活力的组合，可能会成为"伟大的医生，发现治疗艾滋病和癌症的药方"，我们也是彼此的支持力量。当我们的很多朋友和家人不再上进甚至辍学的时候，我们彼此鼓励，互相支持，因为我们有着共同的目标和激情所在。我们想要成功，想要帮助那些无法实现梦想的朋友和家人。我们相信接受教育是我们实现目标的唯一途径。在我们去上大学的前几天，我和弗兰基达成了一个协议，我们将"利用上帝赐予我们的任何技能、才能和天赋，去改变这个世界，让它成为一个更美好的地方——为所有人"。我们把这个协议命名为"让贫民窟消失"。

虽然我们中的许多人来自不同的种族背景，但我们都来自同一个社区，很多共同的经历使我们团结在一起。我们之间没有所谓的社会阶级，我们都是有色人种的工薪阶层，在日常生活中都经历了很多相似的挣扎和挑战。很多人的父母都是为了逃离过去的贫困和绝望而移民的，我们的父母所追求的梦想和目标，也许有一天会在他们孩子的生活中实现。然而，许多学生并没有一个帮助他们缓冲日常生活中负面情绪的支持系统。我的朋友们大多来自单亲家庭，还有的是被虐待和忽视的寄养儿童，是家庭暴力的受害者，还有些人的父母是瘾君子。我的很多朋友都缺乏一个能够使他们展望更有希望的未来的支持系统，从而导致他们最终不再抱有希望。鲁伊斯是我在中学最好的朋友之一，但她没上完高中就辍学了，然后开始参与毒品交易，因为她不相信学校能够帮助她实现梦想。她需要钱来帮助她的家庭、她自己还有她的母亲。她说："因为没有其他人会帮助我做这些事，我不能指望学校给我我所需要的，还有我的家人所需要的。"她觉得自己等不及大学文凭或大学学位，因为那样会让她觉得自己忽视了家庭当下的需要。她有四个需要照顾的弟弟妹妹，还有一个生病的母亲，她从来都没有见过她的父亲，家人的幸福是她的责任。

尽管我的很多同学高中没上完就辍学了，但我们中的一些人依然坚持到了最后，憧憬着光明的未来。总有一些事情让我觉得，在我现在的生活之外，还有很多更好的东西。尽管我不知道那样的生活是什么样子的，但我期盼着一个更好的明天，梦想着一个更光明的未来就在地平线上，因此，我总是试图去改变我所能控制的环境。当我还是个孩子的时候，我想象着世界就在我的手中——只要我足够努力并真诚祷告，我就可以改变任何我想改变的事情。在我的人生中，我一直抱有这种单纯而盲目的决心，相信总有一些事情是我可以说或可以做的，从而改变那些可能会破坏我的目标或愿望的情况。没有什么能阻挡我的未来。随着年龄的增长，我的生活环境似乎也在发生变化，有时我很难接受那些我无法改变的事情。当遇到一些威胁到我责任感的情况时，我保护生活重要方面的决心甚至会扭曲我的理性。

刚进入大学的时候，我并不知道自己将会如何。事实上，对于我家族中的女孩来说，能够上大学已经是一个非常大的突破了。我不仅上了大学，还上了全国最好的文理学院之一。我并不知道这意味着什么，直到我来到这里，我才感受到孤独的刺痛。这种刺痛伴随着我对肤色以及把我与大多数同龄人区分开来的差异的含义的认识。

大学入学日的经历我这辈子都不会忘记。就在我把最后一个行李箱塞进我母亲的三菱格兰特汽车后备箱的时候，我的哥哥将我的注意力引向了一株蕨类植物上，它生长在我们公寓大楼的人行道和墙壁之间的一个小裂缝里："看，杰西，你就在那里，你会成功的。"我凝视着那个东西好一会儿，惊叹于它在这狭小的空间、几乎干旱的环境里是如何发芽的。我钦佩那棵蕨类植物的力量和决心——在如此不利的条件下，它仍然生存了下来。然而，我很快也意识到了另一个问题：这棵植物很孤单。我的脑海里开始闪过这样的问题："其他人都去哪儿了？我的哥哥去哪了？我的亲戚们呢？我的发小们呢？"在成长的过程中，我坚信我们都在朝着同一个目标前进，并且注定都能过上更好的生活。在我追求成功的过程中，我关心的是我所爱之人的安全和幸福。然而，当我考上大学时，我意识到只有我一个人。所有围绕我日常生活的熟悉感都消失了，我不由自主地感到孤独。

当我来到我的宿舍时，我记得我站在我的行李堆里，不知道从哪里开始整理。我室友奥莉维亚的家人都在帮她整理东西，而我的母亲在把我所有的行李搬到宿舍后就离开了。只说了一句简短的"再见"，她就走了，这毫不奇怪，因为我知道她怕我看见她哭。我用眼角的余光观察着我的室友和她的家人。我家里的卧室远没有我的宿舍那么大。我该从哪里开始呢？整理床铺在当时看来似乎是最简单的事情。当我打开床上用品的时候，我盯着远方看了一会儿，想起了母亲临走时说的话："永远不要忘记谁爱你，你是谁，你来自哪里。"在那个时候，母亲的叮嘱与其说是叮嘱，倒不如说是劝告。直到我舍友的妹妹拍了一下我的肩膀，提出要帮我整理东西时，我才从沉思中回过神来。我还没来得及回应，她已经开始帮我铺床单了。过了一会儿，我开始与我的室友和她的家人聊天。我了解到，室友的父亲汉尼曼先生是达特茅斯学院的工程学教授，而她母亲是拥有大学学历的家庭主妇。在问了我几个关于我的邻居和背景的问题后，汉尼曼先生立刻对我在谈话中使用的俚语发表了评论："那么——你说的'热得发疯'到底是什么意思呢？"我一阵沉默，纳闷他到底没有明白什么。

"嗯，我，我的意思是，我的意思是有点……真的很热。"

"哦，哈哈哈，好吧。"他略显尴尬地回答。

他的妻子开始问我："所以你的父母，他们靠什么谋生呢？"

"我的爸爸在一家医院里做厨师助理，我的妈妈在市中心的一家药房做收银员。"我回应道。

"哦，太好了，在曼哈顿工作一定非常好。"

我的意思是，如果你喜欢被人当作二等公民，那在麦迪逊大街工作确实不错。顾客经常嘲讽像我母亲这样的员工，因为他们的口音而认为他们愚笨、无能，是完全没有受过教育的贫民窟垃圾。是的，汉尼曼太太，我能理解在市中心工作对那些每天都遭受嘲讽和虐待的人来说有多好。尽管我很想说出我的想法，但我还是沉默了。在她说完后，我只是点了点头。我开始习惯这种回答完问题后出现的尴尬的沉默。我不明白为什么，但他们似乎比我还不自在。汉尼曼夫妇在当天下午晚些时候就离开了。汉尼曼先生的最后一句话是："你可能会想写下你经常用的这些短语和它们的含义。我有一种预感，奥莉维娅回家的时候会有一点儿像你。"我笑了笑，和他握手告别。

几小时之后，我隔壁同学的母亲邀请我去她女儿的房间。"我在学生手册上看到你的照片，上面说你是从布鲁克林来的，我很高兴我女儿就住在你隔壁，你是拉丁美洲人，是吗？也许你可以教我女儿西班牙语，我不知道要如何教她你们的文化，我非常兴奋。"我再一次报之以沉默，我点了点头，然后和那个隔壁同学握了一下手，就回了自己的宿舍。我这辈子从来都没有这么困惑过，那一天为我之后的大学生活里的所有互动和事件播放了一个序曲。

我和室友以及隔壁同学的关系一开始还不错，我会和她们聊天，像对待家里的朋友们那样对待她们。然而，没过多久，我就开始明白我们之间的差异意味着什么。她们讨论的很多话题我都接不上，因为我几乎从未听过她们学生时代所研究过的那些作家的名字。她们经常引用一些我从来都没有听说过的经典文学名著，其中《绿山墙上的安妮》（Anne of Green Gables）是最受欢迎的。听到我从来没有读过这样一部"永恒的经典"，她们都感到很震惊。

当别人说我有西班牙口音时，我回答说，我说的是"有趣的街头方言"，是"城里人"的口音。她们还问我有没有被抢劫或刺杀过、是不是混血儿、是否有一半黑人血统，以及是否生过孩子。还有一个同学竟然问我，作为反歧视运动的"产物"，我感觉如何。我尽量不去理会这些评论，我需要保持耐心，因为我意识到自己也在学习他们的经验和背景。然而，当我被称为"逃亡者"的时候，我与室友以及隔壁同学的关系彻底"翻船"了。那天下午，我戴着耳机在做数学题，我的室友和其他几个同学大步流星地进了我们的宿舍。我的室友对她们说："那就是我的'小逃亡者'。"一个隔壁同学追问她为什么要叫我小逃亡者，"我的意思是她是一个波多黎各人，她知道的。"所有人都哈哈大笑起来。我摘下自己的耳机，一瞬间，我有点害怕自己会爆发，我不知道这两件事之间有什么关系，但我内心的某种东西在燃烧。然而，尽管我很想说些什么、做些什么，但我却一句话也说不出来，我完全不知所措。为什么要叫我"逃亡者"？就因为我是一个波多黎各人吗？还是因为我是一个逃亡者，所以才是波多黎各人？难道身为波多黎各人就意味着一定是逃亡者吗？如果是那样的话，到底是怎么回事？又是为什么？

从那天起，我不再信任室友和隔壁同学。尽管我们仍然是朋友，但我与她们却保持了安全的距离，我们的聊天也仅限于日常的生活交流。尽管她们的经历与我不同，但我从来都没有对她们和她们的背景做过任何笼统的概括或错误的解读。我讨厌她们对我的经历、我的种族、我的说话方式、我的穿衣风格等所做的评论，我恨她们那样做的每一分钟。大部分的时候，我只是不明白为什么其他人会对我和我的同胞有这样的看法，也无法相信这些智力超群的人怎么会做出这样有失水准的笼统概括或假设。然而，最让我沮丧的是她们对我的态度，由于我会因她们高傲的论调而恼火，她们经常调侃我"太敏感"，并向我保证，她们之所以这样说我是因为拿我当朋友，而且完全没有恶意。

最初与室友及隔壁同学的互动也影响了我后来与其他同龄人的互动。随着学期的进行，我听到了越来越多伤自尊的评论。我不再像以前那样自信了，我变得沉默寡言、谨小慎微。我不想和任何人分享我的观点，因为我害怕这会使他们有更多的理由来评判我。我只想和我的同龄人保持距离，使我不用再担心这种差异。我不想再与众不同了，我的不同使我显得很另类，就像一根发炎的手指一样。我只想放松和融入集体。

说到学习，我很快就意识到我最好的成绩也不够好。坦白说，我已经尽了最大的努力，但还是没能使我的化学成绩及格。我来学校的时候本想成为一名医生——这是我一生的梦想。但是当我们的化学教授告诉我们，他假设我们在高中已经学过了第一章到第五章的内容，并打算从第六章开始讲解时，我知道我有麻烦了，我从第一天起就已经落后了。然而，我决定去抓紧学习那些我不知道的东西，期待最终能够跟上教授的节奏。实验室的工作则是另一回事。大部分我们用来做实验的材料和器具我都没有见过。当我问我的实验指导员如何使用某些工具或设备时，她非常不耐烦，通常都是摇摇头，告诉我"参照课本"，并找一个辅导老师。尽管我做了无数的实验和练习，但还是在化学考试中挂科了，于是我放弃了化学专业。我从来没有在哪件事情上如此努力却仍然失败过，我对大学感到非常愤怒，因为它剥夺了我的梦想，让我觉得自己很无能、很懒惰。我在其他课程上也很吃力，因为我不具备教授们所期待的写作技能。

一段时间之后，我不再关心我的学业了，我突然为离开我的家人和朋友，只身进入一个我不适应的环境而感到内疚。又过了一段时间，我不想在这所学校的任何一个地方强行融入下去了，我想离开，忘掉这些令人沮丧的经历。如果这就是大学应该有的样子，那我不想与它有半毛钱的关系。大一下学期时，我决定退学，找一份工作来继续供养我的家庭。那个决定在当时看来是明智的，我知道我有足够的能力工作，因为我从14岁起就开始工作了，我不想把自己所有的精力都投入那些不断失败的事情上面。大学生活告诉我，即使我尽了最大的努力，也无法达到教授的期望。这不是我的错，我上的中学资金不足，数学、科学和英语课程的标准被不断注水，以帮助更多不及格的学生通过国家考试。当我进入大学的时候，我没能力像我的同龄人那样思考、说话或写作。所以我还在这里戏弄谁呢？

然而，在大一快要结束的时候，我结识了一些和我类似的学生，他们中的一些人就住在离我家很近的同类社区。对我来说，在大学里遇到一些和我经历过相同困难的人，真的很令人振奋。当我知道我在那里并不孤单时，我感觉好了一些，我并不是在胡说。大二的时候，我和十来个年轻人成了朋友，我们一起吃饭、学习、看电影、打保龄球、分享我们在斯沃斯莫尔的经验，以及如何平衡回家后的责任感和我们的学习任务。这个支持网络帮助我们专注于摆在我们面前的更大的目标，并克服经常使我们受挫的困难。我们注定要成功——无论付出什么样的代价。

在大一的第二个学期，我还参加了第一个教育课程，在那里，我开始了解像我一样的学生——他们来自市中心地区，上的公立学校也缺乏必要的资源和教师，甚至还需要行政支持。我还认识了一些教授，他们愿意帮助我学习如何写作，并思考对我来说很重要的概念。当我与这些教授交流的时候，我并没有觉得自己很笨或者无能。这几位教授帮助我认识到，我在上大学前缺乏准备并不能反映我的智力水平，我能够自信地与同龄人竞争只是时间问题。我的教授们帮助我写作、思考、积极发言，帮助我接受了这样一个事实：只要我下决心努力学习、不断前进，我就有潜力取得任何成就。

在我决定与雷德见面交易的那个早晨，我听到母亲在背诵她非常喜欢的赞美诗。尽管我尽了最大的努力，但还是不能摆脱这一句："即使我走在死亡的阴影之谷，我也不惧怕邪恶……因为你与我同在。"当该说的都说了、该做的都做了之后，我意识到比起害怕拥有一支枪所带来的后果，我更害怕自己成为那个伤害家人的人。在我们的街区，暴力从来都没有停止过，我拒绝再助长这种暴力的恶性循环。暴力夺走了成千上万像我一样生活在美国各地的儿童、青少年和成年人的生命。我相信我的家人会很安全，我每天早晚都会为他们的安全祈祷。今天，虽然我们还住在这个街区、这所公寓，但我的家人仍然很安全。从另一方面来说，购买枪支却可能会以这样那样的方式阻碍我的未来，我不能让这种事情发生。毫无疑问，我会成功，我的成功基于我的梦想：通过我的帮助，我的朋友和家人能够继续拥有梦想和希望，进而拥有一个更美好的明天。虽然我不认为自己有什么特别之处，但我被许多相信我的人深深地爱着。尽管前路危险重重，但我不能失败，也不会失败。

/ 故事 5 /

如果我不想哼音乐呢

这个故事关于一个年轻的黑人男孩，他和他的母亲以及同母异父的妹妹一起生活在洛杉矶中南部。他们的家庭条件一般。尽管经济困难，但他的母亲还是决定让孩子们接受良好的教育。奥仁一直就读于白人私立学校，这为他将来的求学打下了良好的基础，但与此同时，这些学校也削弱了他的种族自豪感。他渴望找到自我，再加上焦虑症以及和女孩交往时的不安全感，导致他的青春期充满了挑战。直到大学后期，他才开始敞开心扉与他人交往，质疑自己内化的种族主义，并积极地与黑人社区建立联结。

那是加利福尼亚一个阳光明媚的早晨，但直到 7 点 55 分，教室那高高的屋顶依然显得非常阴森。一想到那天要讨论种族问题，我就不寒而栗。我的寄宿学校坐落在洛杉矶郊外，在高级英语课上，我是八名学生中唯一的黑人学生。在大部分的时间里，我的肤色并不是一个问题，但是我非常讨厌并害怕讨论种族问题。虽然没有人明确承认，但是我知道，我对这个话题的评论会被认为比其他人的更有道理。

前一天晚上，老师布置了两篇文章要我们阅读，一篇是关于解释对于黑人来说，"黑鬼"到底意味着什么，另一篇是关于一个生活在纽约的黑人男孩的经历。在后一篇文章中，为了避免晚上在街头散步时，一些白人远远地躲开自己，主人公采用了一种策略：哼唱经典音乐。讨论一开始，我的肌肉就紧绷着，我不想听到任何关于种族的无知的言论，但又不能显得自己很敏感、愤怒或傲慢，除此之外，我还不得不忍受想要纠正他们的冲动。

我们从那篇关于"黑鬼"含义的文章开始讨论，同学们绞尽脑汁地寻找一种政治正确的方式来发表他们对这篇文章的看法。"我觉得很有意思。"约翰试探地、不置可否地说。布莱恩接着说："我觉得这篇文章很好，但我就是不明白为什么黑人会用这样一个侮辱性的名字来称呼他们自己。"

我还记得我们的老师曼森先生在回答布莱恩的问题时的表情。他耸了耸肩，有点故作镇定——好像他选择这篇特别的文章是个恶作剧一样。他会心一笑，似乎在说那些"互相侮辱的黑鬼们"很愚蠢。

我不知道如何才能比这篇文章更有说服力地告诉他们，"黑鬼"一词不是一个黑人对另一个黑人的侮辱，据我和我的黑人朋友卡特所知，它实际上的含义与白人种族主义者使用它的方式完全不同。我感觉自己就像一个有宗教信仰的人，试图向不信教的人解释为什么自己会相信宗教一样——有些事情就是无法用逻辑来解释。

我不想卷入这样的对话，便把目光移开，我的怒火开始冉冉升起。如果我的老师并不明白那篇文章的意思，甚至都不能复述那个作者所提出的论点，那他为什么要选择这篇文章呢？我感觉特别无力，不知道如果我不在场的话，会发生什么，这次讨论是否会成为一个公开的论坛，让每个人都可以表达自己在黑人面前的优越感。

"那么，你明白了吗？"不出所料，曼森先生开始问我。作为回应，我点了点头。"那你能给我们解释一下吗？"尽管注定是个败局，但我还是想尽量表达清楚，尝试解释这个单词各种不同的含义和用法，我在愤怒和困惑中纠结了五分钟，最终我彻底放弃。我们开始讨论第二篇文章——关于那个哼经典音乐来让白人放松的黑人男孩。每个人都认为在纽约的黑人受到了不公平的对待，并认为他们不应该被当作暴徒。然后，我的朋友杰伊说："是的，这太糟糕了，但是至少他找到了一种较好的方式来应对这些。"所有人都开始点头，我能感受到我的血液冲上了脑门。"这并不是一个永久解决问题的方法！"我冒出来这样一句话，"那个人并不自由，他是被逼无奈才哼音乐的，这样算是被民主地对待吗？这意味着，除非你证明自己是无辜的，否则你就是有罪的。"我把那种情况看作当你想要获得别人的尊重时，你不得不向他们出示一份证明清单，或者欺骗性地说一些花言巧语。"你能想象一个国家的'自由人士'不得不又唱又跳，只是为了证明他们并不危险，值得被公平地对待吗？如果他不哼音乐会发生什么呢？但愿不会发生这样的事情，可是如果我偏偏不喜欢哼音乐该怎么办呢？"但我是唯一意识到这些问题的学生。通过观察周围人的面部表情，我知道他们肯定认为我对这些问题"过于敏感"是在制造不必要的麻烦，所以我闭上了嘴。

在很多方面，我都符合典型黑人男性的人口特征。我在一个市中心的家庭中由单身母亲抚养长大，我甚至都不知道自己的父亲是谁，但在其他重要的方面，我并不完全符合黑人的典型特征。我的母亲是一名律师，作为她的孩子，我和我的妹妹都就读于精英私立学校，并获得了90%的奖学金。

我的妹妹比我小三岁，我们有着不同的父亲，但是他们都没有和我的母亲结婚。母亲告诉我们，她曾希望自己在某个年龄拥有两个孩子，然后她真的梦想成真了——只不过是和不同的男人。与我相比，我的妹妹与她的父亲有更多的联系。他和我们都生活在西海岸的一个大城市，母亲和妹妹每隔几年就会碰到他一次，这经常让我妹妹很尴尬。

我对我的父亲一点都不了解，只听说我在三岁的时候见过他一次。我并不确定是自己真的记得这件事，还是捏造了有关那个情景的记忆——印象中他在我们的前院把我高高地举了起来。他仅存的一张照片就是他的驾驶证照片，我知道他身高约一米九，体重190多斤，与我同姓。

母亲曾开车带我经过一座公寓楼，并指着那里对我说："我就是在那里认识你爸爸的。"这句话总是让我觉得非常不舒服，我挖空心思地去想这句话背后的动机。母亲说这话到底什么意思？是为了安慰我吗？或者说是为了安慰她自己吗？有时，她会在我们的交流中，突然说出一句关于父亲的话。"你父亲是一个销售员。"她会说，或者"你父亲以前经常跑步。"但是我从来都不知道他跑步的水平怎么样，是冠军吗？"你父亲在骑摩托车的时候摔断了腿。"她告诉我。但我并不知道这是否意味着他在那次事故之后变成了一个瘸子，或者留下了任何其他身体、情感或心理上的创伤。

我并不经常想起我的父亲，但是在我写这些文字的时候，我有时会想，我可能会让我的母亲想起他，尤其是当她从远处看到我向她走来的时候。有时，我会反思自己的哪些优缺点可能与他相似。我想知道我的母亲是否想念他，是否曾经爱过他，他们在一起睡觉前认识了多久。我不知道我母亲是否告诉过我父亲和我妹妹的父亲她是多么想要孩子。如果我的父亲像我一样，我可以想象他会帮我妈妈一个忙，给她一个孩子，但我想象不出当他同意时脑子里在想些什么。他是否在意过自己有一个孩子呢？

最后，所有我能做的就是尽可能地用我所知道的关于我父亲的那一点点了解来填补内心深处的巨大空白，而那本来应该是由记忆和印象填满的。在我上三年级的时候，人们经常问我："你没有父亲，你不想念他吗？"最后，我不得不把这比作没有尾巴。"你没有尾巴，你会想念尾巴吗？"我会这样回应他们。你怎么可能会去想念一个你从来不曾拥有的东西呢？

我和母亲的关系一直很紧张。直到我 21 岁的时候，我才明白，对于这个问题的一个可能的解释就是她和男人之间不正常的关系，她把对他们的负面态度全都投射到了我身上。母亲可能没有恰当地处理好她和她生活中的男人们的问题，包括她孩子的父亲以及她自己的父亲。每当我和母亲产生争执时，我都能感觉到眼前的问题其实就是在她怀我之前的那些年里所做出的（还有所遭遇的）错误行为的情感包袱。在我长大的过程中，她总是把所有的事情都看作人身攻击，以至于我无法和她进行任何交流。我想也许正是这种沟通的缺乏导致她觉得我并不感激她为我所做的一切——她可能是对的。

母亲很重视教育，坚持让我去私立学校。她能够看到我的潜力，知道公立学校可能会阻碍我的成长，所以她把我送到了乔丹学校。这是一所白人占绝大多数的学校，从幼儿园到八年级共有 500 多名学生。我和律师、医生、商人和电影明星的孩子们一起上学，而我的家人却住在一套由车库改造的一居室里。最重要的是，我的母亲是一个单身母亲，靠一份薪水养家糊口。尽管她是一名律师，但她非常正直，没有什么灰色收入，因此我们并不富裕。母亲、妹妹和我三个人睡在一张床上——小时候，我总是尿床。我们的家总是乱糟糟的，我讨厌自己不能像我所有富裕又成绩优异的白人同学一样，有属于自己的干净、整洁的房间。我不在乎我们的房子有多大、有多好，只要它是干净的就可以。我从来都不想炫耀，我只是不想被人注意到。

我们的家位于洛杉矶中南部——离雷金纳德·丹尼（Reginald Denny）[①]被毒打的地方只有三个街区远——我讨厌回到那样的一个家。当我们下车回到我们的房子时，我会把我那熟睡的妹妹扛在肩膀上。当有汽车经过的时候，我们不得不躲在那些停着的汽车后面，因为我们害怕被枪击中。虽然我们从来没有受过这种犯罪事件的迫害，但我却清晰地记得那些直升机盘旋在房子上空的情景，在这样的声音下入眠，感觉就好像生活在战区一样。我想，那些直升机毫无疑问是在搜捕一个愚蠢的犯了罪的黑人。螺旋桨的噪音让我联想到一个种植园主骑着马哒哒哒地穿过他的田地，仅仅是为了让他的奴隶们感到恐惧。

---

① 1992 年在洛杉矶大暴乱中被黑人殴打的白人司机。——译者注

我们每天开车一个半小时上下学。我们那辆 1979 年产的蓝色丰田卡罗拉汽车看上去就像第二次世界大战时期的遗物，最近才从垃圾场里被拖出来，而且注定下半生要跟两个尴尬的黑人小孩去一所富裕的白人学校。它是我们和同龄人之间差距的一个最有力的象征。我并不关心我住在哪里，因为学校里的同学看不到，但他们却能看到我们的汽车，它就像一个巨大的宣传机器，每天高调地广播着乔丹学校两个最穷的黑人小孩的到来和离开。在所有人都站在那里等朋友的交通环道上，我们走下车，有时装麦片粥的饭盒和其他垃圾会一起掉出来，制造一些让人尴尬的混乱场面。

在乔丹学校的这段时间里，我开始偷同学的东西，比如电子游戏设备、随身听。但我此举并不是为了享用这些东西本身，而只是为了增加自己的社会影响力。我也想走路时拥有一些"装备"，就像所有其他孩子一样，他们有游戏机和卡西欧手表，可以用来当作计算器或存储电话号码。但是在偷完这些东西后，我又觉得非常内疚，所以我又会把它们都扔掉。

我经常拿自己和其他学生做比较。我记得在上幼儿园的时候，有一次在我们开车去幼儿园的路上，我问了母亲一些关于我自己的问题。我曾经想："为什么我不是白人？"不知怎的，那时我已经对自己的身份不满意了。事实上，在我 12 岁之前，我的经验告诉我，所有白人都是富人，所有黑人都是穷人。当我把这件事告诉母亲时，她非常震惊。

从很小的时候开始，我对家里的经济状况就非常失望，但这是我母亲和我都无法改变的。在学校的时候，我经常感觉"孤立无援"，感觉自己得不到母亲的任何保护。其结果就是，我觉得我母亲是造成我生命中所有不公平的罪魁祸首，并因此恨她。反过来，她也开始对自己的现状表示不满——一个拼命工作的单身母亲，把两个孩子送到一所精英私立学校，而其中一个孩子却公开告诉别人，他不喜欢她或恨她。

我记得在上幼儿园和小学一年级的时候，在学校的演奏会上，我在满是衣着光鲜的父母的礼堂前表演，却没有看到我的母亲，我特别失望。演奏会之后的情况则更糟糕。我心里想："或许我就是想她了吧，她一定会来的，她是我的妈妈。"散场后，我从礼堂的后门冲了出去，和所有的同学一起朝前跑去，希望能看到母亲，然而并没有。此后我就活在了一个名叫孤独和陌生的新世界里。

三年级时，我们学校举行了一次感恩节的聚餐活动。每个人都带了一道菜来，同学们都盛装打扮。我很清晰地记得他们嘲笑我，还有我吃东西的样子，说我很邋遢。我当时的感觉糟透了，我开始哭，甚至都没有吃完那顿饭。母亲过来问我为什么要低着头，我告诉她我没有吃到我带来的南瓜派。一位老师解释了发生的事情以及同学们是如何取笑我的，然后母亲出去给我买了一个南瓜派，她竟然以为这样就能解决问题了！打那之后，我明白了一个道理：当我需要母亲的时候，她未必在那里。我知道她很在乎我，但我也知道她对我在学校的世界一无所知，也毫无影响力。

早上的时候，我偶尔会迟到，以为这样可以制造一个与母亲共同面对的麻烦。出人意料的是，老师仅仅是把我"拎"了出来（而没有叫我的母亲来学校），然后在同学们面前羞辱我，告诉我要准时。下午放学时，有时母亲会很晚才来接我回家，因此老师们也不得不在放学后等到很晚，直到母亲把我接走，他们再离开。这让我非常内疚，老师们的身体语言和简短的话语就像他们能够说出的任何侮辱一样响亮而有力。我知道他们对我母亲和我都非常生气，但我能做些什么呢？

在学校的新环境下，我和家人以及家庭生活之间的联系似乎被切断了，几乎不再有任何意义，所以我不得不自己学习如何生存和适应。我母亲像神一样创造了我和我所处的环境，但她却几乎没有在场过。当她不在的时候，我经历了无数的痛苦，现在还要我信任她，这真的需要极大的勇气，有时我被这样的压力压得都喘不过气来。

由于我和母亲之间越来越疏远，我和其他人的关系变得越来越重要。在洛杉矶中南部，我只有为数不多的几个黑人朋友，相比之下，西班牙人却都非常友善，我们经常一起出去玩。我对黑人印象最深的是一对黑人夫妇，他们是我的邻居，"修理"过我很多次，还偷走了我的自行车。与此同时，我所在的男孩女孩俱乐部的黑人孩子经常取笑我说话的方式，说我听起来像"白人"，我开始视这些年轻的黑人为威胁，觉得他们并不接纳我。问题不在于我不觉得自己是黑人，我那露出来的胳膊和腿已经很明显地证实了我的黑人身份，问题在于其他人怎么看。在黑人社区中，人们总会有些担心那些成功的黑人会试图否认自己的身份。当然，也有一些黑人觉得他们一旦成功，就与那些所谓的黑人的"斗争"无关了。但我从来都不这么认为。

六年级的时候，我母亲让我报名参加"大哥哥、小弟弟"项目，希望能给我提供一名早该有的男性指导员。过了很长一段时间，我才被正式分配了一个大哥哥。所以在这之前，母亲为我找了一个愿意暂时做我大哥哥的同事。舍温是一个非常友好的50出头的黑人男性。我们都对电脑感兴趣，所以我们把所有的时间都花在了玩电子游戏和制造机器上。他可能是我所遇到的最好的黑人男性榜样：聪明、耐心、诚实、友好。然而，三年后，我最终被正式地分配到了一个大哥哥。那时，舍温刚好开始对我的母亲有好感，但他就这样被逐渐排挤出了我的生活。

新的大哥哥吉姆是一个 30 岁的犹太裔白人，在我们做搭档的 11 年里，他为我提供了可观的经济帮助，也一直在情感上支持我，几乎只要我需要，他就会在场。然而，吉姆和我母亲之间的关系一直都很紧张，沟通也很少。就我母亲而言，矛盾的重点在于吉姆是一个富有的男性，这让她觉得，我很快就会认为他的话比她的话更有价值。

我所上的布莱尔高中是一所拥有 250 名学生的富裕的寄宿学校，大部分学生都是白人。与日俱增的焦虑感几乎占据了我整个高一的生活。我受够了被划分为黑人，看到我的种族在历史上的贡献仅限于奴隶和傲慢的自由斗士，似乎只有三个黑人值得研究：马丁·路德·金（Martin Luther King）、马尔科姆·艾克斯（Malcolm X）和罗莎·帕克斯（Rosa Parks）；似乎黑人除了民权运动之外，没有做出任何贡献和改变。我发现，这些英雄所处的社会和政治环境与我的截然不同，所以我很难将他们的经验应用到我自己的日常生活当中。我也不愿意接受老师们向我展示的其他黑人榜样，因为他们不符合我的任何个人兴趣。他们的意义并不具有针对性，而是面向所有黑人的；他们也不是仅仅因自己的才能而受到赏识的。他们的第一个成就是他们是黑人，他们的职业生涯所获得的成功则永远排第二位。而我想要改变赏识的顺序：我希望他们的职业才能排在第一位，而且是最重要的，相反他们的种族则是微不足道的后来者。

进入布莱尔学校之后，我的焦虑感与日俱增的另一个原因是那极具挑战的社交环境。在寄宿学校，我生平第一次在学习之外花那么多时间和我的同龄人在一起。高一那年，我被一群叛逆、声称自己是杀人狂的青少年所困扰（真是难以想象贵族精英学校还有这种学生）。其结果就是，我的穿衣风格从"硬汉、流氓"风格——宽大的裤子和篮球衫——变成了合身的卡其裤和 polo 衫。这个决定对我来讲非常重要，因为我觉得拒绝那种土匪式的穿衣风格就是在拒绝我的文化。但是打扮得像一个崇尚毒品、金钱、暴力、无知且虐待女人的人并不是我人生的真实写照。同时，在七年级的时候，我不再听饶舌音乐和嘻哈音乐的广播电台，因为主持人总是表现得很无知。总的来说，我不是在排斥黑人文化或音乐，而是在排斥说唱音乐的虚无主义信息，以及主持人们选择定义为黑人文化的东西。我不是一个出卖自己的人，也不是一个充满自我憎恨的人。在内心深处，我就是无法接受那些伤害我的自我价值感的负面信息。

在布莱尔高中时，我唯一的黑人朋友就是卡特。他脾气暴躁、性格好斗，擅长写诗和打篮球。尽管我们是班上仅有的两个黑人男孩，但我却并不因此觉得和他更亲近。事实上，我们的社会文化差异让我觉得与他有些疏远。我有时确实担心我给卡特这样的黑人留下的印象是，我对自己的血统并不感到自豪，因为我说话的方式与他们截然不同。

在一次春假期间，母亲邀请卡特来我们家做客，这是我有生以来第一次邀请我的朋友来我们家里，我并不知道他会对我的家庭情况做何反应。尽管我们有着同样的种族和相似的经济背景，但对我来说，理解卡特的言语还是有困难。由于我们之间的语言和文化障碍，我开始对"因为肤色，所有黑人都能互相理解"的信念失去信心。我的肤色没能帮我破译他词汇库里的奇怪单词，比如"妓女、婊子、混蛋、娘儿们"——所有这些都是用来指代女性的。

春假的第一天，我们从公共图书馆里租了一些电影碟片。一天夜里，在我们看完一部电影后，我们开始讨论电影的故事情节。很快，我们的争论就升级为激烈的争执，完全超出了电影的剧情。最终，卡特被激怒了，他大喊道："你竟然不信任我！"他告诉我，那天早些时候他问过我喜欢什么样的音乐，我告诉他说我喜欢说唱音乐。但当他翻看我收藏的 CD 时，他发现我也在听古典音乐和另类摇滚。看起来他似乎因此很受伤，这让我感到很震惊，因为我认为自己根本不会让任何人难过——更不用说卡特这个看起来大大咧咧的男孩。

我之所以没有告诉他我也喜欢其他音乐，是因为我对自己的身份仍然没有足够的安全感，无论是种族身份还是其他身份，我都无法公开分享我是谁、我的兴趣是什么。我所喜欢的一些音乐是由白人创作的，我不想他因此认为我是一个"叛徒"。我不知道该如何告诉他，我作为一个行为举止有点"白"的小孩曾经遭到的暴打和嘲讽。在谈话结束的时候，他跟我保证说他不会根据我所喜欢的音乐类型来评价我，我也觉得这种开诚布公的交流很令人舒服。

假期结束的时候，我已经熟练掌握他的"行话"了。有一次他骂我母亲是个婊子，但马上就道歉了。"没关系，我知道你的意思。"我说。但他把目光移开，说道："不，不能这么说，我真的很喜欢她。"我也相信他所说的。

在布莱尔高中的这段时间，卡特和我的关系越来越亲密，特别是在我在他的公寓里住了一周之后。在看到他来自哪里之后，我觉得自己更了解他了，但我仍想知道他对我的黑人身份有什么看法，因为我们很少谈论种族问题。

由于我们的亲密关系，我请卡特给我写一封同辈推荐的大学入学信。就在这个时候，他终于消除了我的一些不安全感，他告诉我，他从来没有觉得我是一个"叛徒"，但我还是有点不确定，所以我问他怎么看待我说话的方式。他想了一会儿，回答说："那只是你说话的方式而已。当你在我身边的时候，当你和墨西哥人说话的时候，当你在上法语课的时候，你说话的方式在不停地改变。你只是有语言方面的天赋，并且会做出相应的改变，你只是在学习如何适应环境而已。"这些话是我所听过的最令人宽慰的话。

除了卡特，我高中时另外最好的两个朋友是菲利普和杰伊。杰伊和我非常相似，我们都喜欢数学，而且都相当痴迷。我们曾经交换过故事，关于我们如何在初中的每个星期六早上醒来后，在被窝里花上好几个小时想事情。我们有着相同的社会观，对于什么才算聪明也有同样的不安全感。我们还都是拖延症患者，因此我们会为我们在随堂测验和期末考试中辣眼睛的成绩而"惺惺相惜"。

抛开分数，杰伊绝对是全班公认的最聪明的学生之一。几乎所有的人都尊重他，他有着超强的逻辑性，而且做任何事情都要有一个理由，而我则会凭直觉和冲动行事。杰伊比其他任何人都理解我，也教会了我很多做人的道理。关于友谊的本质，我一直有一些错误的信念，我认为，一旦两人产生分歧或争执，友谊就不存在了。对于我来说，很难想象"一个人会对自己喜欢的人生气"。杰伊意识到，如果我做了一些看起来毫无恶意的事情，那很可能是因为我真的不知道自己愤怒的来源，或者我只是想引起别人的注意。他是一个很好的倾听者，我可以和他分享我的隐私。

高二时，菲利普加入了我们。他是一位著名剧作家的孙子，非常聪明，也很有幽默感，在文学和音乐方面有着无可挑剔的品味，从来不会为了迎合肤色的政治性而降低自己的标准。当我在他的 CD 集中偶然发现一张黑人嘻哈三重奏时，我的好奇心被激起了。我曾经听过一两首他们的歌但并未被打动，但是看到菲利普收藏了他们的专辑，使我开始重新考虑他们的价值。

菲利普选修了一门名为"黑人作家"的课程，而我则选了一门名为"寄宿学校体验"的课程。他好奇地问我为什么没有选他选的那门课。我不知道该如何向他解释我觉得自己与学校对黑人的描述并不相符。然而，随着学期的进行，他读了托妮·莫里森（Toni Morrison）和拉尔夫·埃里森（Ralph Ellison）的书，并不停地说他们的书有多好，我有点后悔没有选那门课。通过这些方式，菲利普帮助我找回了黑人文化、音乐和文学。

杰伊对我们的关系做出的最重要的贡献之一就是，高一那年，由于我的焦虑症，他鼓励我去见心理咨询师。事实上，令我惊讶的是，我所有的朋友都全力支持我。有半年的时间，我每周都会去见咨询师，一周去一次。尽管她没有治愈我的焦虑症，但的确帮我解决了很多焦虑情绪。她给我最好的建议之一就是去写日记。刚开始，我几乎每天都写，通过自我表达来摆脱情感麻痹。

我还记得当我开始写日记的那天，那是在一节自习课上，图书馆的窗外正下着小雨。我感到很焦虑，但还是开始在线装的日记本上书写，没过一会儿，我就写不动了。我感觉自己陷入了狂躁的痛苦之中，整个过程有一种神奇而又恶心的感觉，就好像一种不健康的快乐。我的这些关于我自己的想法在打架。请原谅以下这个比较，我把我的日记与戈雅的作品联系了起来：美丽的黑色和复杂的作品，反映了一个聪明但痛苦的灵魂。

写作成了我的出路，我记录下了所有的事情。我还让我的朋友们阅读我的日记，一直到高中三年级——把心事一吐为快并与别人分享的感觉真好。在我的日记里，我能够非常真实和坦诚地做我自己，我希望每个人都能了解我在日常对话中从来没有机会表现出来的那一部分。在某个时刻，菲利普不经意地读到一个段落，在其中，我承认我的肤色让我感到很为难。在读完那篇日记后，他非常困惑地来到我面前，想要更多地谈论它。他能够感受到我的感受，不是出于同情，而是因为把我当朋友，他接近我的方式也大大影响了我对他的回应。要是他以一种居高临下的态度来对待我，我肯定会对他的"盘问"非常警惕。尽管我们从来都没有深入探究过那个问题，但他的担心对我来说却是非常重要的。

我亲近的男性朋友和写作帮助我进一步发展和了解了自己，但在和女孩在一起的时候，我依然感觉很不舒服。我从来不敢主动约我的第一个女朋友凯伦，我仅仅是把那种想法藏在心底。在与女孩交往方面，我没有什么经验，我真的不知道男孩应该怎么做，或者扮演什么角色。在一次晚餐之后，当凯伦哭着说她喜欢我的时候，我真的不知道该怎么办。一来我不相信她说的是不是真的，二来我不知道该如何接受，我认为这在很大程度上是由于我缺乏对自己的爱。

凯伦和我在我高一那年曾短暂地交往过（但我从来都没有把这些事情告诉我母亲，因为她说过 30 岁之前不能约会）。那时，我正在和严重的焦虑症做斗争，最终我说出了"我们周末出去吧"之类的话，我以为在周末，没有了学校的压力，我能够成为一个更好的男朋友。但是这样的建议显得我很浅薄，甚至有些肮脏。我的行为有时会比较激进和残忍。我意识到，这在一定程度上是由于我感觉被迫进入这样的关系而感到沮丧的结果。不仅仅是对凯伦，一想到要和任何人约会，我就受不了。我觉得这是另一个我没有台词去演的部分。

我并不觉得我和凯伦的关系或者我和其他任何女孩的关系会因我的种族而变得复杂。有时我想知道那些女孩是不是被我的肤色所吸引，但我确信没有人会为了实现自己对黑人男性的幻想而和我约会。

尽管当时我并不理解这一点，但我觉得自己对种族的不安全感确实渗透到了我的人际关系和生活的其他方面。我的亚裔美国辅导员向我指出了意识到自己种族文化身份的重要性。高二那年，他在我的成绩单上表达了对我的担忧，他觉得我还没有开始探究种族在我生命中的重要性。母亲同意他的观点，并让我注意这个问题，因为种族一直是她生命中至关重要的一部分，她希望它也能够成为我生命中的重要部分。母亲让白人看起来像敌人，但是在我整个求学生涯所就读的大部分白人学校里，我并没有发现种族意识会有什么帮助，特别是当我在白人世界中为自己的生活拼搏时，她并没有在身边支持我，我一直在"敌人"的领土上孤军奋战。

我没有与白人为敌，而是试图通过忽略种族问题来最小化我与他们之间的差异。我害怕如果我指正他们，那我将在一个我没有办法解决问题的环境中窒息。所以当我母亲和我的辅导员提出这个问题时，我真不知道该做何反应。

我不知道身为黑人意味着什么。我不觉得自己很"黑"，我觉得我就是我自己。我不认为我能对任何关于"黑人特性"的讨论做出任何贡献，来帮助一个白人理解这个概念。我一直就读于白人学校，我从没想过那里的人是种族主义者；我也有一些白人朋友，他们似乎还很喜欢我。回顾过去，我想，从某种意义上说，也许我们真的低人一等，因为我不知道身为黑人有什么值得骄傲的。我与黑人文化的联系仅限于花里胡哨的服装、脏辫和其他一些东西，而这些并不是我日常生活的一部分。

在辅导员和我谈话后我回到学校的那天，我没有理会他的建议。我不知道对于我的问题，我能做些什么，所以我尽量避免面对它。然而，我在关系方面确实有了一些进步，我开始意识到，我不必像对待凯伦那样对待其他女孩。这种转变主要是由于我对妹妹的爱，我们之间的关系算是我眼中最理想的关系。我认为我应该在与她的关系之后，尝试与潜在的女朋友建立一种相互尊重、相互理解的关系。此后我和妹妹的关系变成了我高中生涯的颂歌。她赢得了我的尊重，因为她总是在我身边，能说会道，与我们的母亲相处得也很好。

我第二段认真的恋情发生在高二那年。她的名字叫妮可，是一个高一学生，也是三个姊妹中最小的那个。她们的生活总是麻烦不断，一方面要面对来自离异家庭的耻辱，另一方面还要承受母亲因为脑癌而奄奄一息的事实。我几乎从没有主动约过她，但她总是耐心地等待着，让我按自己的节奏来。妮可对我来说很重要，我决定从我和凯伦的关系中吸取教训。我决定，无论我有什么感觉，都决不允许自己伤害她。在我们交往的那段时间里，我觉得自己做到了这一点，尽管如此，我们还是分手了，虽然理由看起来是那样合理。

妮可的母亲在我们分手后的那个夏天去世了。高三的那年秋天，我们试着重修旧好，但没能如愿以偿。她不断地提起我们去年约会时所开的玩笑，感觉就好像在尝试回到她母亲还活着的时候，直到我提醒她，她才意识到这一切。我向她解释我有多关心她，同时也明确地告诉她，在目前的情况下，我们不适合在一起。她也同意分手可能是最好的选择。

不管怎么说，我还是很享受我们之间的关系，因为我学会了怎么去识别和引导自己的情感，如何恰当地与人们相处。虽然很伤心，但离开妮可并不是完全糟糕的，因为我拥有了与女孩保持健康关系的能力。接下来，我将继续讨论种族问题，这是我一直拖延不去面对的问题。

一天，体育锻炼结束后，我和朋友们去宿舍拜访正读高二的本森。他拥有各类昂贵、高端的数码照相设备，还告诉我们他是如何拍到了他的朋友托尼从沙发上摔下来、嘴巴磕到咖啡桌上的情境，并极力推荐我们观看视频。他补充说，托尼在视频中说了一些相当无礼的话，并解释说希望我们别生气。说到这儿时，他警惕地看了我一眼。我们跟他保证说不会的，然后他开始播放视频。当我们看到托尼磕到咖啡桌上的情景时，我们都被逗乐了，非常想知道后来发生了什么。本森说接下来的部分有侮辱性，不想被我们看到，但我们不依不饶，他只好不情愿地继续播放。

在视频中，本森让白人男孩托尼说点什么，然后托尼说道："黑人应该滚回非洲去。"鉴于托尼的穿衣风格、音乐品位和腔调用词深受黑人文化的影响，因此，当听到他宣称自己的种族主义信条时，我们都感到非常震惊。在看完视频后，所有人都转向我，以为我会非常生气，但我并不知道该做何反应。我很惊讶，一句话都说不出来，只能耸耸肩。我想知道这算不算种族歧视，当我不在场的时候，这种事经常发生吗？即使真的经常发生，我又能做些什么呢？我开始感到无助，如果这就是种族主义，我又能告诉在场的谁呢？他们能对此做些什么呢？这是我第一次了解到人们看待我的种族的残酷方式。

在我高一那年的一次学校集会上，我见识到了反歧视运动背后的傲慢。那次集会的目的是评选标准异常严格的国家优秀奖学金人选。校长宣读了获奖者的名字，出人意料的是，竟然有我的名字。我感到很不安，因为我确信自己并没有像其他被叫到名字的学生那样优秀。当我被授予奖章时，我立即注意到，它的颜色和尺寸与其他人的都不一样。我的奖章是"非裔美国人社区显著成就奖"。我被激怒了，也感到很尴尬，为什么我要被区别对待呢？没有人注意到这种差异，但我希望被公平对待，而不是被用另一套标准来衡量。这让我觉得，社会认定我的种族就是劣等的，我们应该因我们所做的任何工作而得到奖励，而不管它的质量如何。

高中毕业时，我仍然没有搞清楚自己对种族的看法，以及身为黑人对我来说到底意味着什么。当我进入大学时，我仍然很不确定自己的身份；相反，我大一的室友是一个美国印第安人，他对自己的文化感到特别骄傲。他对自己的血统一点也不感到羞耻，而且会跟我分享他去美国印第安人社区的经历，以及参加他们聚会的方式。对于他说话时的那种自信和对同胞的尊重，我非常钦佩。我曾以为，任何非主流的、白人文化之外的人都会为他们的"与众不同"而感到羞耻，但他却全然没有这种感觉，这让我感到非常惊讶。我想知道他的自豪感从何而来，并期待这种自豪感也能在自己身上擦出火花。

在室友的鼓励下，我参加了学校里的非裔美国人协会。尽管我一直觉得自己离黑人社区很远，也害怕他们不接纳我，但我还是胆怯地参加了他们的活动，尽管事实上我觉得有些尴尬，但我也从没有停止过。我加入这个社团并不是为了寻开心，而是出于一种责任感——我觉得这是我欠黑人社区的。不过，我还是不知道如何与这个社团的其他成员打交道，我害怕我的尴尬会再一次引发情感虐待，也害怕再次遭遇小时候在男女童子军营会中的经历。

我的种族身份形成的转折点发生在大二那年，当时我在巴塞罗那参加一个校外项目。我非常惊讶地发现自己要和一个西班牙黑人家庭住在一起，他们家有三个和我年龄相仿的男孩。在那之前，我在美国的直系亲属是我所认识的唯一会说西班牙语的黑人，因此，认识他们让我震惊不已。

我做了很多典型的黑人不会做的事情，我之所以这么说，是因为每当我发现我种族的人做同样的事情，我都会感到非常震惊。似乎做一些积极的或独特的事情使我成了黑人社区的局外人。可能有很多黑人不喜欢暴力，喜欢阅读、喜欢坠入爱河的感觉、喜欢神学辩论，遗憾的是，我从没有见过他们。大众媒体暗示，一个黑人男性要想成功，唯一的方法就是表现得无知或暴力，我不认为很多黑人认为他们可以通过别的途径来成功。虽然我意识到了这些，但也只能将其深埋心中，因为在我看来，当我与我的西班牙兄弟们在一起时，我必须表现得很粗鲁，以表明我配得上他们的友情。

有一次，当我试图证明我有多粗鲁时，那个最小的男孩后退了几步，惊讶地看着我，好像在说："这家伙到底在做什么？"他的哥哥们的脸上也流露出了类似的神情。尽管他们对我的虚张声势印象深刻，但并没有把我当作"粗鲁的美国黑人"；相反，他们还说："奥仁真强壮啊。"这让我觉得我被当作独立的人来对待的，同时我意识到美国黑人（至少我自己）倾向于认为其他黑人跟动物一样举止不雅。

我的西班牙之旅是我自七年级以来第一次尝试对黑人下一个不同的定义。我认为"黑人"的概念是一种错觉。我决定把自己从任何偏颇的定义中解放出来，简单地生活，成为自己想要成为的人。我决定追求任何我感兴趣的东西，而不去担心它们是不是黑人"应该"做的。在西班牙，我可以自由地做我自己，我学习了滑雪、阅读、写作、法语、滑板和弹吉他。当我从西班牙回来的时候，我告诉我的家人和朋友，能有机会去欧洲旅行对我来说是多么幸运。

然而，尽管我对自己的理解已经有了很大的进步，但我仍然无法理解异性。直到大四我都没有一个固定的女朋友，我还是个处男。我打电话给我的大哥哥吉姆，他坚持说找女朋友并不像我想象的那么难，他建议我或许应该思考一下最根本的原因。我开始认真地思考我所有的性经历和恋爱经历。然后我告诉他，我小时候多次遭受过保姆的性侵，我担心这可能会影响我与女性相处的方式。虽然我在日记里写过我被一个 20 多岁的保姆性侵过，但我从来没有对任何成年人提起过这件事。在短暂的沉默之后，吉姆回答说，他觉得这个新信息超出了他作为一个业余心理学者的受训范围，并建议我应该寻求专业帮助。

所以在大四的秋天，我去见了学校的心理咨询师——讨论我的感情生活，毕竟我 21 岁了还是个处男。我准备敞开心扉，谈谈我的保姆、我的母亲、我的妹妹，还有妮可和凯伦。我想要尽可能地坦诚，以便咨询师尽可能地了解我的具体情况。

我的咨询师是一个黑人男性，事实证明，这在某些方面非常有帮助，因为这让我觉得可以敞开心扉倾诉自己目前对与黑人女孩约会的一些担忧。他问我，对方的种族对于约会来说是否重要，或者我是否只对某个种族的女孩感兴趣，我告诉他并不是。如果我喜欢某个女孩，那一定是喜欢她本人，但事实上我喜欢的大部分女孩都是白人，我想这大概只是巧合。不过，我认为西班牙裔和印度裔的女性也很有魅力。我认为我与黑人女性约会或者对黑人女性感兴趣的例子相对有限是因为我所处的教育环境中的黑人很少。在我生命的大部分时间里，我的周围都是白人。我遇到的黑人往往与我的社会背景不同，所以我无法总能和他们相处得很好。

我告诉我的咨询师，和黑人女孩约会并结婚会让我感到很不舒服。我之前曾无意中听到母亲和一个表姐就异族通婚问题的争论。母亲在厨房里大喊大叫，说如果我将来的妻子不是黑人，她一句话都不会和她说。我表姐问她："但是如果你儿子在大学里遇到了一位很好的亚裔女孩，并且想和她结婚怎么办，你会反对吗？"母亲回答说，如果是那样的话，那"那个女的"永远别想进她的家门。她说："他和'那个女的'可以住到城市的另一边，如果想来看我的话就他一个人来，不准带'那个女的'。"

尽管我的咨询师并没有真正帮我解决我和黑人女孩约会时的压力，但我一个要好的西班牙裔朋友伊万告诉我，不要在意别人的想法，因为爱情是两个人的事。我问他的父母有没有给他压力，让他只能和西班牙裔女孩结婚，他说没有。他说，他母亲可能内心也希望这样，但她更希望他幸福。他鼓励我去理解，我的母亲之所以那样要求我是因为爱我，因为她觉得和同种族的人结婚能使我生活得更自在。

我越来越确信，总的来说，我在学校的经历对我的自尊产生了一些负面影响。我不喜欢那些把我单独挑出来并且认为我与其他人不同甚至低人一等的小组讨论。我一直处在以白人学生为主的教育环境中，这种种族隔离导致我长期忍受着对自己黑人身份的不安全感，我最终变成了"色盲"，我认为种族在人际关系中是无关紧要的。在美国，占主导地位的社会群体很少赞扬黑人的优点，因此我往往很难相信自己的自我价值。直到大学四年级，我所受的教育才让我远离那种把种族视为骄傲资本的文化。

当然，我所受的私立教育在很多方面都很有帮助，为我提供了很多机会。我现在离从一所精英大学毕业还有一周的时间。要不是母亲的意志坚定，坚持让我上一所学术标准严格的学校，我可能永远也上不了这所大学。我很感激我所受的教育带给我的许多经历：全国长跑、野营、攀岩、骑马、在电台做播音员，以及去国外支教。我很感激我能很好地阅读、写作和表达自己，最重要的是，我很感激我所受的教育在学术能力方面给予我的信心。

现在，我还有一周就要从大学毕业了，当我回顾往昔，我发现我从一个梦想过一种没有种族生活的黑人男孩变成了一个开始形成有效的种族身份的人。我逐渐意识到，在美国，一个黑人如果不与自己的种族和解就不可能健康成长。尽管我与自己的种族还没有完全和解，但我想与大家分享我到目前为止得出的结论：在我周围的社区里，身为黑人意味着什么；我相信我可以通过在亚特兰大的公立学校教小学生来做到这一点，这是我毕业后打算做的事情。

我选择去亚特兰大的部分原因是我希望最终能与我的种族建立联系，被我的种族包围和肯定。我的一个西班牙裔朋友告诉我，根据肤色选择居住地是愚蠢的，但这对我来说是合理的。我觉得，以我的个人经历和兴趣，无论去哪里，我都可以为他人提供很多帮助，特别是，我觉得自己能够为其他黑人青年树立一个积极的榜样，尤其是当他们对自己的种族身份感觉困惑和挣扎的时候。我希望用积极、真实的形象来平衡他人对黑人的负面描述——这些形象绝不是为了经济利益而伪装和创造出来的。我希望我教的孩子们能得出任何他们想要的结论，我希望他们对"黑人"的定义不止一种，一定要比媒体描述的更广泛。经过这么多年，我相信黑人并非与和平和幸福不相容，黑人就是我希望成为的样子。

续集 七年之后的奥仁

从我在大四最后一个学期写上一篇文章到现在已有七年。在这段时间里，我有五年的时间在费城（美国宾夕法尼亚州东南部港市）的一个学区里教书，也获得了特殊教育专业的硕士学位，成了一个拥有 11 个出租单元的房东。今年秋天，我开始在芝加哥商学院学习。我意识到，在我最初的文章中，黑人身份、反歧视运动、恋爱关系和家庭是一些主要的话题。在这个续集中，我希望能继续这些话题，并谈谈其他对我来说更迫切需要探索的问题，比如灵性和神秘主义，我想先谈谈这个问题。

灵性和神秘主义是我大学毕业后一直在探索的重要道路。在很长一段时间里，我都试着用我所受的教育给我的视角来观察世界，但后来我逐渐意识到，除了西方思想以外，还有其他不同的世界观。对东方哲学的深入研究为我证实了这一点。一段时间以来，我的内心已经对"我是谁"感到十分满足，并且对很多事情有了相当完美的见解。我认为实现这些的秘诀就在于培养对所有人的慈悲和耐心——尤其是对自己。为此，我现在每天都会冥想，并密切关注自己的思想和感受。我相信，如果我对某个情况感到不安，那一定是因为我没有正确地看待它，我很享受花时间来反思自己的想法。除非我能够把自我从情境中抽离出来，并丢弃那些不安和冷漠，否则我什么都看不透彻。尽管我无法改变周围的环境，但我相信我可以选择如何应对和诠释它们。

黑人身份

在我早期的传记中，我讨论过种族问题。当时我是一名黑人学生，就读于一所私立高中，在那里我是少数派，而在一所精英大学读书时，我仍然是少数派。七年后的今天，我能以费城一名成年教师的身份讨论种族问题了，在这里，我接触的大多数人都与我的肤色相同。在上一篇文章的开头，我描述了自己在一个全是白人的教育环境中讨论种族和种族主义时的不安。说实话，我现在也不确定如果我不得不为我的种族"辩护"，我会不会感到更自在。部分原因和过去一样，因为我不经常遇到关于种族的尖锐问题，所以我放松了警惕。当我在一所历史悠久的"黑人大学"攻读硕士学位时，我的大多数教授和同学都是黑人。在工作中，我遇到过黑人老板和黑人导师。我雇用过黑人承包商，也和黑人房地产经纪人合作过。因此，很长一段时间以来，我都不觉得自己是一个少数派。在这种情况下，我并没有因自己的肤色而被看不起，也没有必要为了反对那些种族偏见而为自己辩护。种族并不是一个问题。

尽管如此，种族问题仍然在高等教育环境中对我产生着负面的影响。当我被商学院录取的时候，我想知道种族在我被录取的过程中扮演了什么角色，我是否真的有资格。我惊讶地发现，并不是只有我一个人有这种感觉。在最近一次与一位大学毕业生的讨论中，我惊讶地发现，即使是在 2010 年，我们两人也都觉得，身为黑人就像不得不披着沉重的湿毯子在世界中穿行。我们都认同这个观点，尽管我们在大学里并不认识，之后也走上了不同的人生道路。他成了一名音乐家，在医疗诊所担任管理职位，而我成了一名教师，并投资了房地产。

刚搬到费城时，有好几年的时间，我和一个叫让-雅克（Jean-Jacques）的年轻人交往甚密。我们是在一个公立图书馆前认识的，当时他正在救助那些无家可归的人，而我正在为职业资格考试而复习。我想，我们是被彼此的成就和差异所吸引的。他是一名来自海地的有才华的艺术生，在费城上过艺术学校；他是我在这个城市的向导，也是我探索精神本质的渠道。他向我介绍了一本20世纪60年代的书——《记住，活在当下》（*Remember, Be Here Now*），这本书开启了我通向东方灵修学的大门。

我搬到费城的部分原因是想向自己证明，我对自己的种族和在黑人社区中占有一席之地感到很自在。在我的文章中，我写道，"问题不在于我自己不觉得自己是黑人"，而在于我向有色人种展示自己、融入他们的机会有限。当我毕业的时候，我已经准备好把我的空谈付诸行动了。我认为和那些与我相似的人在一起对我形成自我概念会有好处。当我试图向我的白人朋友们解释这一点时，他们都很困惑地看着我。"那到底意味着什么呢？"他们的神情似乎在说。那个时刻，我真的感到很难为情。很难解释我凭直觉知道的事情：生活在黑人中间是正确的。这也是一次"试水"，因为我以前从未在黑人社区中生活过。现在，当我想起我的白人朋友们的神情时，我想知道我有没有误解他们。他们是在贬低我的选择吗？还是我暗示了他们不是黑人，所以从某种程度上看，他们不是那么重要，并因此感到沮丧？也可能在他们看来，我一直在传递有关种族的复杂信息。太难解释了！

当我来到费城结识让-雅克后，一切开始变得有意义。我在费城的新生活充满了挑战，但这并没有让我感到陌生。我觉得生活在黑人中间是对自己的一种认可。在高中的时候，我觉得周围都是黑人很奇怪。在我快高中毕业的时候，我母亲曾希望我上传统的黑人大学——当然，除非我能考上常春藤盟校。她觉得有些东西是我在上过的那些课程中学不到的，而身处一个黑人占大多数的学校会让人感到踏实。一开始，我被这种想法吓坏了。除了我的家人之外，我认识的黑人并不多，我想知道黑人到底有什么特别之处，以至于我需要在这四年里只和他们待在一起。当我想到这件事的时候，我感到有些不安，甚至从内心深处不愿意上黑人大学。当我意识到自己与"自己人"之间的距离有多远时，我感到很不自在。但现在我想，这可能只是青少年对父母建议的正常反应。

也许是因为我的教育，也许是因为我对环境过于敏感，我仍然觉得反歧视运动在削弱我的能力。很难知道种族在多大程度上影响了我被商学院录取。我的人生故事和成就足以弥补我的考试成绩和平均绩点（GPA）与同龄人的差距吗？如果不得出结论，而仅仅认为某些事情不公平，即使从历史上看的确如此，也很难让我从心里迈过这道坎。

去找出是什么让我在招生委员会眼中具有吸引力，可能是件徒劳无益的事。感知世界的方式有很多种，我认为仅仅从种族的角度去看待它是非常有局限的，而且最终是有害的。它禁锢了我，夺走了我的力量。我一方面认为种族无关紧要，但另一方面，在内心深处，我又质疑这是不是真的。自我怀疑变成了自我实现的预言。身为黑人本身并不是限制，限制自己的是自我怀疑和自我强加的限制。但在一个黑人占大多数的环境中，这些似乎消失了，这就引出了一个问题：在一个全是黑人的环境中，我就真的对自己的种族感到更自在了吗？还仅仅是因为我可以在这种环境中忽略它的重要性？

我不认为身为黑人有什么特别的意义，我认为这是人们强加给它的影响和意义。当与黑人在一起的时候，我会争辩说，就像每个人都有一个鼻子和两个耳朵一样，种族并没有什么特别的影响。因为每个人都有，所以不值得讨论。在美国人特别是美国白人中，种族被视为一种差异，因此具有重要的意义。我从来没有对自己的耳朵感到不安过，当然也从来没有人谈论过这个话题。如果人们把耳朵当作成功、聪明或吸引合适伴侣的主要因素，那么是的，我想我也会对自己的耳朵感到不安。

在我最初文章的结尾，我曾说我期待通过在市中心教书来为黑人青年树立榜样。虽然我不确定我给我在费城学区教过的学生们留下了什么遗产，但我认为我和他们在一起的时间是成功的。我的主要目标是为我的学生提供一个关于"身为黑人意味着什么"的不一样的例子。然而，在那篇文章中，我并没有描述我打算如何提供一个不一样的例子。

在我成长的过程中，我很欣赏那些倾听我、尊重我的人，所以我试图通过有尊严地对待学生来满足他们的需求。我淡化了种族的重要性，充满同情心地对待每一个人。我试图帮助我的学生认识到，他们最好的自我与种族和性别无关。

当我思考如何与我的学生互动时，我想起了我和一个高中朋友的对话，他曾对我说："我打赌你门门功课都能得A。"他的建议为我开启了一种新的可能性——打开了通往成功的大门。我的平均绩点开始提高，因为我发现成功对我来说是可以实现的。因此，我想让公立学校的学生们也相信成功是可能的。我并没有教他们身为黑人意味着什么，或者作为男性有哪些责任，也没有专注于做一个积极的黑人男性榜样，我只是试着做一个好人。毕竟，我得考虑我的其他学生——50%的女生和75%的非黑人。此外，我发现自己也在不断反思，身为黑人意味着什么？一个人？

这么想似乎太武断了，而且很模糊，而做一个好人则看起来很明确。

那么，我成功了吗？考虑到我的成长环境与我教的孩子们完全不同，我能胜任这个角色吗？好吧，好像真不能。第一年的教学工作很艰难，不过我认为无论是在哪所学校，这都是新老师的必经之路。我的学生都是黑人、西班牙裔美国人，他们出身贫穷，不仅没有做好入学准备，而且上的也不是什么好学校，而我则来自一所享有特权的白人学校，这对我来说会更困难吗？也许会吧。但这些差异也是我灵感的来源，它们提醒我，我得为我的学生加倍付出。我在市中心长大，对孩子们有一种天生的亲和力，我觉得我能很清晰地洞察学生的行为，我能够把他们的理解转化成他们听得懂的语言。一旦改善了课堂环境，我与学生之间的关系自然而然地建立了起来。

然而，我也遇到了一些挫折。我被一些学生侮辱过几次，他们大多是那些得不到所需的情感支持的学生。有时，我的性取向也会在课堂上受到质疑，这在一定程度上扰乱了正常的教学。然而，我并非完全排斥这些干扰，而是把它们视为机遇。学生们表达了真实的观点和担忧。我相信，如果我能小心地对待这些干扰，它们就会成为教育的契机，使我能够培养学生们的友善和同情心。然而，在教了五年书之后，我离开了这个学区。我的努力似乎被一个过于庞大的官僚主义系统吞噬了。我经常把费城学区描述成一艘特大的正在下沉的船。

关 系

大学毕业后，我有过两段长时间的恋情；第一段维持了一年，第二段断断续续地维持了大约两年。我对约会对象并没有种族方面的偏好，这两个女孩碰巧都是白人教师。虽然我确信种族不会影响我的约会，但我还是担心当我与白人女性约会时，我会强化黑人男性尤其是成功的黑人男性更喜欢白人女性的刻板印象。我的女朋友们从来都没有考虑过种族问题，我喜欢她们，她们也喜欢我，仅此而已。我尽量保持简单。

与第一个女朋友克里斯蒂娜在一起时，我觉得自己并没有成长多少。她不愿意对一段关系做出承诺，所以我们之间的关系感觉就像一段长达一年的风流韵事。在我的第二段感情中，情况也差不多，但我们双方都愿意在沟通上花精力，因此我觉得自己成长了很多。有些人可能认为，我和白人女性约会仅仅是因为我觉得她们更有吸引力，但我不这么认为。我喜欢那些因独特的风格和个性而引人注目的女性，我对那些能成为好母亲，在情感方面健康、乐观、坚强的女性感兴趣。

在我的传记中，我曾说过，在我成长的过程中，我对父亲的了解不多，也不经常想起他。这在当时和现在都没有让我感到不安。我已经接受了他的缺席，然而我父亲那边的家人就不是这样了，我在一个夏天徒步去得克萨斯州时遇到了父亲的两个兄弟姐妹，他们对父亲的离去感到非常难过，我同父异母的兄弟对父亲的离去也感到非常悲伤，是那种丧父的悲伤。在一次谈话中，我叔叔告诉了我父亲的死亡原因，他死于与透析有关的并发症。我听说，吸毒者是最需要这种治疗的人群之一，有迹象表明，吸毒可能是我父亲健康问题的原因。我叔叔说话时有些犹豫和悲伤。我想安慰他，分担他的悲伤，但我做不到——为一个从未建立过关系的人悲伤很难。

我偶尔会想，是不是我父亲的基因导致了我和母亲性格的差异。母亲那边的家人似乎很享受保守的生活方式，而父亲这边则一直很"狂野"。如果你对我的了解不多，或者我不那么约束自己，那你可能会认为我也吸毒！

我不认为我的性情是一种家族特征，直到我遇到了我父亲那边的家人。我的交际能力、我对新鲜事物的热爱，简直和我父亲在路易斯安那州的家庭里的"粗俗"一拍即合。我发现，那些一直使我与众不同的特征可以直接追溯到我的父亲和他的家族。据我姑姑说，我父亲和我一样留着脏辫，他也喜欢骑自行车穿越乡间。拜访我父亲那边的亲人让我感受到了"完整"。我很高兴得知，我一直试图控制的一系列行为和情感都是有根源的。我感觉我的灵魂，我最真实的自己，现在有了一个家。

我同父异母的兄弟现在大约 30 岁。和我不一样的是，他对父亲的缺席非常在意，而且感觉就是针对他个人的。而我只是把父亲的缺席轻描淡写地视为某种社会功能障碍，并对他表示同情，但我弟弟却感觉自己被遗弃了。我觉得这很不幸，很奇怪。我对社交有一种非理性的恐惧，我把父亲的缺席也归因于类似的特质。我能理解当父亲会让人不堪重负，尤其是当你的自尊水平很低或根本没有自尊时，或者当你从来没有当过父亲时。无论如何，我从来都没有把它放在心上。但话说回来，我和我的母亲在一起生活，她是一位非凡的女性，所以在我成长的过程中，当人们谈到"父母"时，我至少有母亲。我想，对于我同父异母的弟弟来说，日子一定更难过，他和我们的祖父母住在一起，但他们毕竟不是父母。我也不知道他是否像我一样有一个同龄人圈子或有兄弟姐妹支持他。

我现在可以很容易地把我的母亲形容为一个非凡的人。从我上大学开始到现在，我们的关系有了很大的改善。我们每周都会交流几次，我经常向她寻求建议。我觉得她变了很多，但我妹妹坚持说我也变了，这可能是真的。然而，当我想到母亲现在的生活方式时，我情不自禁地认为最大的改变是发生在她身上的。

回顾往昔，我不会抱怨母亲对我的所作所为，她已经付出了那么多，尽管在情感上做得并不是很好，但抓住这个问题不放不厚道。不要误会我的意思——拥有一个更温暖、更感性、更有教养的家长，对我的情感和心理都会有惊人的好处。然而，鉴于现在我对人性和人际关系有了更多的了解，我可以理解，考虑到她有那么多需要做、需要操心的事情，再养育孩子是多么地困难。

母亲曾反对我与其他种族的女孩交往，但自从她重新开始约会后，这种反对就消失了。也许是她现在明白了爱有多么困难，或者是我找到一个自己喜欢又能讨她欢心的人有多么困难。谁知道呢？在最近的一次家庭聚会中，我注意到她在情感上更真实了，于是我问她是否注意到了自己的变化，还问她在抚养我们的过程中是否承受了很大的压力。她直截了当地回答了这两个问题："是的！"我们都笑了。

我很感激能和母亲保持良好的关系。当我开始投资房地产时，我们的关系开始不断改善。大学毕业后，我告诉了母亲我对房地产的兴趣。令我惊讶的是，她对于这个消息感到非常兴奋，似乎一直在等着我说出这句话。很快，我们成了投资伙伴。在我购买的第一处房产中，我负责提供现金和意见，而她负责谈判和准备文件（我要过几年才有资格申请贷款）。在合作期间，我们养成了经常交流的习惯。我们的合作为我们提供了一个进行建设性对话的论坛，这是我们关系动态的一个真正的转折点。我选择做她的生意伙伴，这也许是她第一次确信，我尊重她作为一个人和一个母亲的智慧。这无疑改善了我们之间的关系。

未来计划

现在，我要去商学院了——但为什么是商学院呢，又为什么是现在？我想攻读商科学位有以下几个原因。首先，我决定在我的有生之年捐赠 1000 万美元，来帮助消除教育不公平现象，支持可持续的生活。我认为，这样的钱只有通过制定明确合理的目标才能赚到，而商学院，我听说，能够帮我获得这样的目标。其次，我在非营利组织工作了五年多，我觉得富人和穷人之间的交流不够，也存在很多误解。我相信那些有良好意图的人可以利用内部人士来帮助自己筹集资金，使组织运行得更有效率。最后，我想知道为什么那些想要保护濒危资源的人不把他们的资产集中起来购买这些资源。简言之，我想上商学院是因为我想做善事，而且想做得很大。

这很有趣。大学毕业时，我认为获得学士学位就意味着我是一个成年人了。我以为自己已经正式长大，一切都解决了；我以为我再也不需要寻求帮助，也不用去上学了。现在我即将获得硕士学位，很明显我还没有做完所有的事情！

/ 故事6 /

我不会也不能隐藏自己的拉丁裔身份

维亚纳成长于新泽西州一个非常贫穷的城市，在那样的环境中充满了各种各样的挑战。她跟母亲生活在一起，她的单亲母亲是一个很能干的人，为了追求更好的生活从洪都拉斯来到了美国。维亚纳进入了一所精英私立高中，并获得了全额奖学金，逃离了资源不足的教育体系，但她一直面临着作为一名"反歧视运动特惠生"的耻辱，并被"不应该属于那里"的恐惧所困扰。在她就读的常春藤盟校中，维亚纳对自己作为学生的能力更加自信，对自己的拉丁裔身份也开始感到自豪，并在学校一个组织紧密的拉丁裔社区中找到了一席之地。当维亚纳开始帮助与自己上同一所小学的六岁的弟弟面对挣扎时，她决定未来要学习教育和儿童心理学专业，并致力于维护自己种族的文化遗产和自己的家庭纽带。

"是的，我喜欢'种子'项目（SEEDS）[①]的原因是它是建立在经济地位而不是种族地位之上的，"当我和丽萨一起吃午饭的时候，我说道，"他们有标准，根据家庭人口数量，要求家庭收入不能超过某个数额，所以也有一些白人孩子在这个项目中。我觉得大学应该做一些类似的事情，而不是只看种族。"

---

① SEEDS 是"学者、教育家、卓越、奉献、成功"的英文单词的简称。——译者注

"我不同意,"她回答说,"如果我去申请这个项目就会被拒绝,你看啊,我的问题在于,像我这样的中产阶级是得不到帮助的,因为我们并不是很穷,但又没有富裕到能去读寄宿学校。仅仅因为我们没你们穷,我们就得不到帮助,这太不公平了。"

我非常沮丧地跟她说了再见,然后快步走开,假装着急去某个地方。我不禁感觉丽萨对于我能够进入类似"种子"的项目而感到不安,对于我能够进入菲利普斯·埃克塞特学院①有些嫉妒。她认为,像我这样"不去挣钱而去寻求帮助"是不公平的。有时,我真想大喊:"我很穷,并不只是说我们挣的钱比你们家的少,你们在郊区有房子,可以负担得起家庭旅行,买得起名牌衣服,还常常去做美容、烫头发,而我们什么都没有。"

我经常看到白人中上层阶级反对反歧视运动,我自己也不同意基于种族的行动计划,但我支持那些以经济地位为基础的项目。许多白人也很穷,需要我得到的那种帮助。我觉得丽萨认为只有少数有色人种有资格进入重点学校,而其他人只是搭了顺风车,沾了政策的光。她认为我配在那里吗?

"你上的是埃克塞特?"一旦我透露自己曾就读于菲利普斯·埃克塞特学院,几乎所有人——无论是白人、黑人还是黄种人——都会感到震惊。是的,这是一所久负盛名的精英学校,白人学生占大多数,但它也不得不招收一些不同肤色的学生来"多元化"学生群体。因此,一个来自贫穷小城市的贫穷的黄皮肤的小女孩似乎就成了最佳人选——我恰恰是那些人眼中的富裕白人男生的翻版。然而,我并不是因为黄皮肤或者拉丁裔而被那所学校以及后来的常春藤盟校录取的。这是在过去七年中,我不得不向自己和身边的许多人证明的事情。

我自小在贫困中长大,生存对我来说一直都是个挑战。作为一个单亲母亲的长女,我要帮助她照顾三个年幼的孩子,因为那两个孩子的父亲从来不施以援手。我在学校学习非常努力,因为我知道别人对我的期望是什么。我是那种典型的容易担忧、压力很大,而且成绩超过预期的学生,一直到今天都是如此。无论我在学业上取得了多大的成功,无论我在世界上的什么地方,我总是会想起我的家庭所面临的经济困难。

是什么使我来到这里的呢?为什么我能考上大学,而其他许多有着相似背景的人却不能?或许是因为我母亲的力量,是她的高期望,又或许是我就是人们通常所说的那种高成就的兄弟姐妹中的老大。是因为我的老师和他们的支持吗?是因为我的决心和韧性吗?也许是因为我正在努力

---

① 建于 1781 年,是美国非常有名的寄宿制高中。——译者注

摆脱贫困，也许是因为我有能力规划自己的未来并做出相应的计划。谁知道呢？又或者这仅仅是我命中注定的或者我运气好？这就是我试图去搞明白的问题。

印象中我最早的记忆产生于将近四岁的时候，那时我父母已经离婚了。我和母亲、妹妹伊西斯从纽约搬到了新泽西州的帕特森。我的父亲得到了法院的探视令，获准在周末带我和伊西斯去他的公寓。一个周末，我父亲没有把我们送回母亲身边，而是把我们"绑架"到了我父母的祖国洪都拉斯。他每两周就会把我们从洪都拉斯乡下的一个水泥小屋搬到另一个小屋。我听说，在长达六个月的时间里，我们一直在不停地搬家，在这期间，两岁的伊西斯和我每天都就着黑豆水吃用洪都拉斯黑豆做成的白饭。伊西斯总是和父亲待在家里，而我被允许独自走到街对面的杂货店或市场去玩，但父亲从来都不让我和伊西斯单独在一起。

在我的记忆中，四岁时，一个戴墨镜的女人和两个穿西装的男人走进了我们昏暗的水泥小屋。父亲抱着我在黑暗中跑到后院，举起我翻过水泥墙，想把我藏到另一个院子里。那个女人尖叫道："丹尼洛，你在干什么？放开她！"我的裙子快要滑下来了，我的腹部和胸部摩擦着粗糙的混凝土墙壁。我的脚趾拼命地寻找一个坚硬的地方来稳住自己，但我所能感觉到的就是装满水的洗衣池里的冷水。一个男人向我跑过来，用他的大手抱住我纤细的腰，把我又推了回去，交到了我父亲手中。"你到底在干什么？你疯了吗？她会被淹死的！把她带回去！"他恳求道。我坐在客厅里，重新回到了父亲的怀抱，伊西斯则躲在父亲和我坐的沙发后面。我坐在他的腿上，头埋在他的胸前，双臂紧紧地搂住他的腰。"丹尼洛，让她到我这儿来！放开她！"女人命令道。父亲张开双臂，表示我可以自由行动。

那个戴墨镜的陌生女人对我说："甜心，你难道没有认出我是谁吗？你难道不记得我了吗？"她把眼镜取了下来，"妈妈？妈妈！"我尖叫着。"宝贝，是妈妈，没事儿的。"我从父亲的腿上跳了下来，跳到了妈妈的怀里。当我挥舞着自己的小胳膊挽着妈妈的手时，我的脸上露出了灿烂的笑容，妹妹伊西斯也离开了她藏身的地方，欢快地加入到我们的重聚之中。我们去了一个酒店洗澡，换上了新衣服。母亲告诉我们，妹妹和我狼吞虎咽的样子就好像几个月没有吃饱饭一样。再次见到我父亲是在我八岁的时候，他来了美国，在法院的监督下探亲。

父亲是我生命中重要的一部分，尽管他大部分时间都不在我身边。他从来没有过一份稳定的工作，因为他几乎从不去上班，即使去上班，他也经常迟到。就因为他，我觉得我一定要嫁一个有抱负和进取心的男人，而不是像我那迷人的父亲一样，只是受过良好的教育而已。他一定要是一个永远能和我在一起的男人。我不会匆匆忙忙就结婚的，我也知道，自己一定要梦想远大，而且要能够自给自足，以防事情不像计划的那样顺利。我不能依赖男人，因为我不允许自己像母亲离开父亲时那样，需要救济才能生活。

我花了很长时间来思考，为什么我对"那个男人"如此不满和无情，这是妹妹和我描述他时经常使用的代词。是因为我们把我们的贫穷归咎于他，还是因为我觉得自己是在没有父亲的环境中长大的？我想这是因为他并没有什么可抱怨的，但他却没有做好父亲。我为他对我们说的那些谎话而生气。他有三个漂亮、聪明、可爱的女儿，他花了四年的时间重获妹妹和我的信任和爱，在他的第三个女儿茉莉出生的时候，他明明有第二次机会，但他却选择了放弃，选择了不去争取。在我 12 岁时，他又去了洪都拉斯，再也没有回来，失去了他在美国的居留权。幸运的是，这意味着他不必担心欠我母亲的那五万多美元的抚养费。

我感谢上帝给了我母亲离开父亲的力量，因为我甚至无法想象如果我们再和父亲待在一起，我的生活会变成什么样子。尽管我的母亲只是一个并不完美的普通人，但她一直是我的力量源泉，是我实现所有目标的精神支柱。我从未遇到过像我母亲那样坚忍和坚强的女人，我希望自己能有她的一半。17 岁时，我的母亲离开洪都拉斯去了帕特森，在那里结了婚。她和一位叫康查的阿姨雇用了"狼人"——一类帮助他人偷渡求生的人。他们徒步穿越了墨西哥北部，游过了美国边境的里奥格兰德河。而当我 17 岁的时候，我面临的挑战是在世界上最富有的学校之一完成我的第四年学业。被驱逐出境和死亡对我来说都不是真正的问题。

母亲有四个孩子，她独自一人把四个孩子都养大了。尽管她还和两个最小的孩子的父亲住在一起，但我们并没有全都住在一起，不是因为我们不想，而是因为困难重重。那两个孩子的父亲马里奥在布鲁克林开了一家自助洗衣店，为我们所有人提供经济支持，尤其是他自己的孩子，但在他和母亲住在一起之前，我们四个都是由母亲独自抚养的。"马里奥，你得把洗衣店卖了，搬来跟我们住。""如果有一天你想要得到孩子们的爱和感情，那他们肯定会踢你的屁股的，因为他们不想和你相处。"继父的生活安排是母亲与他之间少有的争吵的原因之一。

也许，如果马里奥和我们住在一起，我就不会对父亲心存怨恨了，因为我有了一个替代父亲。马里奥自从我母亲离开父亲后就一直和她在一起，但直到我高中毕业，我才真正感觉到我是爱他的。我和伊西斯的私立幼儿园和日托费用是由我们的社会福利金支付的，因为母亲要抓紧时间去学习英语。她从来都没有过一份稳定的工作，总是打一些短时间的零工。她在公寓做过保洁员，在百货公司也工作过。后来，她和她的姐姐莉迪亚以及许多其他移民在一家服装厂做针线活，这些移民大多是非法移民。

母亲不断地运用她的缝纫知识来为她的女儿们做衣服，缝制漂亮的小兔子毛绒玩具，每只可以卖 60 美元。母亲是缝纫技术的行家里手，她 15 岁时就成了一名裁缝，因为她的父母只能供一个孩子上学。为了让她的哥哥也就是我的舅舅能读完军校，母亲辍学了。这是一所总部设在中美洲但本部位于乔治亚州的学院。他本可以成为一名伟大的将军并取得成功，但幸运的是（至少在我看来是如此），他从这所为拉丁美洲生产无情杀人机器的学校退学了。虽然他在洪都拉斯做过富商，但他现在已经沦落成了美国的非法移民，挣的还没有我母亲的多。不幸的是（至少在我看来是如此），我母亲从未受过正式的教育，她后来参加了成人班来学习英语，她用母语西班牙语或英语都无法写出语法正确的句子，而且她无法通过一般同等文凭（GED）考试，因为她搞不懂代数或几何。

然而，缝纫收入和她所有的零工加起来也不足以支撑起整个家庭。尽管马里奥也会给母亲钱，但他赚的钱也不够养活他自己和我们五个人。真正的问题是，第一对孩子中最小的伊西斯和我与第二对孩子劳拉和托尼之间相差六岁。当伊西斯上学时，最小的孩子托尼出生了。这意味着母亲不得不待在家里，直到劳拉和托尼上学，因为她没有钱请保姆或把孩子送到日托中心。因此，我们继续靠社会福利金生活，这是一种有保障的制度，还能保证她每个月获得 300 美元的食品券，以及妇女、婴儿和儿童代金券，这为我们提供了免费的食物，如奶制品和婴儿配方奶粉，而医疗补助涵盖了医疗费用，第八住房补贴方案保障了我们的住房。

许多人认为，像我们这种依靠公共救助的人愿意这样生活，也很享受这种福利，但我并不想这样。一想到十多年我们都是依靠这种救助生活的，我就忍不住难过和流泪。直到我 14 岁要去埃克塞特学院上学的时候，我母亲才找到了工作，不再依靠救助。社会福利机构有一个项目，即把人们送到一个职业项目，在那里工作几个小时，然后下午的时候再把他们送去其他地方做兼职。我母亲最令我骄傲的是，她被安置到了附近一家医院的"食品与营养"中心，不再依靠救助生活。她每天都要在医院里来回奔波好几个小时，一边准备食物，一边给病人送餐，然后再把餐盘取回来。尽管这项工作导致她每天腰酸背痛，但母亲还是感到很高兴和欣慰，因为她终于摆脱了救助。一想到母亲有了工作，我们不用再依靠福利救济，我就忍不住热泪盈眶——我不再是一个依靠救济金才能去埃克塞特学院上学的小孩。当别人问我"你妈妈是做什么的"时，我可以自豪地回答："她在医院工作。"我不在乎她做的是什么，我很诚实地告诉他们，她给人们送餐，在自助餐厅工作；我所关心的是，我母亲终于有了一份工作。

为了母亲能够去工作，再加上我上的是寄宿学校，伊西斯不得不帮忙做家务。伊西斯和我

（嗯，主要是我）已经照看了七年的小孩子。伊西斯总爱做白日梦，因此，一想到她要负责照看弟弟们，我就特别紧张，但她还是做到了。母亲的工作是 12 小时轮班制，有好几次她直到凌晨两点才回家，但这一切都得到了回报，因为她得到了一份带福利的全职工作。在医院工作了五年之后，母亲和一位经理发生了争吵，这导致她被解雇了。然后，母亲领取了失业救济金，并且拿到了商业驾驶执照。她开了几个月的校车，后来又被新泽西州的公交公司聘用。她又一次从零起步，通过做兼职来努力争取到一份有福利的全职工作。看起来这份工作她会长期做下去，她的时薪在不断地上涨，一旦转成全职工，家里的每个人，包括伊西斯和我，都能够得到保障。

老实说，让我坚持下去的是我知道母亲有能力面对这么多事情。尽管她承受着养家糊口、供我们上学、照顾我们的压力，但她从未想过通过不正当的途径（如卖淫、贩毒）来挣钱。她以身作则，教育我要努力工作，保持乐观向上的人生态度。

尽管我非常爱我的母亲，也认为我们是朋友，但有一件事情我们永远都无法达成一致，那就是她的种族主义。虽然母亲说她不是种族主义者，但她却持有种族主义的观点。讽刺的是，她的家人都是黑人。由于我父亲是白人，因此我是家里肤色较浅的人之一。我的肤色是奶油花生酱的颜色，而我的母亲与她的许多兄弟姐妹一样，是肉桂色的。我的莉迪亚姨妈恳求我母亲理解并接受我们确实有黑人血统，但这通常不起作用。"不，莉迪亚，我们的祖母不是黑人。她是有点黑，但我们不是黑人，就是这样！"母亲坚定地回答。

我和母亲之间最激烈的两次争吵都围绕着种族问题。第一次争吵发生在我上高中前的那个夏天。妹妹和我几个星期以来都在考虑如何提出这个话题。那个周末，我们去了马里奥在布鲁克林的公寓。我知道自己要说什么，并深吸了一口气，然后走进了他那小而昏暗的厨房。马里奥背靠着墙坐在桌子旁的一把小椅子上。母亲挨着他坐在桌子的圆角上。"马里奥，我们想和你和妈妈谈谈。我知道你们有时候可能只是在开玩笑，但是伊西斯和我……我们觉得有时候你们听起来像种族主义者。我们不喜欢你们有时候说话的方式。"我站在母亲面前，看着他们的脸，然后很快又看向地板。"什么？不，我们不是种族主义者！我的意思是，我明白你在想什么，但我们并不憎恨黑人或任何人。不管怎样，只要不碍我的事，一切就都 ok。"马里奥为自己辩解道。我母亲的回答本身就带种族主义色彩，她说："我经常跟你说，我在洪都拉斯是如何和那些黑人孩子一起玩的。我们会一起跳绳、一起上学。我们根本没有任何歧视黑人的意思。"

母亲和马里奥把我们打发了出去，我们只能闭嘴，但他们的回答并不能说服我们。在周末回家的路上，母亲偷偷地承认："你知道的，马里奥可能确实是有点种族歧视，因为他的叔叔在洪都拉斯开了一家餐馆，他的叔叔讨厌去那里的黑人，所以我认为这种态度可能对他有些影响，但我确实和黑人孩子们玩过。"

三年后，我高中毕业了，有一天，我正在看一档脱口秀节目，母亲走了进来，看到一个黑人女性正在和一个白人男性接吻。"哎呀，这是什么鬼东西！"母亲看着我那当时只有八岁的弟弟说，"宝贝，你知道不能和黑人女孩结婚，对吧？那样不好。"她一边说一边哈哈大笑起来，觉得自己讲了一个不恰当的笑话。她还说了一句什么话我记不太清了，大概是"人们应该和自己种族的人在一起"之类的话。弟弟当时正坐在地毯上，他抬起头看看我，皱起了眉头，问道："那不对，是吧，维亚纳，妈妈说得不对，是吧？"我看着托尼，摇了摇头，翻了个白眼，以示对母亲的不满。"是的，托尼，妈妈说得不对。如果你愿意的话，你可以娶一个黑人女孩，爱一个人跟她的肤色没有关系。"

听见我和托尼的对话，母亲在厨房里喊道："别以为我不认识那个和你约会的男孩。我知道你的那个黑人朋友是你的男朋友，别否认！""是啊……所以呢？"我直接顶了回去。我知道她想说什么，但我受够了。"'所以呢？'还所以？"妈妈惊讶地喊道，然后走进卧室，开始对我咆哮，"每个人都应该和自己种族的人在一起；黑人和黑人，白人和白人！"我从床上跳下来，回应道："是啊，所以你更喜欢我和一个无家可归的、肮脏的白人在一起！只要他不是黑人就行，对吧，我亲爱的妈妈！无论如何，我永远都不会像你那样看问题。你应该接受这样一个现实，我们是应该和自己种族的人在一起，但这并不意味着我们只能和白人在一起。"

我激动得用塑料瓶拍打着床垫，伊西斯跑进房间，把我从母亲面前推开。我们在如此近的距离互相指责，唾沫星子都喷到了对方脸上。托尼蜷缩在地板的角落里，睁着眼睛，不相信他所看到的。"但和一个白人在一起是不一样的！"母亲狠狠地说道。厌倦了被夹在中间的伊西斯大叫："啊！够了！停，你们两个！看看可怜的托尼。托尼，你没事吧？"

我想，如果我们俩是漫画中的人物，那我们的头和脸可能会是通红的，然后怒气会像蒸汽一样从我们的头顶冒出来。后来母亲离开了房间，我也擦去了脸上因愤怒而流出的泪水。在这场战斗中，我最后使出了杀手锏，虽然在那之前她已经生气了，但我想更激怒她："你不知道的是，我还有过白人男朋友、西班牙裔男朋友，我还有过混血男朋友！我不在乎他们是棕色、黑色、白色、绿色、黄色、红色还是紫色！只要他对我好，我们互相喜欢，我就高兴！"我宣布自己是这场战斗的赢家，因为我在最后一个回合放了大招，笑到了最后。在听闻这场灾难后，我的阿姨莉迪亚告诉我，就因为我在和一个黑人谈恋爱，我母亲两天都没吃饭。从那天起，我和母亲再也没有谈论过种族和种族关系。

在帕特森，我和其他拉丁裔孩子一起上学，也和黑人、东印度人、白人和一些东亚人一起。帕特森是一个多种族混合的城市，拥有一个混合的公立学校系统。高中时，我周围的人来自沙特阿拉伯、日本、中国、法国、墨西哥、哥伦比亚以及美国的大部分地区。我也接触过一些同性恋和双性恋的学生。这种多样性在大学里一直延续着，也塑造了我开放的思想。

七年级的时候，我和帕特森的另外八名学生都被录取了，这也导致了我和丽萨的争论——关于新泽西州的"种子"项目，这个项目是为有学术天赋的弱势儿童设立的。在我八年级的时候，它包括了密集的夏季课程和周六课程。我还记得，在一个星期一的早上，当我把这个消息告诉我七年级的班主任时，我是多么地兴奋。当时我们正一起在走廊里准备去上课，开始新的一天。"米切尔太太，我被录取了！"当她听到我的消息时，她的眉毛、脸颊和嘴唇都往上扬，发出了一声兴奋的尖叫。米切尔太太看上去很强壮，她的肩膀很宽，大概有一米七高。她抱住我的腰，想把我抛向空中，我们就那样一起在空中打转。她笑了，所有的学生看起来都对这种兴奋感到困惑。在那个时候，米切尔太太是唯一真正理解被"种子"项目录取对我来说意味着什么的人。

那年夏天，我们九个人，还有大约 50 名来自纽约西部、泽西城、帕塞克和新泽西其他几个城市的学生，乘公共汽车去了新泽西州恩格尔伍德的一所私立走读学校。在度过了一个艰难而有趣的夏天后，根据我们的作业质量、努力程度以及与他人相处的好坏，小组的人数减少了一半。第二阶段是"种子"项目三个阶段中最糟糕的阶段，充满了黑暗、寒冷和早起。每个星期六早上，我都要赶六点半的公共汽车去上上午八点开始、下午三点结束的课程。我每周五晚上都要做"种子"项目的作业，还有八年级的日常作业。在这一阶段，我们学习了代数，准备了高中英语和中学入学考试，还申请和面试了一些私立中学。

当我问两个同学为什么从第二阶段就没再参加这个项目时，男同学说他得找份兼职工作来帮衬家里，而女同学则说她的父母不想让她上学，他们都是拉丁裔。在来自帕特森的九名学生中，有六名是拉丁裔。我是唯一一个通过整个项目的来自帕特森的拉丁裔人。有两个男孩没有接受私立学校的录取，因为他们没有得到足够的经济资助，而且还要长途乘车。这意味着在九名学生中，只有两人上了私立高中。说实话，能够上埃克塞特学院对我来说真的很幸运。

我穿着蓝色牛仔裤和 T 恤衫去参加了埃克塞特学院的面试，因为我对面试一点都不感兴趣，更不想在结束后还要花时间去换衣服。母亲担心自己蹩脚的英语会影响面试结果，因此看起来比我还紧张。我不记得自己在面试的过程中都做了些什么，只记得自己很轻松地和一位女士聊天，就好像我们在一起吃冰激凌一样。其他的我都不记得了，因为我真的不在乎，而且也不紧张。招生官和我母亲在私下交谈后又一起出现了，而且笑得非常开心，母亲不停地抹着眼泪，似乎对她们之间的谈话特别感动。我心想："见鬼，到底发生了什么？"然后我们道了别，我跟母亲就回家了。

几个月后，负责面试我们的招生官打来了电话。当她告诉我我已经被埃克塞特学院录取时，我震惊了。挂断电话，母亲流下了高兴的眼泪。招生官还告诉我们，我们可以免费坐火车参观学校。母亲打电话给马里奥和我所有的家人，告诉他们我要去新罕布什尔上私立学校。一到学校，我就爱上了这所学校。我是幸运的，因为后来我了解到我的成绩不一定能达到埃克塞特学院的要求，但对于一个来自帕特森的学生来说已经很不错了。我还了解到，"种子"项目的工作人员之所以让我来面试，只是因为他们有多余的面试时间，埃克塞特学院录取工作的负责人非常热情，愿意长途奔波来到新泽西。

被"种子"项目录取和被埃克塞特学院录取是非常不一样的，但它们的目标是相似的，都是为了帮助那些贫困、聪明、勤奋的学生。"种子"项目是根据学生的经济状况来录取学生的。基本上，如果你是一个有前途的学生，而且你的家庭在贫困线附近或贫困线以下，那你就可以进"种子"项目。但对于埃克塞特学院，成绩绝对是一个因素，我在"种子"项目的顾问必须为我担保，因为我的代数只得了 C。埃克塞特学院不仅考虑经济状况，还考虑种族问题。

每年 4 月，当大学录取通知书送达的时候，平权法案都会成为校园里最具争议的话题。"你不用担心，你是拉丁裔人，所有学校都在找拉丁裔人，所以你更容易进入大学，但我是亚洲人，所以这对我来说真的很难，因为我必须比其他亚洲人做得更好。"我的一个朋友毫不夸张地说道。在高中的时候，我经常听到这样的话。平权法案的问题在于，那些确实需要额外帮助的人往往得不到帮助。进入这些精英学校的学生通常都是富人，而不是贫穷的黑人和拉丁裔人。

很多声称有拉丁裔背景的人往往来自富裕的家庭，这些人可能直到需要在申请中"打钩"的时候才承认自己的拉丁裔身份。这助长了一些人"你在这里只是因为你是拉丁裔"的想法。从小学开始，我就积极参加学校的俱乐部和课外活动。然而，在高中时，虽然我这样做的部分原因在于我喜欢它们，但更多的是因为我认为它们是我进入一所好大学的重要敲门砖。我还认为，在这样一所我"本不属于"的豪华学校里，它们能赋予我一些价值感、重要性和可信度。

我被一所常春藤盟校录取了，但在我大一的秋季学期，我觉得自己混不下去了，也许在一所非常春藤盟校我会过得更好。那学期我的平均成绩是 C。我开始不相信自己，开始相信人们所说的：我被录取仅仅是因为我为我的班级增添了"色彩"，而不是因为我的聪明才智。那年冬天，我努力学习，想看看多付出一些努力能得到什么。那个学期，我的平均绩点比我的秋季平均绩点高出了 1.22 分，我又开始相信自己了。

我积极参加那些非学习类的课外活动，那是我向自己和他人展示自我价值的一种方式。我不仅辅导过学生、做过研究，还在当地的公立学校做过志愿者、在大学课程中担任过助教。我最近获得了国家奖学金以及一个令人羡慕的暑期实习机会，还加入了一个高级社团。这就是我说服别人并提醒自己，我有能力在这样一所伟大的学校拥有一席之地的方式。这不仅仅是因为我是拉丁裔人，更重要的是因为我可以带来不同的经验、智慧和动力。我配得上名校，我永远不会忘记这一点。

在大学里，我很清楚自己是拉丁裔。虽然我的肤色很浅，但还是比大多数学生的肤色要深。我的头发很长，有波浪，又黑又厚，我"看起来像拉丁裔人"。我的拉丁血统是如此明显，以至于我无法隐藏也不想隐藏它。当我走在校园中的小路上时，我昂起头，直视前方。我必须证明我为自己感到骄傲，即使我和大多数人不一样。

大一时，我参与拉丁美洲社团活动比大三时还要积极。我积极参加拉丁裔学生组织的会议、拉丁裔兄弟会和其他团体举办的晚宴和舞会。虽然我现在仍然和其中一些人是朋友，也和大多数拉丁裔社团里的人保持着友好的关系，但我已经疏远了他们。尽管如此，校园里的大多数拉丁裔社团成员都知道我是一个拉丁裔人。几周前，当刚被录取的高中生来参观学校时，我被安排在拉丁裔和加勒比研究所的接待处迎新，但我没有认出在大厅里给来访的拉丁裔高中毕业班学生提建议的那位女士，这是我的错，因为我从不和拉丁裔社团里的人混在一起。

我对一个达特茅斯学院的男生耳语道："嗨，马克，你知道她是谁吗？"

"不知道，"他低声回答，然后又补充道，"我以前也见过她，最近她突然开始在一些场合出现，而且和拉丁裔社团里的每个人都一起出去玩。你知道的，过了这个周末，她就会消失，我们就再也见不到她了。"

如果你不把自己的"拉丁裔特征"亮出来，我们学校的拉丁裔社团就不会完全接纳你。马克的评论中最有趣的是，他在大一时从来都没有和拉丁裔人混在一起过。当他突然决定加入拉丁裔兄弟会时，他对那位女士的陈述就是我对他的感觉，尽管他从未加入那个社团。马克知道，有时接受一个群体并让群体也接受你是多么困难，所以他不接受那位女士，而我从第一天起就接受了这个群体并被他们接受了。从逻辑和道德上来说，我知道拒绝像那位女士那样的人是不好的，因为这本就是一个很难融入的社团。人们不参与其中有他们自己的原因，有时只是因为他们不喜欢某个人或者害怕被拒绝。我们没有帮助这些人顺利融入社团，使社团发展壮大，相反却在背后议论他们，证实他们的疑虑。我们之所以这样做，可能是因为我们对那些仅仅为了被录取而"打钩"的人的不满。他们声称自己是拉丁裔人只是为了增加被录取的概率，一旦进入校园就会否认这一点。令人沮丧的是，我所在的大学夸口说，它的学生中有 7% 是拉丁裔，而实际上，只有大约 2%~4% 的学生自认为是拉丁裔。学校认为我们已经取得了很大的进步，多元化已经达到了巅峰，但事实远非如此。

我对自己强烈的拉丁裔身份认同很感兴趣，因为我并不总是觉得自己能代表这种文化。我总是家里最瘦的那个，我的叔叔阿姨们都叫我"小瘦子"，而叫伊西斯"小胖子"。多年之后，我们都接受了自己的角色——伊西斯接受了她是矮胖的那个，而我则一直试图成为最瘦的那个。在我的家庭里，瘦是所有人都羡慕和努力实现的。因此，伊西斯一直饱受家人的嘲笑，比如我们的莉迪亚阿姨，她会告诉伊西斯不要再吃东西了，都那么胖了，她也会在我看上去长胖了的时候警告我。

然而，伊西斯丰满的身材让许多拉丁裔人都羡慕不已，在拉丁裔人眼中，曲线美是一种典型的美。许多人都称赞歌手詹妮弗·洛佩兹（Jennifer Lopez）的曲线身材，但他们没有意识到，她的身材只是最近才被白人社区所接受，而性感、曲线优美的身材一直是拉丁裔人所渴望的，这也是她们吸引别人的地方。在西班牙语的电视节目中，苗条的女性会秀出她们的臀部，通过圆圆的臀部和丰腴的乳房来展示她们的"曲线"。

也许对于我的家庭来说，比妹妹的身材更重要的是托尼所面临的挑战。他被诊断患有阅读障碍、多动症和对立违抗性障碍。在被告知他的学习方式与其他孩子不一样后，他觉得这意味着他有"精神问题"，用他自己的话说，自己天生就比较笨，在学校里也不太可能取得成功。因此，尽管他努力学习如何阅读，但每当遇到困难，他都会特别沮丧，对帮助他的人大喊大叫，然后"逃离现场"。由于害怕失败，他最终放弃了尝试。

在阅读了托尼的个性化教育计划（IEP）后，我注意到医生的报告中有一些内容在 IEP 中没有被提到。这个计划告诉了老师和家长，学校正在做什么来解决托尼的学习困难。幸运的是，我在大学一年级就修了一门好课程——特殊教育。通过这门课程，我更好地了解了我的弟弟，也学到了一些教育原则和教育方法，以及父母在孩子得不到充分的服务时应该采取的措施。第二年9月初，托尼五年级的老师在开学第一周的五天中联系了我们三次。当时我在家，我代表母亲与指导顾问、学校心理医生和托尼的老师进行了会谈。他们确信学校对他来说是不够的，他需要去一所特殊教育学校，那里的孩子都和他的智力水平相当。尽管托尼面临着诸多困难，但他是一个非常聪明的男孩，不过由于几乎没有自制力，他不能很好地发挥他的聪明才智。

由于从一开始就讨厌那所学校，托尼只在那里读了两个学年，读完了六年级。现在，他的阅读水平只落后了几个月而不是两年，他对自己的智力和取得成功的能力更有信心了。为了努力把事情做好，他已经开始朝着正确的方向前进，并克服了一些不安全感。托尼一直是我做出职业选择的原因和动力。

看到母亲和弟弟这些年来在受教育问题上的挣扎，我真的很悲愤，也因此更热衷于帮助那些可能属于类似情况的人。虽然我的母语西班牙语并没有那么好，但我仍然可以与说西班牙语的父母进行有效的沟通。

我希望帮助那些与规则或语言做斗争的人，以及那些因为规则或语言而无法理解自己处境的人。在我的教师资格认证课程中，我学到了一些包括让所有的孩子，甚至是那些自以为愚笨的孩子感到有能力的技巧。我弟弟的低自尊主要来自学校，因此，我希望能够帮助我的学生提高他们的自我认知。

虽然教育是我最大的热情所在，但成为一名儿童心理学家也是我的目标，我相信，教育和心理学是融合在一起的，而我对两者的热爱正是出于这个信念。当谈到弟弟的想法和感受时，托尼和我并没有对问题做出明确的决定和结论，但他似乎总是感觉好多了，至少在我们的谈话结束时，他感受到了被倾听和理解。我明白，他之所以愿意和我交流，是因为我是他的姐姐，他了解我、信任我，但我希望我能给其他想被倾听的孩子也带来这样的安慰和解脱。

当我开始我的教师教育课程时，我想知道母亲对于我成为一名教师有什么感觉。有色人种通常选择商业和工程等能带来更多收入的非教育行业的职业。我完全理解他们的选择，有时他们是受到了父母的影响，虽然有时我也觉得自己应该学商科，但那并不是我的心愿。我决定和母亲谈谈我的决定，这与其说是征得她的同意，倒不如说只是单纯地告诉她而已。

"妈，我不知道我有没有跟你说过，但是……你觉得我当老师怎么样？我的意思是，我仍然想成为一名儿童心理学家，但在那之前，我想教书。你觉得如何？"我小心翼翼地问道。"你知道的，我一直跟你说的都是，我不在乎你成为什么人，只要你能出人头地，"她回答道，"毕业后出人头地，这就是我所要求的！你不能再继续过这种日子。如果你能成为一名专业人士，那就不用再担心钱的问题了。这是我对我所有孩子的期待。"

为了报答母亲做出的牺牲以及她给予我们的一切，我所能做的就是努力工作来实现"成为一名专业人士"的目标。这不仅是给她的礼物，也是给我所有的努力和奋斗的礼物。我比大多数人更了解教育对于幸福生活和成功的重要性。作为达特茅斯学院即将升入大四的学生，我的家人仍然住在"第八区"。不管我们从马里奥那里得到多少钱，我们还是像以前一样身无分文。母亲40岁了，没有受过教育，目前每小时挣近15美元。我23岁的男朋友有硕士学位，每小时赚33美元。母亲的叫"工作"，而他的叫"事业"。

我也证明了有一个支持网络多么重要，我的家人和朋友一直鼓励我，而且相信我会取得成功。在我上高三的时候，我遇到了一个高一的女孩，她有一半黑人血统和一半多米尼加血统。她在一个寄养家庭中长大，有很多没有血缘关系的兄弟姐妹。12岁时，她遭到了强奸，但在法庭上，她的亲生母亲竟然当场否认，声称她的女儿从来没有被人强奸。这个女孩的男朋友因为贩毒而入狱了，这样的生活对我来说是难以想象的。我不希望任何人经历这样的痛苦，所幸的是，她也被这所有名的寄宿学校录取了。我曾答应她会回来参加她的毕业典礼。几周前，我履行了自己的诺言，参加了埃克塞特学院2004年的毕业典礼。我男朋友觉得因为一些可笑的承诺就回来简直是疯了。当我在毕业生队列里发现她时，她惊讶地尖叫道："你真的来了！"去观看她毕业典礼的有三位黑人女毕业生、三位她初中的老师，还有她初中的校长和我。我们是她的家人、她的朋友、她的支持。今年秋天，她将去史贝尔曼学院继续自己的学业，这是一所历史悠久的黑人女子学院。到目前为止，她已经很成功了，但我知道她还会继续成功。

我感激生活给予我的所有起起落落和障碍。我爱所有参与其中的人，也很感激我那艰难的成长环境。它给了我奋斗的动力，也让我真正珍惜点点滴滴。很多人都会这么说，当我的朋友给我一根巧克力棒时，当我母亲做我最喜欢的食物时，或者当我在校园里看到一只花栗鼠时，我都会很兴奋。然而，我已经精疲力竭了，我厌倦了在我有幸就读的精英学校里挣扎求生。看到这么多人穿名牌衣服，我真的很烦、很嫉妒。是的，我是希望自己也有普拉达的包和古驰的鞋子，但它们也让我很苦恼，因为它们总是提醒我：即使我的家人不再靠救济金生活，我们也仍然挣扎在贫困线上，甚至离周围许多人的生活水平都差得很远很远。

因为我的种族，我必须证明自己。在学校里，我的拉丁裔特征让我很显眼，我觉得自己必须比周围的人做得更好。幸运的是，我在年幼的时候已经经历了很多，这些经历让我足够强大来迎接这些挑战。我要养家糊口，还要维护声誉，我要成为弟弟妹妹的榜样。我知道自己是谁，想去哪里。我将继续为实现目标而奋斗。

续集 五年之后的维亚纳

当我第一次在书中读到《我不会也不能隐藏自己的拉丁裔身份》这篇文章时，我对于自己的生活被暴露在众人面前感到很不安。在那篇文章中，为了保护大家的身份，我使用的都是化名，还把我的家乡写成了帕特森，事实上我是在附近的帕塞伊克市长大的。五年后我重读了这一章，尽管并没有觉得有什么太离谱的地方，但我还是不愿意把这个故事告诉所有的朋友和家人。我分享了很多别人的事情和信息，他们其实不希望自己就这样暴露在公众面前。因此，我不让他们知道这个故事，他们也就不用为我曾经的生活和所写的故事而耿耿于怀。

临床心理学让我非常感动的主要方面之一就是，当别人非常信任你，并告诉你他们的个人信息时，你一定要注意保密。在我之前所写的文章中，这样的保密性显然做得不够好。在现在的文章中，我有了一个新的机会为有色人种年轻人的文学作品添彩，希望这一次我不会泄露别人的隐私信息。

前面那篇文章是我在大三快结束的时候写的，现在我正在为大学五年级的同学会做准备。在过去的六年中发生了很多事情，但是经济地位和种族仍然是我生活中的重要问题。在达特茅斯学院读大四的时候，有一天下午，我午睡后醒来发觉牙疼得厉害。我试着忽略它，因为我的牙疼有时会自己消失，然而，这次并没有。最后，我决定预约当地的牙医，我想也许只是一个蛀牙。因为我没有牙医保险，所以我知道所有的费用都要从我的口袋里出，就像五年前一样。在等待预约的两个星期里，我只能用一侧的牙齿吃东西。终于，到了那一天，医生说我需要尽快进行牙根管治疗。医生解释说，要么做手术彻底治疗，大概要花费2000美元，要么就拔掉臼齿，只需要100美元。我坐在停车场的车里，打电话给母亲，她突然大哭了起来，对我说她"无能为力"。

在和我的一些同学聊完后，我觉得需要找一名顾问。我们都觉得，在这样富裕的学校里，作为一名贫困生，我应该能够从某些地方得到一些帮助。我解释了我的处境，再一次哭出声来，因为我害怕失去我的牙齿，也希望面前这个同样出身贫寒的有色男人能理解我的处境。但他的回答却是："我们中的一些人就是牙齿不好。我母亲在她20出头的时候也掉了第一颗牙。有时候，你知道的，事情就是这样的。"他提出给我 100 美元来拔掉那颗牙。这不是我所期望的回应。让我感到困惑的是，他竟然无法理解少一颗牙齿会对一个人的自尊、情感健康和整体自我形象造成怎样的影响。我的中产阶级朋友丽萨觉得我太夸张了，但我告诉她："如果牙根管手术可以拯救你的牙齿，那你绝对不会同意别人拔掉它，还觉得无所谓。"

这样艰难的决定不是达特茅斯学院这样的大学里的大部分人会面临的，因为他们都有牙科保险或者有足够的现金来应对这样的紧急情况。我的一些家人就曾因支付不起保护牙齿的费用而失去了牙齿，他们曾多次表达过他们的尴尬。在我们还是孩子的时候，母亲就总是带我们去见牙医，用医疗补助来进行日常的牙齿护理，我还戴过两年的牙套。当母亲开始在医院全职工作的时候，她不再接受医疗补助，但是她也没有牙科保险。那时，我已经是一个有工作的青少年，所以能够支付自己的牙齿保健费用。我的牙齿曾经是我的骄傲，现在也是。我经常自信满满地认为，它们是多么地漂亮和洁白，它们是让我能够自信地微笑和与他人交谈的原因之一。牙齿是一个人社会地位的象征。

我决定去见另一个人，我们的女董事长，她也是有色人种。她无法相信我收到的来自前任顾问的回复，"如果它没坏……我的意思是，如果牙齿没有问题，而且可以保住，那么就没有理由拔掉它。"我从来没有告诉过她我自己也这么认为，但她的话让我觉得自己得到了肯定。女董事长帮我申请了应急救助金来支付我的牙根管治疗。为了把费用降到最低，我去了塔夫斯大学牙科医学院，一个月内从新罕布什尔州开车去了波士顿两三次。为了做牙冠，我又这样奔波去了马萨诸塞州。让以前的顾问感到惊讶的是，从那以后，我的牙齿再也没有出现过任何问题。

在哈佛大学教育研究生院攻读硕士学位的这一年里，为了维持生计，我打过各种工，有时还同时打三份工。那年 7 月，我和我的男朋友罗伯特搬进了哈特福德的一间小而漂亮的公寓。尽管从母亲脸上的表情可以看出，她并没有特别激动，但她表示可以接受。罗伯特是波多黎各和秘鲁的混血儿，我和他在一起差不多有四年了，其中有三年是异地恋。从法律上来说，我不能和母亲住在一起，因为她住的是福利房，但我知道我自己买不起房子。因此，和罗伯特同居被认为是一个明智的财务决定。我的暑期工作只持续到 7 月，直到 9 月中旬我才收到作为全职小学教师的第一份工资。不用说，我在 8 月的时候手头很拮据，尤其是到了购买许多必要的教学用品，比如公告栏材料的时候。如果没有罗伯特的帮助，我真的不知道自己这一时期该怎么活下去。

在开学第一个月的迎新日和教职工会议上，我的校长总是提醒我们，作为中产阶级教师，我们很幸运，而我们的许多学生却没有这样的幸运。我不得不抑制住想举手说"对不起，我不是中产阶级"的冲动。从技术上讲，我的工资是达到了中产阶级的标准，但我的生活还没有。终于，在 11 月，我开始感到不那么不堪重负，经济状况开始好转。自 9 月以来，我一直在为退休基金和储蓄账户存钱。我还把钱还给了罗伯特，并开始用信用卡付定金。在成长的过程中，母亲教导我，聪明的女人从来不会告诉男人她到底有多少钱。虽然我不同意这种想法，但我确实相信一个聪明的女人总是有足够的后盾来独自生活——如果有必要的话。依靠另一半生存的感觉和恐惧正在减弱。

罗伯特和我现在已经是"合格"的中产阶级，但我们家的其他人每天还都挣扎在贫困线上。在经济上，我们能够养活自己，所以我们能过上舒适稳定的生活。然而，我们无法供养我们的其他家庭成员。虽然这不是我的本分，但我仍然经常为不能定期给母亲钱而感到内疚。她告诉我，她的许多熟人都认为我和姐姐总是给她寄钱。这是预料之中的，因为寄钱给老家的父母是许多拉丁美洲家庭的传统。我很希望能够继承这一传统，但有时也会感到压力。几千美元的助学贷款和每天的开销不允许我这样做，尤其是现在我又在读研究生。我希望有一天我能够在经济上帮助更多的人。

尽管钱的问题一直是我生活中一个非常重要的方面，但种族问题也没有"甘拜下风"，尤其是从高中开始。作为一个成年人，我经常会对人们的想法和言论感到震惊，这很有趣。在我当小学老师的那段时间里，头三年可以说是我的"成长期"。我任教的学校位于康涅狄格州镇上最贫困的社区，我负责教二年级和三年级。在我的第一堂课上，白人、黑人和拉丁裔学生的人数大致相同，其中大约 75% 的学生吃的是免费午餐或优惠午餐。到第三年的时候，我班上的 18 个学生中只有两个白人学生，其中 85% 的人吃的是免费午餐或优惠午餐。然而，我是学校里仅有的三位有色人种教师之一，与我同时被聘用的还有一位波多黎各人。

为了提高教师的教学水平，我们的教师会议以"勇敢的对话"为中心。这是一门以种族为主题的课程，旨在教育成年人认识到作为少数民族的重要性和可能遇到的困难，也希望老师们能开始了解我们学校的许多学生及其家长所面临的挑战，从而更谨慎、恰当地与他们互动。也许是因为这种想法太大胆了，又或许是因为校长仅仅比我早几个月上任，事实上很多老师并不赞同这个计划。他们认为这纯粹是浪费时间，而且自己已经公平地对待每个人了。

尽管所有的老师在学校里都特别努力，他们付出的时间、精力和努力比任何人都多。然而，他们仍然没有意识到某些对话和互动所暗含的意义，比如他们会说"我并没有看出种族问题"。经过一段时间的种族关系教育，我们每个人都明白了，忽视种族问题是不可能的，也是危险的。

看到种族问题并不意味着你是种族主义者，而仅仅意味着你是"社会人"。了解种族问题也是非常必要的，这样你才能知道一个人的观点和日常生活可能会因他们的种族而非常不同。

我很快就在这些教师会议上成了一个直言不讳的发言者，这大概是天性使然，尤其我还是三位有色人种教师之一。第二年工作开始的时候，我加入了一个全新的"公平小组"，这个小组由各年级的有色教师和白人教师以及校长组成，负责推进我们的种族意识之旅，并为本年度的教师会议做准备。我们每个月都会花几个小时来研究这些想法，然而，总有一些老师跟我抱怨说他们不喜欢"勇敢的对话"，即使他们知道我是有色人种而且是公平小组的成员。

在加入公平小组的第一年中，我的个人生活中发生了一些令人心塞的事情。在新学年开始的一个周末，罗伯特和我去附近的西哈特福德白人中产阶级小镇斯台普斯购买学习用品。当我们推着一辆装满笔记本、铅笔、蜡笔等物品的推车四处移动时，一位白人妇女向我们走来，要求罗伯特帮他找一些商品。罗伯特环顾四周，终于明白发生了什么事。他向那位女士解释说，他不是服务员，也是来购物的。那位妇女道了歉，走开了。虽然我们被吓了一跳，但我们将这一切都归咎于罗伯特的红领衫（很像超市的制服）和他那张年轻的脸。一周后，我们又去了那个超市采购更多的物资。然后，又有一名白人妇女走近罗伯特，打断了我们的谈话并要求提供帮助。罗伯特解释说自己不是服务员，然后那名妇女就走开了，但并没有道歉。这一次，他穿的是一件灰色T恤，上面印有红色的大字——"菲利普斯·埃克塞特学院"。这一次，我们没有办法解释这种误会。

几个月后，我们去梅西百货为罗伯特的英之旅购买行李箱。他被美国教育协会，即美国教师工会选中去英国格兰瑟姆和其他教师一起学习《自由大宪章》及其与《独立宣言》的关系。由于我们从小就很节俭，所以我们在购物时都是再三掂量，性价比至上。我们在不同的行李箱中挑选了足足半个小时，反复比较质量和价格。最后，我们拿着选定的行李箱去了收银台。收银台后面的白人老头冷冷地说："你终于舍得掏钱了。"那一刻，我真的想把行李箱放回去，告诉他："我们不买了。"然而，我后退了几步，冷静了一下，然后让罗伯特来结账。也许这个人说这番话只是因为我们选行李箱花了很长时间，也许是因为大多数人只是逛一逛，并没有购买，又或者只是他碰巧心情不好，又或者是因为我们看起来太年轻了，买不起或者不需要行李箱……这些都是年轻夫妇对这样的评论可能会有的想法。然而，我们也想知道这是不是因为我们的种族，这是一对年轻的白人夫妇不需要考虑的事情。

这些事情我只跟一个白人说过，那就是我的校长，因为我害怕团队里的白人老师会辩解和否认。当我的校长听到这些故事时，她已经预料到了我的想法和感受，并证实了我的反应。终于有一天，在一次公平小组会议上，我决定和其他老师分享我们在梅西百货行李店的经历。教室里最年长的老师也讲了她自己的故事：有一天，她带着穿着邋遢的十几岁的儿子去买车。令他们沮丧的是，都没有销售人员来招待他们。她把她的经历与我的故事等同了起来："噢，拜托，现在的销售人员对每个人都很粗鲁。他们的粗鲁简直难以置信，没有人会帮助我们。"我最初对辩解和否认的担忧都成了事实，但这也教会了我，我的直觉是值得相信的。我点头表示赞同她的观点，但补充说，就我的情况而言，我也想知道种族是否在其中发挥了作用。我的校长也支持我的观点，她解释说，白人老师和她儿子在考虑这件事时是不会考虑种族因素的。

在这些事件中，没有人使用贬损的语言或做了什么非常不恰当的行为，因此没人算是明显的种族主义者。然而，没有人会天真地相信我们现在生活在一个超越了种族的非常公平的社会。许多人把奥巴马当选总统作为种族主义结束的最好的例子。2008 年 2 月，在为克林顿和奥巴马的初选拉票时，一些拉丁裔和白人选民明确表示，他们不会仅仅因为奥巴马是黑人就投票给他。在奥巴马获胜后，众多共和党人和美国白人所表现出的强烈反对和反应，是以往任何一次选举都无法比拟的。此外，前面描述的那些微小的日常事件很容易被看作针对种族的微观侵犯——不自觉的白人通过秀优越感和无视他人的感受来慢慢蚕食一个人的自我价值感。虽然每个人都可能会遇到无礼的人，但只有当一个人是有色人种时，他才会把这种无礼对待归因于自己的种族。大多数白人不会认为，另一个白人会因为自己是白人而把自己错当成一家超市的员工，或者在梅西百货被另一个白人无礼地对待，只因自己是白人。然而，对一个有色人种来说，无论种族主义多么微不足道，都足以导致他们遭到无礼的对待。

作为一名研究生，现在我继续研究影响城市有色人种的问题。高中时，在上了一位很棒的老师的介绍课程后，我对心理学产生了兴趣。通过在大学和研究生院的多次研究和实习经历，我能够将心理学和教育融合在一起。这些经历，再加上我作为老师的亲身经历，让我明白了一个孩子及其家人的心理健康会如何极大地影响一个家庭接受教育和维持经济稳定的能力。

一直以来，我接触到了很多这样的学生，他们需要的心理健康支持远远超出我在课堂上所能提供的。这些学生的问题往往会影响整个班级，因为老师们要花太多时间来管理这些学生，以至于无法专注于课堂教学。此外，由于我所任教的学校根据《"不让一个孩子落后"法案》（*No Child Left Behind Act*）的标准是"不合格"的，因此我们的教学时间都集中在提高学生的成绩上。随着时间的推移，似乎如果我想改变任何一个社区，教学都将是一个缓慢的方法。因此，我决定转向我开始感兴趣的另一种职业。有了临床心理学博士学位，影响政策决策和为更大的群体创造更大的改变似乎更有可能。

我希望我的研究能够通过向其他人介绍身体、情感和心理健康以及教育经验等文化背景，对城市居民的生活产生积极影响。此外，我希望通过临床实践，成为家庭系统支持的关键组成部分，指导家庭如何调整其功能。这可能会比我作为一个小学教师产生的影响更深远。

我还加入了工人家庭党，这是康涅狄格州的一个自由派政党，最初是在纽约市成立的。这个政党通过政治手段为经济和种族正义而战。通过竞选和努力工作，他们提高了最低生活工资，延长了带薪病假并且对富人增加了税收，他们已经慢慢地在该州做出了重大改变。在为竞选市议会议员的朋友和参议员奥巴马的竞选进行了多次上门拜访和电话银行活动之后，今年秋天，罗伯特也参选了教育委员会的一个席位。正式地说，我是他的财务主管，也是他的得力助手，在经历了几个月似乎永无止境的工作后，我们和许多朋友、家人和政治团队聚集在当地一家餐馆等待选举结果。投票在 11 月的严寒中持续了长达 14 个小时，当我们得知罗伯特当选为四个席位中的一个时，我们的兴奋和庆祝之情无法抑制。那天晚上最感人的时刻是，政治团队的一名成员对我说："维亚纳，虽然你为这件事付出的努力很容易被忽视，但我想告诉你的是，你做得真的很棒，恭喜你。"到目前为止，这段经历告诉我，政客的妻子才是周围最坚强的人。她们常常得不到应有的赞扬，反而被视为"花瓶"。幸运的是，罗伯特经常向我寻求建议和意见，他也经常告诉我他的想法和委员会里的事情。虽然这有时会让我抓狂，但我很感激他让我参与他的政治冒险。

目前，我正在全力以赴为我们 8 月的婚礼策划一场既实惠又优雅的活动。我的"节俭"大脑和"冲动"大脑之间一直持续不断地斗争，尽管"节俭"大脑一如既往地赢得了这场战斗。这和我人生中的许多成功一样，都是集体努力的结果。在家人的帮助下，罗伯特和我开始了新生活，我们的婚礼几乎没有借钱。我在 19 岁时遇到了 21 岁的罗伯特，我们都非常幸运，我们的成长经历让我们走上了相同的道路。尽管我们有分歧，但总的来说，我们追求的是相似的未来。随着岁月的流逝，我变得更加快乐和自信。我非常享受我的生活，并希望未来的日子越来越好。

/ 故事 7 /

内在女孩

艾米丽是双胞胎之一，为了避免被妹妹的假男孩形象影响，她努力通过涂指甲，并和男朋友厮混来使自己"有女孩的样子"。然而，她发现除了在她整个青春期所写的日记之外，她在其他任何地方都是沉默寡言的。随着艾米丽逐渐向自己、朋友和家人承认自己是同性恋的事实，她在日记中所写的内在自我逐渐走向台前，成了一个可以通过幽默、对话和身体关系与别人互动的人。

我尽力了——上帝知道我尽力了，没有人能指责我不战而降。我在适当的年龄（大约 13 岁）开始刮腿毛，每隔几分钟就会补一次口红；我还写散文诗或日记来描述不同男孩眼神的深邃和眼睛的颜色；我会咯咯地傻笑，去朋友家过夜，也常常想自己什么时候才会来月经；我的头发很长，但却经常很蓬乱，而且，我的自尊心很脆弱，经常会担忧害怕。没有人会问我到底是男孩还是女孩，就像很多处于青春期的女孩一样，我显然在努力朝着女性领袖的地位迈进，但我没能成功。

哦，当然，我还是有正常的女性特征的，除了日记本、化妆品和无腿毛（可能不够匀称）的腿，我还喜欢跟男孩们眉来眼去，甚至在 14 岁的时候就交到了男朋友。按照八年级学生的标准来说，詹姆斯是一个称心如意的对象，就是有点油嘴滑舌。我们之间的关系开始于 4 月的一个温暖的夜晚，在那个容易滋生浪漫关系的中学体育馆里。他想请我跳慢舞，我同意了，在跳到一半时，他坦白了他对我长达数月的暗恋。当他问我是否愿意和他一起出去时，我回答说可以。当音

111

乐结束的时候，我知道自己要干什么了。我兴高采烈地跑去把这件事告诉了我所有的朋友，在接下来大概三周的时间里，我一直把这件事挂在嘴上。詹姆斯非常棒，而且最重要的是，我也迫不及待地想要和他在一起，但是现在我有一个非常重要的责任，那就是把这个振奋人心的消息告诉每一个我认识的人，我想听他们的尖叫声。

我和他交往了差不多五个月，这对于八年级的学生来说可以算是"天长地久"了，但一切进展得并不尽如人意。尽管我们经常牵手，尽管我也平静而满足地接受他偶尔在脸颊上的轻吻，静静地听他分析各种电视节目的优点，但是他并不满足，我也不理解为何。我百无聊赖地坐在那里等他的电话，但当他最终打过来的时候，他却坚持让我打开电视机，看他正在看的电视节目，以便我能理解和欣赏他那些机智而聪明的评论。我竟然为了他在上学日的晚上看电视，我以前从来都没有这样过，他还想怎样？

但是他的确想要更多，他告诉我，他很爱我，我说："嗯，谢谢你！"他告诉我他想和我法式接吻，我告诉他："不行！毕竟我不是一个放荡的女孩。"但他却说我假正经，我什么都没有说。

在那之后不久，他就把我甩了。我孤身一人去了高中，但也准备好了和别的男孩约会。我摘掉带框的眼镜，戴上了隐形眼镜，我有信心，我的胸脯已经挺起来了（我发育得稍晚一些），我将会找到一个新的男朋友，一个可爱的男孩，一个乖巧的好男孩。

但这却成了一个问题。问题不在于我所在的高中男孩们的"质量"，那里有很多好男孩，可爱的男孩，甚至是正经的好男孩。问题出在我身上，我心里的一些东西发生了质变。我的内在女孩——那个涂着唇膏、剃光腿毛、喜欢男孩的女孩破碎了。

早在四五岁的时候，我就知道女孩是什么样的。女孩就意味着我保姆包里的指甲油或唇膏、我母亲穿的胸罩、电视节目里闪闪发光的卷发。我是一个女孩，我的双胞胎妹妹也是一个女孩，但是她对这些不感兴趣。

我们是异卵双胞胎，我本能地知道这是件好事。这不会使我理所当然地长得像她。我的妹妹蒂娜拒绝穿裙子，甚至会因被要求穿连衣裙而大发脾气。她总是跟大我们三岁的哥哥一起扮演西部牛仔，一起去爬树。她也会打我，而且很多时候都毫无理由。当我学到"假小子"一词的时候，我决定调整一下措辞，让它更适合我那男孩子气的双胞胎妹妹，因此，"蒂娜小子"的绰号就诞生了。

"蒂娜小子"就像所有的侮辱一样，令人难以摆脱，甚至连她自己的朋友也用这个词来嘲笑她。当他们这么做的时候，她就会转而揍我，作为回报，我自然会继续使用那个词。与其他双胞胎一样，我努力创造一个与妹妹截然不同的身份。或许，实现这个梦想最简单的方式就是在口头上表达我对她男性化倾向的厌恶。我并不是什么真正的"淑女"，蒂娜爬过的那些树我也爬过，我也能够接得住她扔向我的棒球。尽管如此，"蒂娜小子"的嘲讽仍在继续——在晚餐后我们的父母听不到的时候，在课间朋友们能够听到的时候，在后院里我奔跑、她愤怒地哭着追赶我的时候。我说不出为什么要这么叫她，她也不知道自己为什么会哭，那时我们大概六岁。

但是我们都知道性别，性别无处不在。

我们的父母并没有强迫我们成为那种"淑女"，也没有强迫我们那有些文静的哥哥放弃阅读和远足，去打棒球或橄榄球。我妹妹几乎从不穿裙子，我们俩都参加了当地的垒球队。父母的开明是有原因的：母亲自己小时候就是一个假小子，对时尚、做饭或其他女性化的事物都不感兴趣。在意识到儿子对棒球不感兴趣后，父亲很高兴地发现，他的两个小女孩比他儿子更喜欢追着他的球跑。

我们的父母也常常鼓励我们要独立思考，做任何能够使自己开心的事情。比如，母亲从不看电视，她喜欢读一些神秘的故事，这让她觉得非常开心；父亲则喜欢看话剧，因为话剧能使他开心。如果这些关于我父母"特立独行"的例子不值一提，那是因为我父母并不是特别奇怪的人，我们也不是一个行为古怪的家庭。我们的父母教导我们要成为值得尊重的人，但不要墨守成规，要求同存异。虽然我们不应该为了与众不同而与众不同，但如果做真实的自己就意味着与大多数人所做或所相信的不同，那我们就应该不同。

我的父母当然也没有必要去担心我会为了"与众不同"而故作不同。当我还是个孩子的时候，我花了很多时间来努力减少我和同龄人之间的差异。要知道自己应该成为什么样的人并不难，我们住在一个非常同质化的小镇，大部分居民都是中产阶级白人，他们彬彬有礼，但非常保守。虽然小镇的公立学校是一流的，但大多数父母还是选择把他们的孩子送去私立学校。邻里之间的空地也逐渐被更多的社区和更大的房子所占据。在我成长的过程中，我一直有一种根深蒂固的信念，那就是大多数美国人都住在和我的家乡一模一样的小镇上。

由于镇上每个人的言行举止都大同小异，我开始纠结于我的家庭与其他人之间的差异。我感觉这些差异很大，大到难以逾越，尽管实际上相当小。我的父母是中产阶级白人，有趣的是，尽管他们自己也曾尝试过不墨守成规，但最终他们还是变成了其他人的模样——彬彬有礼、传统保守。但是作为一个没有安全感的孩子，我看不到这些相同之处。它们在我看来是如此地理所当然，以至于我没有发现它们，而只看到了那些差异。

我的家人不去教堂，不去拜访朋友，也不看没完没了的电视剧；相反，我们读书。我沉溺于阅读，直到我意识到冲动性的阅读并不是一个普遍现象。但我很快发现，我的家人读的书要比其他人读的多得多，有一个词可以用来形容我们：书呆子。因此，我也找到了一种表达自己与其他世界之间差异的方式：我是书呆子。

我想，正是这种书呆子气，让我无法像一个正常的女孩那样生活，无法把头发编成法式辫子，也无法找到一条穿在身上感觉自然的裙子。对我来说，热爱读书与不能做一个典型女孩两者从来都不相关。那时我才八岁，还没有分析社会对于性别的要求的习惯。

我知道我不能放弃阅读，毫无疑问这是我最喜欢做的事情。在一个充满压力的世界里生活，读书是一种很好的减压方式。当你阅读的时候，你不需要做任何决定，比如穿什么裤子或者坐在谁旁边。你只是自在地往下读，你几乎是不存在的，只是在被文字的洪流牵引着前进。

在我生命中的这个特殊时刻，不存在就是我最接近幸福的时刻。

所以我读书，读书就是我真正的生活。先是《保姆俱乐部》（*Baby-Sitters Club*）、《甜蜜的深谷有高峰》（*Sweet Valley High*）、《在布鲁克林成长的树》（*A Tree Grows in Brooklyn*），后来是约翰·斯坦贝克（John Steinbeck）、薇拉·凯瑟（Willa Cather）、哈珀·李（Harper Lee）所写的书。不读书的时候，我就会默默地坐在那里，一句话也不说，享受着自己的存在。我知道语言的力量，但我还没有准备好组织我自己的语言，所以无论如何，我都不大声张扬。

但在纸上却是另外一种情况，我从四年级就开始写日记，记载一些抱怨、闲言碎语和秘密的惊悚事件。初中时，我已经过上了"双面人"的生活。我沉迷于日记、故事、诗歌中"真实的我"与潜伏在别人生活边缘的苍白的影子——"现实的我"两者之间的差异，但我对此什么都没做。

这个故事有很多片段，这些片段交织在一起形成了"我是谁"的问题。现在很难去表达我小时候到底是如何整合我所感受到的所有事情，又是如何自然且无意识地把读书、安静和性别联系在一起的。现在表达起来非常困难，因为我已经拥有了成人（高校学生）的分析习惯，那就是分析、分解事情，审视细节。但是人们忘了：儿童并不是这样的。当一个男孩骑着自行车在路过我家时叫我"哑巴女孩"——那是对我毫无反应的鲜明刻画，他嘲笑的不仅是我的沉默和安静，还有我所读的书、我的日记、我的短发、我的运动精神……总之，我的一切。

不过，在某种程度上，我是幸运的，至少他们叫我"女孩"，这说明他们肯定了我的女性特质。在这方面，我的妹妹远不如我。

如果说那些像狗叫一样的侮辱排山倒海地侵袭而来，是因为我的沉默；如果说沉默已经成了我的身份特征和我最大的弱点，那我妹妹更有可能听到人们对她性别的评论。孩子们称她"小子"，后来当他们学到那个词——"女同性恋"后，有时他们会问我："你妹妹是女同性恋吗？"我为她感到羞耻。

随着年龄的增长，我的羞耻感与日俱增。到了中学，我对大多数事情都感到羞耻，我甚至可以列个清单：我为我的哥哥感到羞耻——他太书呆子气了；我为我妹妹感到羞耻——她可能是同性恋；还有我的父母，关于他们的一切都令我感到羞耻；还有我自己，我的成绩、我的沉默、我没朋友、我平胸、我的头发、我的眼镜、我的声音、我的眉毛、我的字迹、我的指甲……总之，一切都让我感到羞耻。

我无法直视别人的眼睛，我说不出话来，我太羞愧了。

所以我写东西，着了魔似的写，琢磨着那些我不敢向另一个活人提出的问题：为什么这个男孩不喜欢我？为什么那个女孩不再和我说话？为什么我没有被邀请参加聚会？

我义愤填膺地写了在六年级时发生的一件事，当时我最好的朋友给我带来了莫大的侮辱。上英语课时，我们早已提前完成了作业（我们是班上最聪明的两个孩子，而且，事实上，我们将作为大型公立高中的优秀毕业生在毕业典礼上致辞）。雪琳开始抱怨她在班里的朋友不多，她说："我希望有更多的朋友。"

"为什么？毕竟你有我，"我半开玩笑地问道，尽管看起来心不在焉，但实际上我是非常认真的，"难道有我还不够吗？"

"是啊，"她不服气地回答说，"但是，无意冒犯，你有点儿无聊。"

后来，我愤怒地写道："我很无聊，她是对的，难怪她想有更多的朋友、更好的朋友。我没有个性，也不爱说话，我只是坐在那儿像个傻瓜。"这是事实。即使是在我少有的亲密朋友面前，我大部分的时间也表现得好像要试图成为一个无生命的模型一样，有一部分的我甚至感觉自己一个朋友都没有。八年级的时候，我在法语课上悲惨地宣布我没有朋友，这直接激怒了至少五个女孩，包括那些和我上课时坐一起的女孩，还有和我在吃饭时说笑的女孩。我说的话太无情了，但那个时候我还没有意识到，包括我在内的任何人都有可能感受到痛苦或不安。但在某种程度上，这就是事实：我的某些部分，我最密切关注的部分，与其他人没有联系。在某种意义上，这样的感受对我来说非常真实——我没有任何朋友。

这就是纸上的那部分自我，事实上，我没有把同学们当朋友并不是他们的错，并不是因为他们不够聪明、不够和善，或者不够好。这是我自己的问题，我把自己局限在纸和笔里，没有勇气放它出来，我意识到了这个事实，但我不知道如何使这个真实的自我从纸上下来，进入现实世界。

而且，我还有另外一个部分，一个更深层、更可怕的部分，我甚至不能把它写在纸上。我从来没有写过我为我的妹妹感到羞耻，为我们之间的关系感到羞耻，我当然也从来没有写过——我觉得自己可能是同性恋。

但它就在那里，觉察的影子放荡地侵蚀着我的内心：我可能是同性恋。偶尔它会浮出水面，每当那时，我都会选择再次埋藏它。我无法面对它，这是难以承受的。这样的想法在我很小的时候就有了，但那个时候我并不知道同性恋是什么意思，我会和妹妹玩木偶游戏，我们扮演着喜欢的游戏角色——通常都是男性。我们的角色都开豪华跑车，住别墅，勾引并赢得了无数女人投怀送抱。扮演男性角色总是有更多的乐趣，因为他们能够去做很多蒂娜和我想做的事情。如果他们有女朋友，嗯，那只是因为我们都渴望浪漫关系。如果我们的角色是男性，那他们会爱上女人也就说得通了。这只是一个游戏。

到现在为止，我们从来没有和其他朋友玩过这样的木偶游戏。

我还记得自己第一次很认真地盯着一个女孩看的时候，那是在七年级。我和我的朋友安妮站在储物柜旁聊天，我突然看着她的嘴唇，想知道吻她会是什么感觉。在那之前，我从来没有想过那样。当然，我曾经梦想过我的初吻——和一个男孩，但我却无法想象下去，我总是认为那是因为我对接吻一无所知——我怎么能想象我压根不了解的事情呢？但现在我盯着安妮的嘴唇，突然感觉能想象了——她的双唇非常柔软、饱满，非常诱人，一点也不像男孩的嘴唇。

那一刻结束后，我决定不再去想它。我又开始对着不同的男孩做白日梦，事实上，我确实相信，如果有可能的话，我会和任何一个我能够想到的男孩相爱。我不停地幻想能够和不同的男孩约会，所以我怎么可能不是一个完全正常的女孩呢？我从来没有想过要把我对某些女性的感觉定义为"迷恋"。当我看着体育课上的一个女孩，欣赏她玩闪避球的轻松自如时，或者当我忍不住盯着排球队里一个年龄稍大但非常漂亮的女孩时，我都没有产生过这种想法。

我从来没有记录下这些瞬间，相反，我详细描述了我未来的男朋友詹姆斯和我对他的迷恋，还有他的脸。在那个决定命运的舞会之夜，当他终于约我出去时，我尖叫着告诉我的朋友，同时在日记里写道："这是真的吗？这能是真的吗？约会难道不是发生在别的女孩身上的事情吗？"在我们交往的那几个月里，事实上，我的生活看起来真的有点儿不真实，好像那并不是我自己。这确实是一个线索。和詹姆斯约会并不适合我其余的部分，我认为这是因为我从来没有约会过，也许这在一定程度上是正确的，但我没有想到，我可能是在和一个错误的人约会——或者更糟糕的是，是在和错误的性别约会。

当我的一个好朋友有了男朋友的时候，我确实很痛苦——不知怎的，虽然那时我也正在和詹姆斯约会，但我总觉得她似乎背叛了我。即使在我开始和詹姆斯约会后，我也从来没有忘记过我的优先次序——朋友们永远是第一位的。但事实上，米歇尔和男朋友在一起的时间比和我在一起的时间要多得多。换句话说，她其实是喜欢她的男朋友的。这让我很困惑，也让我隐约感到不安，我应该像她喜欢克里斯一样喜欢詹姆斯吗？

当詹姆斯提出分手的时候，我感到如释重负，尽管在和他通完电话后，我还是忍不住哭了。我不再需要强迫自己去享受他在我生命中的存在，也不用再忍受他的舌头。不管怎样，这有什么大不了的呢？我都要上高中了。

我希望在高中能够实现以下目标（正如高中之前的那个暑假，我在日记里所写的那样）：结交一群喜欢读书和艺术的好朋友，无论男女；拥有一个喜欢读书和艺术、超级时尚且有魅力的男朋友；取得好成绩。

我的努力并没有完全失败，我的成绩一直不错。

高中生活的主要问题，除了与同龄人交往的能力不足以外，还有就是缺少令我心动的男孩。这是一件非常奇怪的事情。难道是因为我的标准太高了吗？在一所大约有2500名学生的学校里，居然连一个漂亮、聪明的男生都没有，这正常吗？丘比特知道吗？其他女孩知道吗？但这就是问题的一部分。我身边的所有女孩都开始有了怦然心动的时刻，也和一些不错的男生确立了恋爱关系。她们似乎一点都没有对她们生活中的男生不满意，连我妹妹都开始对男生主动出击（虽然遭到了拒绝），因此，有一些事情显然是不对的。我集中了所有的注意力，对杰森"憋出"了一星半点情感。他是我科学课上的同学，不怎么说话，双眼很迷人。在我的日记里，我记录了杰森所有积极正面的特征：非常敏锐，也有激情，爱读书，最重要的是，他暗恋我。

与此同时，我在数学课上遇到了卡蒂，她是我所见过的最漂亮的女孩，她的眼睛很大。我会在课堂上盯着她看，满心希望自己也能像她一样漂亮。"我想和她一样，我想和她一样……"我反复对自己这么说。这并不是说我喜欢她，不是的。她只是非常聪明漂亮，人也很好，也许所有人都想成为她那样的人。我试图判断其他人是不是像我一样崇拜卡蒂，但与往常一样，大部分人并没有表现出和我一样的情感。所以我只是暗自思忖，并远远地看着卡蒂——我真的很希望能够和她一样。

一天，在数学课上，我们被安排到了同一个小组，我非常紧张，还穿错了外套。卡蒂把她的课本合上，开始和我说话，让我记录一些东西，我一言不发地点了点头。不知道为什么，我竟然如此紧张，把这个时刻看得如此重要。这有什么大不了的呢？只是一项课堂任务，只是一个女孩而已。

在那个白天，还有晚上睡觉的时候，卡蒂的脸庞不停地在我的脑海里浮现，我也不住地想打消这些念头。

与此同时，蒂娜和我非常努力地想让自己成为独立的个体，尽管那个时候我们有着共同的朋友，但她在朋友圈里比我更投入。就像我一直感觉到的那样，我隐隐地为我的妹妹感到羞耻，即使没有人因她的行为而感到困扰。但是现在问题越来越严重了，因为我知道这样的羞耻感是不对的，它使我变成了一个坏人，但我就是控制不了我自己，我希望她不要再这么……这么做——为什么她非要把头发留那么短呢？为什么她不能像一个正常的女孩那样打扮自己呢？为什么她笑得那么大声？为什么她要说那么多话？我尽量把头发留长，保持安静，也尽量穿"正常"的衣服，以此来强调我们之间的不同。在公共场合，我甚至无法与她对视。

我们的一个朋友曾经悄悄地告诉我，她在体育课上听到男生们讨论"双胞胎中哪一个最性感"，所有男孩都把票投给了我。我的朋友原以为我会得意，毕竟他们都选了我，但我只是呆呆地看着她，内心五味杂陈，一句话都说不出来，他们怎么能这样侮辱我的妹妹？他们怎么能这样做？同时，我内心深处也感受到了一阵自豪和骄傲——他们选择了我，但很快我就被自己的羞耻感淹没了：我竟然为打败妹妹而自豪，这太残忍、太无情了！我真不知该如何回应我的朋友。

也许这就是我这么多年不说话的原因。我能感觉到自己的感觉——对我妹妹的感觉、对我自己的感觉、对数学课上那个漂亮女孩的感觉、对任何事情的感觉——都不太正确。我不确定自己是否有资格发言。

不过，并不是所有的事情都很糟糕，虽然我经常会很痛苦，但也不是一直都很痛苦。我也交了一些知心的朋友，他们非常真诚、聪明，也喜欢读书。我开始意识到自己也可以很有趣，我的朋友们会在我表现得很荒唐的时候哈哈大笑。最终，我找到了一种能够与人和谐相处的方式，也不再介意父母总是担心我把所有事情都不当回事，也不再在意每一次我开玩笑的时候父亲都会叫我"一休"。我找到了一些打破多年来让我窒息的沉默的方式：事实上我也是有趣的，尽管我的幽默并不是源自快乐，甚至也不是出于善意的装糊涂，但它确实存在。

现在，当然，在多年来用开玩笑应对社交场合之后，我开始明白开玩笑可能是另一种形式的沉默，是另一种让自己远离人群的方式。有时候虽然我开了玩笑，但我并不是真的想那样做，我想说一些真实的事情，关于我的感受，但是玩笑总是非常自然地脱口而出。我并不是要故意表现得很幽默，但是它的确帮我度过了高中的大部分时光。

高二结束后的那个暑假，我参加了一个学术夏令营。我很忐忑，因为我认为自己交不到什么朋友，但幸运之神与我同在。一个叫阿曼达的女孩和我一见如故，在接下来的三周里，我们几乎形影不离。我们会在营地的尽头哭泣，每天晚上她都会偷偷溜进我的房间，我们会坐在床上，窃窃私语几个小时，直到熄灯。和阿曼达在一起的所有事情都很有趣，而且我的玩笑一点儿也不枯燥或悲苦——它们来自真诚的快乐。

阿曼达和我一直保持着联系，高三那年，我去看望了她。我在她家里待了大约20分钟，当我浏览她的书架时，她突然说："所以，我一直在想，我对男孩不再感兴趣了。"

"什么？你？"我开玩笑地问道。男孩们曾经是她最喜欢讨论的话题。"如果不讨论他们的话，我们还聊什么呢？"

"嗯，不管怎么说，我只是不再对男孩那么感兴趣了。"

从那一刻起，我明白了。当时我正翻看她的一本书——《在布鲁克林成长的树》，并没有认真地听她的话，然后我突然觉得自己词穷了。

"我只是觉得自己现在不是很'异性恋'。"她说道。

她真的大声说出来了。

我心不在焉地翻着那本书，"哦。"我回应道。

"你同意吗？"她问道。

"哦，当然，"我很快回答道，"是的，当然。"

在那个时候，我不能开玩笑。那是一种似曾相识的感觉——我内心有太多的东西在涌动，我甚至不能大声地说出来，所以我沉默了。我茫然地点点头，听她解释说，她几周前才意识到这一点，还在考虑自己到底是同性恋还是双性恋。她不确定自己究竟是真的讨厌男人，还是只是觉得他们没有特别的吸引力。

"哦，那很好呀，"她停顿的时候我说，"但我还是喜欢男孩。"我欲盖弥彰。

"当然啦，"她说，"包括彼得和所有的男孩。"彼得是我新男朋友，他是一个无聊的、胖胖的光头男孩，我被他迷住了。

"是的。"我回答。就在这时，她的父母叫我们下楼吃饭，所以我们乖乖地走下了楼，然后她告诉我，她的父母和妹妹都不知道她是同性恋，让我不要在吃饭的时候提起这件事。

她真的没有必要去担心。要是她不再提起，我也不会再提这件事。

这并不是因为我有恐同症。我非常坚定地相信同性恋的权利，这是一个模糊的概念，我并没有完全理解它的意思，但我很快就会捍卫它的重要性。从理论上讲，同性恋完全没有问题，在我们高中的健身教练中就有一些同性恋者，或者就像传言里所说的那样，这没有什么问题。我听说城里也有一些同性恋者，这也没有什么问题，同性恋对我来说没有什么。但阿曼达不是一个普通的同性恋者，她是我的朋友，是我非常亲近的朋友，我曾和她一起咯咯地笑，还同睡一张床。我认为阿曼达可能误以为自己是同性恋，我尽可能向她解释这一点，她似乎也相信了。但不知怎的，在我那次见她的时候，她一直坚信自己就是而且绝对是同性恋而不是双性恋。我代表异性恋者据理力争，企图力挽狂澜。

"可能你只是有点害怕男孩。"我说。

她的眉毛微微扬起，对我说道："噢，是吗？"

我移开我的目光，阿曼达算我认识的最胆大的人，她怎么可能害怕男孩？

我带着震惊离开了她的家，但当我回到自己家时，我很容易就不再想这件事了。我很快就沉浸在了日常生活中：开玩笑、聊男孩、写作业，当然，还有梅丽莎。

梅丽莎是我新结交的朋友，事实上我觉得自己跟她比跟阿曼达还要好，我们两个更"般配"。例如，我们都为校报工作，都有着荒谬的幽默感，而且，是的，我们都喜欢男孩，我们相似的地方还真多。

我们之间的友谊发展得快得难以置信，以至于我抛弃了其他所有朋友，因为我觉得我不再需要他们，因为我觉得自己现在才知道什么是真正的友谊。我们两个经常被一些私人的玩笑逗得咯咯直笑，我们还一起怒斥在这个中产阶级的约克高中做一个书呆子而感受到的孤独和沮丧。我们一起在走廊上玩，每个周末我都会去她家，在数学课上我几乎都不听课——我在给她写小纸条，为她画小人像。

自我记事以来，这是我第一次感受到真正的幸福。日子相当不错，因为我可以和梅丽莎一起上学，也能在储物间里看到她，有时，我们还会在同一栋教学楼里上课。只要想着她，我就能打发掉历史课、坐公交车、吃午饭的时间。这在我看来并不特别奇怪，这就是真正的友谊。也许我内心有那么一小部分在怀疑自己感情的强烈程度，即我非常安静、顺从的部分。但是如果我愿意，我可以让它一直保持安静。我也希望如此。

梅丽莎非常有趣，也非常优秀，她很懂我。我的妹妹也很懂我，但她的"懂"使我喘不过气来，就像她使我动弹不得，就像她了解我的基因构成，就像我永远无法摆脱她的了解或她的影子一样。但是梅丽莎的"懂"使我感觉自由、放松，就像我恋爱了一样。

当这样的想法掠过我的潜意识，我合理化地告诉自己："是啊，当然，我爱她，她是我的朋友，朋友就应该彼此相爱。"

我不知道自己是从什么时候开始面对这种情况的，其实并没有一个明确的"顿悟"时刻，也没有什么事情让它突然变得清晰得无法挽回，但我越来越难以忽视这样一个事实，那就是我愿意放弃和地球上任何一个男孩的约会，即使他在各方面都很完美，也要花时间和梅丽莎在一起。而且我不只是想和她待在一起，我还想看着她，想吻她。

我之所以能够承认自己的感受，部分原因在于我相信梅丽莎也有同样的感受。她会跟我说男孩子的闲话，当然我也是如此，她要比任何人都喜欢我，这一点非常明显。她在学校里给我写纸条，不断地给我发邮件，一直邀请我去找她。有一次她对我写道："我简直为你疯狂，艾米丽。"很明显，我们相爱了。当然，这会有些困难，但并不成问题，因为我们的心在一起。那时我并不认为自己是同性恋者，只是认为我和她恋爱了。我们超越了标签，最终承认了对彼此的感情，并相信我们会比以前更开心。我开始享受这个过程。

我告诉了阿曼达我的感受，因为我想让她确认，听起来梅丽莎确实对我很着迷，但她似乎对我被一个女人吸引这一事实更感兴趣，这让我很困惑。这不是关于女人的，这是关于梅丽莎的，我只是想知道她是否也认为梅丽莎喜欢我，难道听起来梅丽莎不喜欢我吗？

阿曼达说不出梅丽莎是否喜欢我，她从来没有看到过我们在一起。

是的，但难道听起来不是这样吗？

嗯，也许吧，可能是这样。

在接下来的几周、几个月里，我不断地给阿曼达发电子邮件，告诉她一些我觉得足以证明梅丽莎对我有明显爱意的事情。阿曼达很好地忍受了我的困扰，她回信"辅导"我，给我建议，给我安慰。

安慰是必要的。1月的一天，梅丽莎突然告诉我她和一个大学男生有个约会。我惊呆了。我试着不在意、尽量忽略这件事，告诉自己她只是好奇，只是在"尝试"。但是那样的约会从一次变成了一次又一次，变成了深夜的电话交谈和周末的校园幽会。"我们接吻了。"她告诉我。

突然之间，我变得非常孤独，因为我以为这是我们之间才会做的事情。我不知道该怎么办。我第一次开始意识到我的感受是另有深意的：我可能是同性恋者，我可能不得不过那样的生活，我可能不得不那样做，即使对方不是梅丽莎。

即使是现在，当我描述自己五年前的生活经历，描述我早已摆脱的恐惧时，我还是会颤抖。我不知道成为同性恋的生活是怎样的。我不认识任何同性恋者，除了那些健身教练，谁知道他们是不是真的同性恋？谁愿意像他们那样，丑陋、刻薄、被人嘲笑？即使阿曼达也是同性恋，但她还没有成年，她对同性恋生活的了解并不比我多。她还没有告诉家人她的性取向，而且也从来没有交过女朋友。她跟我一样毫无头绪。现在，当然，我知道了和她一起经历那样的挣扎是多么有帮助，但在当时，她在我生命中的出现似乎毫无帮助。

我迷上了租同性恋电影，溜到书店的同性恋专区，浏览同性恋网站，然后删除浏览记录，以免我的家人发现我看了什么。我想要了解同性恋者是如何生存、如何度过每一天、如何停止憎恨自己的。我开始试着用"Gay"这个词，并默默地对自己重复着。我还是不太能接受同性恋。这听起来很难听，这么多年来，这个词一直在攻击我妹妹，带着一种残酷的侮辱意味。我还没准备好用这个词来形容自己，一想到那些男孩子嘲笑她，嘲笑我，嘲笑我们，我就感到羞愧。一想到我身上有他们指出的我妹妹的那种"缺陷"，我就怒不可遏。

蒂娜不是同性恋的事实多少给了我一些安慰。在某种程度上，这甚至让我很开心：我现在和她不一样了，我们是有区别的。

我申请了一所大学并被录取了，这所大学以学生群体对同性恋的自由主义态度而闻名。我读过关于同性恋大学生的故事，我开始明白我有可能在大学里成为同性恋者，虽然不是现在，不是在高中，但是会很快。与此同时，我也尝试着出柜，我把我的性取向告诉了梅丽莎，希望她会为我的坦白所震惊，从而改变自己的性取向，但事情并没有如我所愿，梅丽莎表现得很轻松，以至于她可以在冷静的外表下隐藏自己的挣扎。我意识到，正是因为她完全无法理解我的感受，她才能表现得如此支持我。我还记得当阿曼达向我坦白时，我是如何回应的，而当我告诉她她其实不是同性恋者时，我其实是有一些危若累卵的东西的，那就是我自己的性取向。梅丽莎没有什么可失去的，没有什么可害怕的，当她告诉我她相信我、支持我，并一直是我最好的朋友时，她是认真的。

在高中剩下的几个月里，我抓住最后的机会尽可能保持女孩的身份，我想，虽然我可能是同性恋，但是我依然可以很漂亮，我没有必要非常邋遢，或者——我使用了新的词汇——"很爷们儿"。我和一个男性朋友一起参加了毕业舞会，也做了所有的事情：化妆、穿裙子、做头发。我对自己的外表非常满意，人们看到我后也会说："天啊，这是艾米丽。"还有人说："你看起来太惊艳了，我都没有认出你来。"我已经不再刮腿毛了，但我的腿还是很光滑，我的裙子未到膝盖，头发垂到肩上。

当然，大学改变了我，现在，我大部分朋友都不会相信我会穿着裙子去参加毕业舞会。当我提到我也曾经描过眉毛、刮过腿毛时，他们都惊呆了。他们很难想象我除了短而整齐的发型之外，还有其他的样子。换句话说，我已经变成了女同性恋，我是那些男孩能想到的每一个词。按照他们的标准——也曾经是我的标准——我很丑。我穿着宽松的裤子，虽然我有不少连衣裙，但它们都被我扔在了衣柜的底层。

在大学里，我和我的朋友们坦白了，一旦有勇气站出来，就没有必要再去装。后来，我谈了一个女朋友，再后来分手了，几个月后，我又有了新的女朋友，这种感觉简直太不可思议了。我可以谈恋爱，我们可以在校园里牵着手散步而不会被嘲讽，我们也可以和异性恋的朋友一起吃晚餐；我们不仅可以和同性恋者做朋友，也可以和异性恋者做朋友。我可以剪掉我所有的头发，随心所欲地打扮自己。在我的生命中，我第一次这样自由自在地活着，好像我终于有了自己的身体一样。这不仅是因为我很有魅力，尽管我确实觉得自己很有魅力。我觉得我终于有了一个身体，一个完整的身体。我之前从来都没有意识到这一点：多年来，我都无视自己，我曾经害怕去面对我到底是谁，我曾经一度为我的身体所需要的东西而感到羞耻。

当然，我也开始说话了，交朋友比我预想的要容易得多，人们都很喜欢我，我能够和我的朋友们真诚地交流，而不需要把每件事都变成玩笑。我开始写诗，并拿去发表，此外，我还参与阅读活动。我的外在形象和内在自我之间的巨大鸿沟开始缩小。

大一之后的那个暑假，我的妹妹来找我，告诉我她也是同性恋者，还说我是她第一个告诉的人。她知道我的性取向，她告诉我的原因就是希望我能够理解并支持她。我让她失望了，我不仅没有倾听她，反而非常生气，我不仅没有安慰她，反而对她破口大骂，并且盛气凌人地向她保证，即使我把自己出柜一年来的所有智慧和经验都告诉她，她所有的问题也不会迎刃而解。我私下里对蒂娜非常愤怒，我不想让她也成为同性恋，她难道不明白吗？现在我们竟然成了同性恋双胞胎，我的父母竟然有两个同性恋孩子。现在，连唯一使我和她不一样的事情、我独自拥有的东西，我都不得不要和她分享。

尽管我努力压抑自己的情绪，但还是生了很长时间的气，我从来没有告诉她我的感觉。相反，我抢着第一个向父母坦白，因为我知道，如果等到出柜变成陈词滥调的时候再出柜，那我肯定会被谴责。

我的父母非常神奇地接受了这个事实。我有很多同性恋朋友，因此我知道向父母坦白是很困难的，但是我的母亲——我第一个告诉的人在电话里非常努力地掩盖了她哭了的事实，后来我的父亲打电话告诉我，无论如何他们都会永远爱我。事情虽令人不太舒服，但也不是无法接受的。我非常幸运，我的父母始终如一地深爱着自己的孩子，为她们着想，他们不是那种会因女儿的性取向而歇斯底里的人。

我在学校过得很开心，尤其是我不再背负无法面对父母的负担。我停止了刮腿毛，也不再化妆。我开始说脏话、随地吐痰。我只是不想再女性化，我觉得自己比以前更有吸引力了，但我不知道自己是谁了。"变性"一词在学校里经常被人提起，我想也许我的乳房就是个错误，也许我体内有个男儿身正等着出柜。但我做了检查，并没有找到。我仍然认同大多数女性朋友所描述的情感生活，我仅有的几个男性朋友也都是同性恋。

当我发现自己置身于一群异性恋男女中时，我常常感到不自在。我是公开的同性恋，所以男性不会和我调情，而我对和他们调情也没有兴趣。我想和我的女性朋友调情。但是，一旦有男性出现，她们对我的调情就不再那么感兴趣了。我讨厌她们对异性的关注，更糟的是，我不知道该如何表现。即使是在一群普通朋友中，也有基于潜在吸引力的性暗示，而当我被异性恋者包围时，我并没有什么潜在的吸引力。我觉得我没有盟友。我对这些潜在的情感非常敏感，有时我会选择沉默，而不是努力为自己创造一个空间。尽管这些时刻并不多，但我仍然能感受到那种熟悉的想要呕吐的感觉。

还有几周的时间我就要毕业了，我的大学生活已经变得有些遥远，我不断地思考我的未来，但我看到了我未来的逻辑，我知道我的未来大部分取决于我过去的经验。

我很快就会拿到中学英语教师资格证，作为资质考核的一部分，我完成了一个学期的教学。我觉得阅读和写作有一种不可思议的力量，它们塑造了我们对自己和世界的认知，以及关于什么有可能发生的看法。我不会忘记，作为一个孤独的青少年，我在关于同性恋青少年的书中找到的安慰，它们是存在的。我想与大家分享我在书本和文章中发现自我的经历，以及发现自己声音的力量的经历。我想去帮助一些孩子，他们因为那些可能性不可接纳就不予考虑，然后把自己封锁在可能性之外。我想让他们看一些书，书里的人做了那些不被接纳、不予考虑的事情并取得了成功。

在过去的学期里，我从来没有向我的学生们坦白过，尽管有时我很想那样做。有时，当学生们问我有没有结婚或有没有男朋友时，或者当他们谈到同性恋的话题时，我很想停下所有的事情告诉他们真相，但我没有，也不能。他们喜欢我，我害怕失去他们的尊重和爱。我不知道我有没有足够的勇气在未来的教学生活中冒这个险。

我的确告诉过一个女孩，那是我第一次向 18 岁以下的人说这件事，但她不是这所学校的学生，而是一个我在大学里辅导过的女孩。艾普尔今年 12 岁，我们一起工作了一整年，她不停地告诉我她对于性取向的挣扎，我默默地听着，但并没有说自己的事情。因为我觉得她还太小，无法接受关于我的这个事实。最后，在我们的辅导工作结束前的几周，她问我是不是同性恋，我决定对她坦白，这或许对她有帮助，或许她也能接受这个事实。我把她介绍给我的女朋友，我告诉她我是多么地幸福，我的父母还有我的朋友们是怎么知道的。她问了我一个又一个问题：我是怎么知道自己是同性恋的？我是什么时候告诉我父母的？谁是我的第一个女朋友？为什么我要打扮得像一个男孩？为什么我不喜欢男孩？在公共场合我会和女朋友牵手吗？在大街上会有人嘲笑我们吗？

"人们有的时候会叫我女同性恋，"艾普尔说，"有没有人曾经叫你女同性恋呢？"

我据实回答了她，并向她解释，在我成长的过程中，人们总是叫我妹妹女同性恋，我说我觉得那是最糟糕的侮辱。我说我最后变成了我最害怕成为的那种人，但我发现这其实并不是侮辱，也不是什么值得害怕或羞耻的。

在辅导的最后几周里，艾普尔变得完全不一样了，她似乎有点害怕我，但还是会继续问我问题。她不断地强调，她不希望在学期结束之前就结束我们的辅导。有时，她会问我关于我的男性朋友的事情，然后让我甩掉我的女朋友，去和男生约会。每当她这么建议我的时候，我都会平静地向她解释，那不是我真实的自己，我告诉她，我现在很幸福。

我不知道这个女孩最终的选择是什么，她还很年轻，比我开始考虑自己是不是同性恋的时候年轻多了。但我想让她知道，同性恋是存在的，而且也能够找到幸福。我希望她能够看到我在少女时代没有看到的东西。

去年夏天，我和妹妹参加了费城女同性恋的游行活动。在我们准备外出游行的时候，我们尝试着看谁更像女同性恋。她的头发更短更尖，而我的裤子则更宽松，她因为棒球帽而得了分，而我因那款男式项链而得了分。

"我们出发吧，"我准备好后叫她。

我们的父母打量着我们，扬起了他们的眉毛，现在他们都知道了。他们曾试着在圣诞节送我们刮毛刀，很明显是暗示我们该刮腿毛了，但包装至今都没有被打开。

"开车时小心一点。"当我们轻轻和父亲擦身而过时，他说道。

"我们会的。"

母亲补充道："玩得开心。"

"当然，我们会的。"我们走出去，上了车。

"我们放一首同性恋音乐吧！"我说。

我们也那样做了。

ADOLESCENT PORTRAITS

Identity

第二部分

关系

RELATIONSHIPS
AND CHALLENGES

理论概述

本书的这一部分着重于人际关系，特别是家庭关系和同伴关系。到 20 世纪 70 年代，精神分析理论和新精神分析理论已经对青少年从童年到成年过程中与父母和同龄人的关系做出了最突出和最有影响力的解释。安娜·弗洛伊德和彼得·比尤斯（Peter Bios）描述了青少年从父母那里获得个性化的过程，哈里·斯戴克·沙利文（Harry Stack Sullivan）发表了关于通过与最好的朋友交往来发展亲密关系的文章。从那时起，社会科学的研究经常与这些理论相矛盾，青少年发展的主要学者提出了思考青少年关系的新方法。关于青春期的精神分析观点已经得到了发展，出现了一些新的观点，如依恋理论，其借鉴了早期精神分析理论的一些方面。青少年发展的其他理论模型关注的是青少年关系的各个方面，而不是精神分析理论关注的重点。例如，认知发展理论的研究重点是随着孩子进入青春期，他们对社会世界的理解如何变得更加有组织和复杂，并阐明了更复杂的认知技能如何可能改变青少年与父母、兄弟姐妹和同龄人的关系。进化理论讨论了认知发展和青春期发展如何推动孩子从依赖父母到与家庭以外的性伴侣建立联系。目前大多数关于青少年发展的理论模型都认识到变化的环境对青少年社会关系的影响，其中极其重要的社会环境包括学校和工作场所，以及成年人对青少年不断变化的社会期望。这篇引言简要地指出了这些理论和相关研究所提出的青少年关系研究中的一些最重要的问题，并提到书中这一部分的案例可以用来促进对这些问题的讨论。

对更深入的研究感兴趣的学生可以阅读一些当前关于亲子关系和同伴关系研究和理论的优秀综述。

家庭关系

在传统上，根据精神分析理论对青少年家庭关系的解释，青春期是一个内心深刻动荡和外部冲突并存的时期——一个"风暴和压力"的时期。与家人、朋友以及权威爆发冲突被认为是司空见惯的事。这种观点在很大程度上基于 20 世纪 50 年代和 60 年代早期精神病学界的理论工作。这些临床医生和理论家在很大程度上基于他们治疗青少年精神病患者的经验，将青春期描述为精神和人际关系极度紧张的时期。情感危机和剧变被视为青少年对这一人生阶段所需要的重大心理和社会任务的适当反应，这些任务包括：大大减少对父母的心理依赖、与家庭分离、形成成人身份。青春期的混乱不仅是不可避免的，而且是随后正常人格发展的必要条件。

这种关于青少年家庭关系面临"风暴和压力"的观点仍然占据着主流媒体，也通常被公众所接受。然而，青少年心理学家们正在发展描述、解释和理解青少年家庭关系的新方法。这些新方法在很多方面不同于长期占统治地位的经典精神分析理论的观点。其中一个方面在于，他们认为青少年和他们的家庭更有可能通过一系列连续的、小而重大的日常"争吵"来协商权力、责任和亲密模式的改变，而不是通过混乱的、战争般的冲突。青春期的冲突大多是由日常琐事引起的，比如家务、宵禁、饮食习惯、约会和穿衣打扮。过去40年来对青少年及其家庭的非临床人群进行的实证研究的数据，使我们对青少年如何与家庭分离并与之保持联系的理解发生了根本性的改变。大多数研究现在清楚地驳斥了大多数青少年在这一阶段会经历严重的情绪压力和家庭冲突的观点。各种研究使用的不同的方法，如流行病学调查和电子传呼机时间采样表明，对于大多数有青少年成员的家庭来说，严重的冲突和无组织的混乱状态并不是其显著特征。那些从非精神病患者青少年及其父母提供的各种自我报告中得出的证据，没有为"从童年到青春期，家庭冲突不可避免地急剧增加"的观点提供支持。事实上，从青春期早期到中期，再到末期，青少年和父母发生冲突的频率一直在降低。

一般来说，在孩子处于青春期的那些年间，家庭并不会出现大的动荡和混乱，青少年从家庭中寻求更大的独立性通常不会导致他们与父母之间出现大的冲突。相反，在家庭通过日常重新协商来实现权力、责任分配以及家庭亲密的本质方面，目前的研究关注于更小但更有意义和持久的转变。青少年通常重视他们和父母的关系，而这些关系随着青少年逐渐成长为家庭中的成年成员而不断地改变和调整。

如果我们因此认为青少年与父母或兄弟姐妹之间的冲突无关紧要或很罕见，或者冲突的存在意味着家庭或个人有精神问题，那就错了。尽管父母与青少年之间长期的、未解决的敌意确实预示着青少年的适应失调，但是任何有价值的人际关系有时都会遇到压力，特别是当这种关系必须适应个人内部的变化时。现在，既然我们对美国大多数青少年的经历已经有了这些理解，那么这本书中的案例如何帮助你理解这些青少年和他们的父母之间的冲突和转变呢？故事8和故事9可以用来确认你的观点，即什么特征对于最佳的父母－青少年关系是重要的。这些家庭在哪些方面阻碍或培养了青少年的独立、成就、同一性或亲密关系目标？有没有什么问题可能与没有冲突的家庭互动模式有关？青少年的"正常"发展任务，如同一性发展，如何才能在问题家庭中实现，就像故事 8 和故事 9 所示的那样？

在有严重的家庭冲突的情况下，你可能会问，是青少年的哪些问题触发了这些家庭的混乱，什么时候冲突才可以被看作长期家庭制度的产物。故事 9 有力地描述了一个处于严重压力下的家庭和一个青少年应对这种压力的极端策略。不可避免的是，其中一些策略增强了个体的适应力，例如，沙雅的完美主义增强了她在许多高要求的任务（包括学业）上取得成功的能力，而其他策略（如沙雅的厌食）最终带来的痛苦要大于安慰。沙雅的案例提醒我们，最终导致青少年成功适应并发挥良好社会功能的模式有很多种。书中其他部分的案例也有关于非典型的家庭导致青少年面临严重压力的例子，如故事 1 "总有一天我会光宗耀祖"。

当代描述青少年家庭关系的方法也强调青少年对与父母和兄弟姐妹保持亲密关系和联系的持续需求。在故事 8 "我的家庭"中，迈拉意识到她强烈渴望与哥哥建立更亲密的关系。早期的精神分析理论主要关注与家庭分离的过程。观察青少年与父母互动的研究表明了在有支持的情况下，允许成员之间发生冲突的家庭互动方式、父母的接受与积极理解，以及父母对个性和联结的表达的重要性。与儿童相比，青少年通过不同的行为和活动来维持亲密关系：他们与父母的亲密身体接触和联合活动减少，但传递信息和情感的对话增加了。这些谈话更可能发生在与母亲而不是与父亲之间，最有可能的原因是青少年与母亲在一起的时间更多。本书中的大多数案例都有力地说明了青少年迫切需要与家人建立情感联系。

在理解青少年家庭关系的新方法中，另一个重要的不同之处在于，它们极力地去描述各种各样的家庭关系模式，而不是专注于解释"正常的"青少年如何与他们的家庭互动。相反，广泛的青少年家庭行为被认为与理解青少年对关系发展的适应性反应有关。这一新的观点试图在青少年和家庭研究中纳入更多的多样性。例如，就这一点而言，理解美国文化中非裔美国人、拉丁裔美国人、美国原住民、亚裔美国人和其他青少年群体的适应性家庭功能的多样性是至关重要的。将本部分中欧裔美国青少年所描述的家庭群像与来自不同种族背景的青少年所描述的家庭群像以及其他学生所描述的家庭群像进行对比可能会有所帮助。故事 4 和故事 5 说明了青少年向父母学习处理种族主义和歧视技巧的重要性。研究青少年的心理学家们也开始研究不同结构的家庭中的青少年与父母的关系，如单亲家庭、再婚家庭和非监护权关系的家庭。研究表明，大多数经历过父母离异的儿童和青少年比以前预期的更有韧性，而促进他们成功地适应伴随父母离异而来的转变的一个重要因素是，他们至少与一位愿意参与自己的生活、关心自己并担当权威角色的成年人建立了联系。

同伴关系

这本书中的很多案例都涉及讨论同伴关系，我们鼓励读者根据目录寻找其他与同伴关系有关的案例。例如，故事 1 "总有一天我会光宗耀祖"和故事 16 "在两个世界中寻求最好的东西"都描述了当青少年的种族文化与主流文化不同时，来自同辈压力的影响。关于性别认同的部分对研究恋爱关系也很有用。

同伴关系包括亲密的友谊、小团体、同龄人群体、帮派，以及浪漫关系。在一篇关于青春期同伴关系的优秀综述中，布朗（Brown）注意到了关于青春期同伴关系的研究发现的五个主要的主题：（1）青少年之间的关系呈现出不稳定的特点；（2）研究越来越关注于描述青少年在友谊和恋爱关系中管理冲突的行为和过程，以及相互之间产生的压力和影响；（3）冲突在青少年同伴关系中很常见，这能够促进他们发展出健康的应对策略，但在某些情况下，也可能会导致他们适应不良；（4）青少年在不同类型的同伴关系中的角色之间有重要的联系，例如，在亲密友谊中的角色预示着在恋爱关系中的角色；（5）同伴关系在整个青春期都随着认知、荷尔蒙和同一性的发展而不断变化。

本书的这一部分和其他部分的案例可以用来探索和说明这些主要的主题。例如，可以通过案例分析来说明和理解导致同伴关系不稳定的一些潜在原因。故事 10 中杰克的故事提供了一个窗口，我们可以通过它来思考在高中时期拥有亲密友谊的重要性以及缺乏友谊的危险性；乔斯和杰克的故事（分别为故事 3 和故事 10）说明了在向大学过渡的关键期，亲密的友情所起到的作用。乔斯的故事（故事 3）和他努力融入社会的过程可以用来考察同伴如何被用作社会比较的手段，以及同伴如何成为家庭之外的重要信息来源。受欢迎程度（融入想要的小团体，被同伴拒绝或忽视）的作用被同伴关系这部分案例中的所有青少年都深刻地感受到了。

目前的理论和研究还强调家庭关系的质量与亲密同伴关系的质量之间的关系。沙雅的案例为讨论家庭关系对同伴关系发展的影响提供了极好的材料。沙雅与高中时代朋友相处的方式反映了她与家人相处的方式——除了"完美的"自己，她害怕展示任何东西。在故事 11 中，多萝西因为选择要孩子而经历了家庭关系的转变。在这本书中，青少年在亲密友谊和恋爱关系中看重什么呢？随着青少年不断成熟，这些价值观又会发生怎样的变化？

/ 故事8 /

我的家庭

小时候的迈拉很喜欢她那极度怪异的家庭，然而，在进入青春期后，她开始疏远自己的家人，因为她觉得他们的奇怪开始变得"离谱"。取而代之的是，她在高中和大学都与朋友和老师交往甚密，甚至还参加了一些激进主义的活动。她那个收养的弟弟在校园内外遭遇的困难，使她更直接地反思自己与家人们的关系以及家庭成员间互动的一般过程。在大学里，她开始重新审视这些关系，并在探索作为家庭的一分子到底意味着什么的同时，坚持自己的独立性和自主性。

我们家的电话上显示的数字表明这台机器存储了 28 条信息。我开始播放它们，并快速跳过了前 15 条，因为我在搜索一个朋友发来的信息，其中介绍了我们正在计划的一次活动的细节。当我放慢查看速度时，我注意到很多短信都是相似的自动语音留言："这条短信是要通知您，您九年级的儿子被报告缺了很多节课，请解释一下""请给您儿子的年级办公室打电话"……"这条短信是想告诉您，您九年级的儿子……""这条短信是想告诉您，您的……"……

我愤怒地叹了口气，事实上除了我，没人会去费心删除那些留言并清洗磁带。然而，我停下来思考了一下我弟弟对上学的态度，很明显，他的态度还不如我当年。"迈克尔很清楚，就算逃得比我快，也无济于事。"我若有所思地说。高三那年，我偶尔也会放纵一下自己，比如不上体育课，而是去买午饭或写数学作业，但至少我还懂得"适可而止"。他现在的变化简直令人瞠目结舌，从一个喜欢看自然频道，尤其是鸸鹋（澳大利亚的一种不能飞行的大型鸟），并搜集星球大战卡片的腼腆男孩变成了一位文雅的"社交名流"，比我酷多了。

迈克尔的社交能力，远比我用来建立自己社交圈的愚蠢的幽默和活跃的激情要高明，这是我和弟弟之间无数不同之处之一。尽管我们的性格迥异，尽管迈克尔和我并不亲近，但我们却相处得很友好。随着我进入幼儿园，我们早期的亲密关系突然结束了。在那里，我屈服于来自同学们的压力，他们告诉我，弟弟不是朋友，而是"小讨厌"。在那之前，迈克尔和我一直是快乐的伙伴，我们会在纸袋上剪出小孔来制作超大的面具，也会在电视机前搭起帐篷，然后钻进去盖上毯子搂在一起看《荒野小天地》（the Sea Gypsies）。他说我不像别人家的姐姐那样会嫉妒弟弟妹妹。

我认为我们家这种兄弟姐妹之间不竞争的情况，很大程度上归因于我参与了家里再要一个孩子的决定。因为母亲认为生孩子是一个不愉快的过程，所以他们选择再收养一个孩子。那年我只有两岁，显然对这个决定没有否决权，但父母给了我发言权。"我想领养一个巴西女孩！"我大声说。

"好吧，我们会考虑的，"我的父母严肃地回答，"但我们不确定是否会成功。你想不想要一个来自越南的兄弟？"

"我要一个越南兄弟！"我命令道。除了感觉好像是我挑选了一个将很快进入我们生活中的新人（不像我那些不幸的朋友，他们要被迫接受从母亲肚子里突然冒出来的妹妹或弟弟），我也很享受收养的过程，尽管这对我父母来说肯定是痛苦而艰辛的。我们一起与社工会面、制作相册、购买寄往越南的毛绒玩具，每件事对我来说都是一次冒险。

迈克尔终于来了，那是一个温暖的四月，当时我四岁，而他刚过完两岁生日，我很快就忘了他是领养的。有一个亚裔弟弟很好地补充了我们家的犹太教传统，让我可以在自由教育的多样性课程中分享我的故事，但除此之外，这并没有真正地影响到我的日常生活。

事实上，许多在当时看起来应该是最重要的因素似乎并没有影响我的童年经历。也许在童年时期，你的家人仍然是你第一个有时也是唯一的参照点。你还没有接触到所有这些外部的影响来告诉你哪些经历是正常的，哪些明显不是。我父母不睡一张床上的事实并没有让我感到不安——他们睡觉都打呼噜，如果不分床的话，谁都没法睡觉！弟弟的夜惊是一个必须解决的问题，就像他的耳朵疼一样。我父亲每天工作到晚上七点，有时甚至是九点，母亲还是个在读研究生，学习功课慢如蜗牛。家庭还能是什么样子呢？对我们来说，最重要的是在门廊上举行的喧闹的实验派对，还有在地球仪上识别国家的游戏。每天晚上睡觉之前，母亲都会给我们读《梦想之瓶》（Jar of Dreams）或《油炸绿番茄》（*Fried Green Tomatoes*）的故事；每次和爸爸去加油站，我们都可以任意挑选我们想要的糖果。当我还是个小孩子的时候，我说过一句后来在我们家很出名的话："我有最好的父母。"我爱母亲，因为她会花时间陪伴我们，给我们读故事，爱我们。我也非常爱父亲，因为他给我们买糖果和玩具。小时候，我无条件地爱我的家人，从来没有意识到有些我认为美好或正常的事情在外人眼中是有问题的。

我在儿时对家人所怀的那种引以为傲的爱在我进入初中后迅速消失了，我开始意识到家中有越来越多的"怪事"。当母亲坚持要求我继续叫他们"妈咪、爹地"，而不是更成人化的"妈妈、爸爸"时，我有些抗拒，据她说，她不喜欢"妈妈"这个词听起来的感觉。我也不明白为什么对母亲来说，给我的白面包加点花生酱和果酱，再给我来点果汁和薯片当午餐是如此困难；相反，我的午餐只有泡菜、压缩饼干、黑麦面包和苏打水。我也无法向我的同龄人解释，为什么我家的房子乱得可怕，为什么我的父母睡在不同的卧室，为什么我弟弟拥有的口袋妖怪卡比他的朋友或他自己成绩单上的分数要多。我母亲对自己的肥胖感到很自豪——"当我长得像芭比娃娃时，没人想了解我到底是谁"。这一事实突然成了追求外表美的青春期女孩的一个大问题。我那聪明古怪的父母突然与我偶然发现的正常的青少年世界脱节了。七年级时，当我写一篇关于一位艺术家的报告时，我在最后一刻向母亲求助，她坚持让我写鲁本斯的，而不是更著名的凡·高或莫奈。我不知道她的这个决定是不是有意识的，但从那一刻起，我开始尽可能地独立于我的家庭。

那是我最后一次在家庭作业上寻求帮助（除了九年级的生物课，我那研究癌症的父亲对我来说是一笔宝贵的财富）。我完全不再邀请朋友到我家来，而总是去他们家或在市中心与他们见面。我总是匆匆忙忙地吃完家庭晚餐，好去做家庭作业。我努力不去寻求帮助，我自己带午餐，步行去各个地方，或者搭朋友而不是父母的顺风车。在我眼里，我的家庭既不正常又古怪。到了高中，我有了明确的目标：取得好成绩、参与激进主义活动、结交密友。在我宏大的计划中，当我面对挑战时，我觉得家庭成了我的负担，越来越被我抛诸脑后。

家庭在我日常生活中的重要性的衰退，基本上是以简单、渐进的方式进行的，因此没有被注意到。大多数青少年主张脱离父母而独立，这是成长的一部分。我的孤僻可能比父亲同事的孩子更严重，但他从未对此发表过意见。也许他觉得我是为了写家庭作业而不在家吃晚餐的，而且他也希望我是在夏令营过暑假而不是在家里待着。也许在帮我做生物作业的时候，或者在我们一起看电视的时候，那种偶尔的接触以及相对较少的冲突，对他来说已经足够了。

那个时候，我甚至不确定我是否意识到自己比一些朋友"撤退"得更远。我已经不再是那个在周末聚餐时待在家里的女孩。花时间和心思在家庭上已经不再是我优先考虑的事情，这些都被我父母似乎一无所知的世界所取代：和朋友在一起、穿衣打扮、参与课外活动以及为SAT做准备。

虽然我的父亲似乎没有被我的时间安排和态度的改变所困扰，但我的母亲却深受影响。她有时会表达对我的不满，说我抛弃了他们，还不做家务，等等。也许是因为她对我行为的改变感到不安，我们的关系变得越来越敌对，这反过来又导致我逃得更远。我们之间开始频繁发生长时间、剧烈的口角。他们会从一些看起来非常小的事情开始，可能早就对我心怀不满了吧，谁知道呢？当我坐在桌子旁写数学作业、在床上睡觉时，或者当我几个星期以来第一次坐在电视机前放松时，母亲就会打断我，不是让我洗盘子，就是让我搬东西。"看，"我会说，挣扎着声称知道自己要做的事情，"我有我的优先事项，我明天要考代数。"或"我已经好几周没有休息了，我等一会儿再做那些事。"母亲则会反唇相讥，不是说我自私就是说我缺乏责任心，然后我再怼回去。就这样，争执演变成了一连串尖叫和残忍的旨在伤害对方的嘲讽。最后，母亲说了一些我觉得很可怕的话："你这个婊子，你这个没良心的，你眼里只有你自己。"我哭着离开了房间，砰地关上了门。有时，哭声会从不同的房间中传来，但最终几乎总是在我躺在床上独自哭泣后，母亲走进房间，抱住我、安慰我，直到我停止哭泣。

我想知道为什么我们的争吵总是遵循这样的模式，为什么我的母亲在知道最终的结果之后还会激怒我。我想，有时候我们的争吵背后是有原因的，有时我们也会达成一些暂时的共识，有时，我们家真正困扰的事情会在争吵达到高潮时暴露出来，或者我会在母亲安慰我的时候说："你和你爸爸并不是真的爱对方。""你永远也读不完研究生，是迈克尔和我耽误了你找工作。""你花了太多时间照顾我，以至于对迈克尔在学校中的表现关注不够。"然后母亲安慰我说，情况并非如此，如果我早点跟她说这些话，误会就不会产生。接下来就是短暂的平静，火山在接下来的几周内都不会再喷发。

不过，偶尔也会出现这样的情况。母亲就是继续和我作对，有时还很残忍，从不来救我。我记得有一次，在去朋友家的五分钟车程中，我们发生了争吵，她泪流满面地把我扔出了车，我顶着一张又红又咸的脸去见了我的朋友。当母亲把我丢在家里的时候，我会去找我的父亲。"你不觉得她太不讲理了吗？"我问道，"你不觉得如果她让我想怎么打扫就怎么打扫房子的话，我会更愿意做家务吗？"而我的父亲则向我保证，我确实是一个理性的人，而我的母亲也确实是一个非理性的人。但他也会告诉我，我必须与她和解，然后向前看。

我不是一个崇尚暴力或易怒的青少年。我从来没有像跟妈妈吵架那样跟别人吵过架。愤怒的话语和怒气是一种能量的释放,但它们不是我所喜欢的方式——所以我进一步疏远了母亲。但也许正是这种策略加剧了我们之间的问题。

虽然我逃离家庭主要源于跟父母的关系,但我跟他们之间身体和情感的距离也波及了我的弟弟。在这些年里,我对迈克尔的看法大多来自对他的各种"分类"。我并没有把他视为我认识的一个人,而是把他看作一个抽象的家庭成员。我弟弟喜欢足球、擅长艺术;他在学校的表现不好;他是被领养的。这些观察使我与种族、天赋和学业成就等抽象概念的关系更加复杂,但并没有真正影响到我与他之间的日常交流。我们之间的关系并不很亲密,我不觉得自己很了解他,尽管我很爱这个我在远处看着长大的弟弟。在这一点上,我和迈克尔的关系就像我和父母的关系一样,尽管我对父母的爱不像对迈克尔那样,是那种强烈的保护性的爱。我跟父母之间的距离似乎是有意为之而非巧合。

当我与家人疏远时,我的生活和情感意识中所开放的空间很快就被填满了,似乎并不是我抛弃了家庭和童年的追求,而是它们被新的活动和关系排挤出去了。我清楚且有意识地为自己定义了一条个人的成功之路,涉及一系列典型的完美青少年的标准:受欢迎、外表出众、较高的学术成就、有更多的个人目标、参与政治活动、拥有亲密的友谊、拥有独特的性格。我的生活突然被学校、数小时的作业、犹太教堂青年团、舞蹈课、激进分子俱乐部和其他活动填满了。我也开始让新的人填满我的生活,友谊在我生命中的重要性增加了很多倍。随着青春期的独立,我可以和朋友们在市中心的餐馆吃饭,可以自己骑车回家,后来还可以开车去很远的地方。我很快就结交了一群志同道合的朋友。

我们一起探险、一起做手工。上初中时,我和两个朋友总是步行去他们中的一人的家。在那里,我们会一起完成代数预备课和法语课的作业,吃蔓越莓干,还会看电影。我们完成了一项伟大的手工——为我们的朋友艾米丽的卧室折一千只纸鹤。每天放学后,我们都会边听音乐边聊一些我已经记不起来的事情,但在当时,那些事情似乎非常重要。我的朋友们都很有趣,他们喜欢的事情和他们做的事情看起来都很酷,与我家人那奇怪的品味形成了鲜明的对比。

在高中,这些友谊继续存在并得到了加强。我们女子小团体最初只有几个刻苦学习、演奏弦乐器的女孩,后来又增加了大约 10 个女孩,她们都喜欢音乐和艺术,也都喜欢智力上的投入,还喜欢搞笑。我们把微积分学习小组(被我们重新命名为"代数 4",这样看起来不那么吓人)集体活动时间变成了我们的搞笑时间,我们几乎每天都在音乐教室里一起吃午饭。我记得很多和我的朋友们在高中时的乐趣，我们在周末一起烹饪晚餐、划船，往水桶里装满水，然后把苹果扔进去飘着，我们还带着画架去咖啡店吸引顾客、跳着摇摆舞去听爵士音乐会、在公园里玩极限飞盘，开车去公路上看免下车电影，还沉迷于我们自己设计的摄影拾荒者狩猎游戏。

这群核心朋友以及我在高中后期结交的其他参与政治的朋友和我有着相同的价值观（我们所有人的父母也都有同样的价值观），他们也会推动我去思考和形成某些观点。早上，我们会把《纽约时报》带到学校，午餐时我们会谈论政治。当我们在学校看到歧视行为时，我们会很生气，还会批判性地思考我们在世界上的角色。上初中的时候，我和朋友们会参与我们所能发现的每一次筹款活动，到了高中毕业时，我们已经参加了累计 450 英里的艾滋病骑行活动。我的朋友们向我发出了挑战，我们一起探索我们在更大的政治世界中所扮演的角色。我们成立了俱乐部，通过这些俱乐部，我结交了一些对政治问题和权力结构感兴趣的新朋友。我们一起研究如何在校外学习，如何实施回收计划，以及如何通过市议会的决议。我们知道，即使只有十几岁，我们在世界上的力量也是如此强大，但也如此有限。

我在夏令营里建立了另一个重要的人际关系小组。每年夏天，我都会收拾行囊，前往纽约州北部的荒野。在那里我有了自己成长和发展的空间。我的榜样是上过大学的夏令营辅导员。那里几乎没有真正的成年人，在一个完全由同龄人组成的社会里，我展开了自己的翅膀，觉得自己真的长大了。我也会和一些参加夏令营的男生调情，我觉得这很正常。我也会和一些女生坦率地讨论身体形象、女权主义和一些肤浅的问题。脱离了现实世界，我们批评着媒体、学校和父母强加给我们的关于什么是成功、什么是优秀的信息。在那种环境中，我感受到了独立和被爱。

在这一年里，我也保持着我在夏令营里建立的友谊。我们会互发电子邮件和纸笔信件，信上贴满了拼贴画和涂鸦。每天晚上，我都会和我最好的朋友通过即时通信软件聊很长时间。我们会交流对异性的看法、高中生活的平庸、时事新闻，以及歌手鲍勃·迪伦（Bob Dylan）在我们这个年龄时是什么样的人。我偶尔会乘公交车去城里参加新年聚会，或者和我的夏令营伙伴们共度一个漫长的周末。当我们长大了学会开车之后，这些聚会就变得更加独立和疯狂：我们会开车去郊区兜风、去拜访朋友，还给脾气暴躁的邻居们的邮箱里"献上"诗歌。

除了非常有趣和富有挑战性，我的许多朋友也很稳定和可靠。我会倾听他们的问题，他们也会倾听我的。我们会讨论青少年的典型问题：饮食失调、吸毒、早恋、交往困难、学业压力，有时也会简单地讲述那些糟糕的日子里发生的事情。当我的家人看起来古怪、疯狂或不可理喻的时候，我就会找人帮忙。我从来都没有真正和他们谈论过我和家人之间任何严肃的问题——我都是以玩笑的口气谈论争吵的，那些让我苦恼的古怪事情都变成了幽默的段子。但是，当家里的生活看起来不可理喻和奇怪时，我经常盼着和朋友们晚上一起学习或玩拼字游戏。

这并不是说我的朋友们都是完美的，他们有时也很烦人或者非常小气；这也不是说我的家人真的是完全不正常和可怕的，尽管我十几岁时确实那么认为。看起来我的青春期特征是蔑视我那个奇葩的家庭并追求独立，但我对文化也持批判性的态度。我从空闲时间阅读的社会科学书籍中知道，千篇一律的常态并不像人们想象的那么好。我家人的某些特征我还是喜欢的。有谁在还是个婴儿的时候，就被带去参加同性恋骄傲游行和堕胎诊所的反抗议活动呢？有谁的父母从大学时就开始同居，但直到 30 多岁才结婚呢？有谁的父亲每周都做饭，但只做罗宋汤呢？我为父亲的研究感到骄傲，还有谁知道辣椒可以治愈癌症呢？还有，我弟弟拥有无数的天赋，尽管他并没有去追求："是的，他是足球队里最好的孩子，但他不喜欢跑步，所以他放弃了。不过，你应该看看他做的这个活页夹！"我母亲为我树立的女权主义榜样，为我在面临其他女孩在青春期面临的许多挑战时提供了保护，我的女权主义身份在我上学的所有岁月里一直陪伴着我。我的父母也教会了我很多，比如在我们一起吃晚饭时，他们会教我如何策划一次聚会，应该安排多长时间，应该怎么摆桌子。我父亲在大学里负责研究生招生工作，他给了我很多关于申请大学的建议，不过那些建议后来都被我压箱底了。

在整个高中以及大学初期，我设法解决了我所认为的家庭的不正常和无效率，但我有一篮子关于我的"奇葩家庭"的有趣故事。我还挺喜欢那些奇奇怪怪的事情的，偶尔在谈话的间歇，我会毫不犹豫地提到我的父母在结婚前一起生活了 20 年——他们结婚只是一时冲动。到我上大学的时候，我母亲终于有了一份工作，我弟弟也终于有了朋友。房子也终于有了干净的时候！事情似乎稳定下来了：我的家人并没有真正占用我太多时间，但是当我需要他们的时候，他们似乎是一个有用的谈资，甚至我们会一起打趣地谈论这些话题。大一那年的寒假，我竟然开始觉得跟家人在一起很舒服（我可是弟弟的榜样），我酷酷地带了几个高中朋友回家，听醉醺醺的父亲讲他计划在下次去澳大利亚出差时看袋鼠的事情。

然而，好景不长，事情在第二年春天发生了变化。我一直以为弟弟生活得很顺利，因为在我看来，他有一群似乎永远离不开电视机的好朋友，而且最近也刚交了一位可爱的女友。我没有去担心他的成绩或出勤情况，而是提醒自己，迈克尔不能也不应该长大后像我一样，把学习成绩当作衡量成功的唯一标准。但是那年四月，母亲打电话到我的宿舍，告诉我虽然逾越节已经结束了，但她仍然想要把她准备的逾越节礼物寄给我，一旦弄清楚如何寄腌柠檬就寄。然而，当我询问我弟弟的近况时，我们谈话的气氛突然改变了。

"最近我们和迈克尔之间有些麻烦。"她说。接着，她列举了最近引起她注意的一系列问题。迈克尔已经完全不上学了，他所有的课程都不及格，天天和不同的孩子出去鬼混，每天都抽大麻，也许一天还不止一次……所有这一切都令我震惊。出于某种原因，我认为我弟弟和我在高中时一样，不会接触毒品。我以为他只是逃了体育课，而且不是每节课都逃，也不是每天都逃。我想，他的朋友看起来都很单纯友好，所以他们在学校里的表现也可能不错，所以他们会照顾他的，但这些都不是真的。我感到既难过又无助，因为我的弟弟显然在生活中遇到了麻烦。同时，我也感到很内疚，因为我与他是如此疏离，以至于我都没有发现这些。

在童年和青春期早期，疏远甚至敌对的兄弟姐妹关系是一种常态。毕竟，因为幼儿园的同辈压力，我抛弃了我那"愚蠢"的弟弟。上小学的时候，我甚至对迈克尔很刻薄，我会骂他愚蠢，把我的错误归咎于他——"我不知道冰箱里的糖果到哪里去了，你去问迈克尔"。高中的时候，我们开始变得友好，但还是很疏远。一切似乎没什么问题，但是现在，在大学里，我环顾四周，似乎每个人都和他或她的兄弟姐妹是最好的朋友。我的室友和她姐姐的电话粥让我很惊讶，我最好的朋友公开说很钦佩自己的姐姐，说她是自己的榜样。当我的朋友们讨论，看着弟弟妹妹经历他们曾经经历过的申请大学的过程有多有趣，以及他们的弟弟妹妹应该去布朗大学还是波莫纳学院时，我很难插进去话。我不仅想知道我和迈克尔之间这种异常缺乏友谊的关系是不是我的一种损失，还想知道我在造成他目前的困境中扮演了什么角色。

现在，我每天的生活都是多姿多彩的，在逻辑上也非常有效率。我所做的第一件事就是处理迈克尔生活中的问题，就像处理我生活中出现的其他问题一样：分析它们。这些新问题该怪谁？是由于我的父母没有充分参与我弟弟的成长过程吗？是由于我为了追求别的事业而抛弃了他吗？是由于我鼓励我的父母要给孩子空间，并向他们展示，如果他们那样做的话一切都会好起来吗？是由于我们那所规模很大的公立高中把注意力和精力都集中在像我这样积极上进的学生身上，而忽略了像我弟弟这样的学生吗？是由于我父亲对孩子的养育不加干涉，把有关迈克尔一生的重要决定都留给了我母亲吗？是由于迈克尔最近才被诊断出患有多动症吗？是由于我在他小的时候动不动就骂他"傻"，在一定程度上影响了他的自尊心吗？是由于他在蹒跚学步时在日托所经历的创伤吗？

当我不断追溯迈克尔的生活，寻找他目前困难的根源时，我偶然发现了一系列的因素，这些因素直到最近我开始思考他时才被发现。直到我13岁那年，一天，当我看着餐桌对面的那个人时，我才完全意识到弟弟和我看起来是不一样的。很久之后，在我上高中的时候，我第一次意识到弟弟的孩子不会继承我的任何遗传特征——没有人会说我的侄女继承了我的眼睛或对舞蹈的热爱。直到上大学，我才意识到我的家庭符合"多种族家庭"的定义——因为直到现在，我一直认为我弟弟的祖先，与遗传给我基因的我的祖先是同样的法国、匈牙利和俄罗斯犹太人。所有这些一开始就很明显，但直到我高中毕业和大学开始的时候，迟来的、理智的观察才开始引导我客观地认识自己和迈克尔的关系。

现在迈克尔的生活似乎失控了，我想知道这些因素在他的生活中扮演了什么角色。学校里有关种族和民族的课程提醒我，我弟弟的成长经历，一个有着棕色皮肤和亚洲人眼睛的孩子，一定和我有很大的不同。我记得有小学生问过迈克尔是否吃狗肉，还有一个参加夏令营的孩子在一次打架时称迈克尔为"中国佬"，还有一个来自威斯康星州一个小镇的远亲，他告诉我迈克尔是亚洲人，一定非常聪明。然后，我开始陷入了政治不正确的胡思乱想中。迈克尔的一些问题是否源于遗传因素？难道我的职业道德和才智是遗传的，而不是从父母那里学来的吗？然后，一个更糟糕的问题出现在了我的脑海中：如果父母没有收养迈克尔，而是生了二胎，又会怎么样？那个孩子会成功吗，会成为我的朋友吗……出现这些想法让我很痛苦，感觉就像是对我深爱但又疏离的弟弟的背叛。我无法想象我的生活中没有迈克尔，取而代之的是一个皮肤白但缺乏运动能力的男孩。我把收养问题抛诸脑后，专注于当下。

当问题一个接一个地出现在我弟弟的生活中时，我远远地看着，并对我的朋友们隐瞒了这一切。我每次在家的时间都不超过一个月，在那段时间里，我试着对迈克尔好一些，观察他和我父母之间的紧张关系。大部分关于迈克尔青春期后期戏剧性的信息，我都是通过与父母的电话（而不是通过和迈克尔的电话）得知的。每次我打来电话，似乎都会听到一些可怕的事情。在我的记忆中，它们的发生顺序是模糊的，那些年发生的事件仿佛是一场可怕的雪崩，每一块冰雪撞击地面的确切顺序并不重要，重要的是它们坠落得很快，而且很危险——照着头直直砸下来的东西真的很吓人。在接下来的一年中，迈克尔在喝醉的时候惹了麻烦，然后就离家出走了，之后好几个月都杳无音讯，然后还有被捕、与朋友翻脸、偷钱、被打、与女朋友分手（她曾是他生命中最稳定且最积极的部分）等一系列状况。

就像我所说的，我不太记得每件事发生的时间，这可能是因为我没有和任何人谈论过这些事。母亲也丢了工作，因为她把时间和精力都花在了处理迈克尔的问题上。这对我是一个巨大的打击，从我记事起，我就一直期待母亲完成研究生学业，找到一份工作，成为一名普通的母亲。

现在这份美好没有了，这深深地伤害了我，也让我意识到了情况的严重性。我弟弟失踪了。我要解决这个问题。

我的朋友们从来都不知道发生了什么，我之所以不向他们吐露心事，原因是各种各样的。因为我从来没有告诉过他们我以前和家人之间的问题，总觉得很难为情。"你的生物考试怎么样？""还可以。"一个朋友回答道。"我有没有跟你说过，我弟弟吸毒成瘾，已经离家出走了？哦，对了，我妈妈也失业了。"我很想接着说，但我忍住了，我不想把这些事搞得很戏剧化，感觉似乎是发生在我身上而不是我弟弟身上的。是啊，你听我说过我的生活有多悲惨和不正常吗？是的，很糟糕……因为我为我家人的行为感到尴尬和羞愧，因为我不想让我的朋友们经常关注我，好像我是一个需要帮助的、脆弱的人。这是我弟弟的问题，而我也不太确定自己应该做什么。

那年10月，我请了一天假去犹太教堂庆祝犹太新年。我回顾了在过去的一年中，自己制定的目标哪些实现了，哪些没有。我再一次想知道我在家庭中的角色，尤其是在我弟弟的问题上。我想起了在过去的一年里，我在激进分子活动上投入了成百上千个小时和所有的精力：在校园里举行"无血汗"劳动游行、参与平等机会的校园委员会、组织选民登记、参加艾滋病骑行。我弟弟本应该是我最亲近的人之一，但我怎么能对他不管不顾，而是把这么多的精力投入到帮助陌生人提高工资或支付艾滋病药物上呢？在过去的五年里，我忽视了我的家庭，不管是出于什么原因，这种疏离都是错误的。今年，我决定，将他们作为我的重心，尽管我不确定这意味着什么。

这意味着给家里打电话，而不是等着父母给我打电话；这意味着打我弟弟的手机，往他的语音信箱里留言；这意味着在休息的时候，我发现他从朋友家回来了，仅仅是为了让我坐在沙发上看他玩电子游戏。就像我之前说的，不能仅仅因为我和弟弟没有很多共同点，或者仅仅因为我们不像一些兄弟姐妹那样"亲密"，就说我们不深爱彼此。他会回来看我的。

通过做出微小的努力，我安抚了自己的良心。在待办事项清单上勾选自己做完的事情后，我对整件事的感觉稍微好了一点，但这并不意味着迈克尔的问题解决了。当他离家出走的时候，我甚至都联系不上他，但我还是尽力不放弃，所以我就等啊等。有时候，等待真的很痛苦，但时间久了好像也没那么难挨了。尽管我发誓要把家庭放在我生活的首位，但我的生活还是被其他事情填满了。我们出色地完成了"无血汗"劳动游行，但我几乎没时间宣布任何胜利，就投身到反对毒品的运动中去了。我在申请出国留学，也和我的朋友们经常演出戏剧，他们也经常敦促我"多出来玩"。学校和往常一样，需要占用我很多时间和精力。我的男朋友（如果说他还是我男朋友的话）和我——我们在原地打转，试图弄清楚还有没有必要继续下去。我要给别的小孩子当家教，还要做别人参观校园的向导，我还在为参加夏令营的孩子们组织一个大型的服务学习项目。所以，每当我打电话回家，或在《纽约时报》上读到一篇作者讲述自己的儿子吸毒成瘾的文章时，我都会忍不住一个人在宿舍里痛哭，我都会想到自己牵挂的家人。

电话又响了起来，我对家人的牵挂再次浮上心头。迈克尔回家了。他走投无路了，他的朋友们都不再收留他了。我很高兴，并订了一张春假回家的票。

尽管看起来迈克尔已经跌到了谷底，现在唯一能做的就是把他拉上来，但事情仍然很困难。的确，迈克尔似乎只能从他现在的位置往上走——但他并没有沿着直线往上走——对他来说，一切就像坐过山车一样（现在仍然如此），我一直担心他不能完全回到正轨，特别是当他打破过去处理问题的一些旧机制而感到痛不欲生的时候。

迈克尔和我母亲之间一直有一种特殊的亲密关系，他会向她寻求建议和无条件的爱。但在他经历创伤并回家后，他和她的关系恶化到了我在高中时和她吵架的地步。只是他们的战线似乎拉得很长，永远都没有终点，有时还会产生肢体冲突。我支持我弟弟，因为我觉得那是我的职责，我是姐姐；因为我想起我们的母亲是如何擅长挑衅，然后把你卷入一场你本不想参与的战斗，并一再升级战斗的——全面指责你的每一个行为。我想让她不再这样做，不再试图"修理"弟弟，但事与愿违，她和他陷入了口水战。当言语冲突演变为肢体冲突时，她采取了极端的措施——报警。然后我那可怜的已成年的弟弟被控家庭暴力，被关进了监狱。迈克尔有生以来第一次爆发了，他声称我母亲不是他的亲生母亲，并且把摆在客厅钢琴上的他生母的照片移到了他自己的房间，离他更近一些，然后终日靠着电子游戏以及和朋友们鬼混来度日。

尽管我为弟弟做出了努力，尽管家庭现在在我"要做的事"的清单上占据了更高的位置，但我的努力并不总是有结果。尽管也有一些美好的时刻：愉快的电话交谈、一张精心制作的生日卡片、感谢我是一个好姐姐，还有源源不断的"我爱你"和"我也爱你"，但更多的时候并不是这样。我回家去看他的旅程通常以糟糕的局面结束：我们两个坐在不同的房间里；他拒绝了我让他和我一起出去吃晚餐或者去便利店买东西之类的邀请，我只好看着他打"彩虹六号"的游戏，偶尔我们会有一些关于"我们的父母是多么奇葩"之类的深入沟通。但这就够了吗？我还能做什么呢？

当我的付出没有回报时，我开始思考"一个巴掌是拍不响的"。我从来没有停止过对这种情况的抱怨。我责怪我的母亲、我的父亲，不确定是否也应该责怪自己。一个姐姐应该做什么？我的父母告诉我，我的工作就是爱他，做他的朋友，做他的盟友。但我该怎么做呢，这到底是为了什么？我知道我所能做的并不多，渐渐地我开始怀疑，如果我不配合的话，我的父母能在多大程度上影响我的处境。但是把责任归咎于迈克尔似乎是徒劳和错误的。我知道，只要做出一些改变（比如去上课），他就能轻松地改变自己的生活，并利用自己身上蕴藏的潜能。但考虑到迈克尔的愤怒、恐惧、自卑和沮丧，这些改变似乎是不可能发生的。我能怪谁呢？

在迈克尔不在家的时候，在某种程度上，我和父母的关系更近了。我们终于有了一些大家都感兴趣的话题：迈克尔。他们商量出了一条模糊的界线，关于告诉我多少，让我参与多少。他们知道我是迈克尔的姐姐，而不是他的父母，所以不想让我过分担心或过分介入。与此同时，他们也知道我很担心，而我也不再是一个孩子了。我的父母很有技巧地跟我进行了谈判，他们分享的信息和承担的责任拉近了我与他们的距离。

然而，在我母亲失业并卷入与迈克尔的战争之后，我把她性格中的古怪（有时还挺可爱的）描述为怪癖，这似乎是精神疾病的症状，或者至少是与现实脱节的症状。她行为上的改变（或者可能她一直都是如此，只是我刚刚注意到）使我想起在我成长的过程中，她表现出来的那些奇怪的症状。她很享受自己的肥胖，尽管这可能导致健康问题；她拒绝传统饮食和锻炼，而是喜欢睡觉和吃很多好吃的东西来满足自己；她看起来跟个病人一样，整天躺在床上；她总是开始一些新的教育项目，但从来都没有完成和获得学位。她会在家里做一些永远也做不完的事情——打扫浴室的门、疏通管道，或者给地板打蜡。她合法地改了名字，因为她一直不喜欢"珍妮"这个名字的发音。她写了自己版本的生日快乐歌，并"废掉"了传统版本，因为觉得"它太烦人"了。这些奇怪的事项消耗了她本可以用来为一个具体目标而工作的时间；相反，生活中的细枝末节以其看似至高无上的重要性席卷了她。

我记得，当我母亲开始上班，为遭受性侵犯的儿童组织治疗小组时，这些问题和事项都退到了幕后。除了她自己卷入的奇怪的办公室政治之外，她打发时间的方式似乎是有价值的——既帮助了别人，又能挣点小钱。然而，当她失业并卷入我弟弟的麻烦中时，我的注意力再次转向了她奇怪的无能。在不工作的时候，她把时间、精力、忧虑和紧张都投入到了我们当地的意第绪唱诗班中。这个唱诗班的成员几乎都是来自家乡各个犹太教堂的老年人，他们喜欢每周聚会一次，唱一些关于土豆之类东西的古老的意第绪歌曲。这种闲散的、无关紧要的活动突然变成了她生活的焦点：需要复印文件、需要练习歌曲、需要在家里排练，而我们则需要组织演出后的聚餐……任何妨碍意第绪唱诗班的事情都是不好的。她的消费习惯也困扰着我，她会把钱（本来就少得可怜）花在我不想要的泡沫记忆枕头或耳环上。她坚持每天练习三个小时的西班牙语，一旦完不成就会非常沮丧。虽然学习西班牙语是为了帮助她找到一份说西班牙语的工作，但我不知道她什么时候才能足够熟练掌握这门语言。她说得很流利，但从未开始找工作。

由于母亲的离谱和不务正业，以及弟弟的堕落，我父亲平生第一次开始把重心从工作转向家庭。现在变成了父亲安排与社工和学校的会面，父亲还请了一名律师把迈克尔从监狱里"捞"了出来，并且每天早上送他去上学，为他做晚餐，和他进行智慧而慈爱的谈话。他们一起积极地探索能够做些什么，这使得迈克尔得以顺利地从高中毕业，进入了一所烹饪学校。

我一直很欣赏我父亲的效率和逻辑性。有时，我也会展现出这些特质，但只是在我母亲缺乏这些特质的时候。我会去找我父亲，抱怨母亲给我买飞机票或者把我从课外活动 A 转到课外活动 B 的方式有多么复杂。父亲会微笑着告诉我要冷静，然后用他的逻辑精度和想象力制订一个计划来解决这些问题。要知道，我父亲可是能在实验室里，用来自联邦政府的大量的资助来发现新事物——"垃圾"DNA 的人！而我母亲只会把问题复杂化。我喜欢父亲的介入，他能把事情处理得很清楚，但这只在我母亲用尽一切可能之后才会发生。在处理孩子的问题上，我的母亲是首席指挥官，即使我首先求助的人是父亲，问题也会被移交给母亲来处理。

所以，当我父亲最终站出来处理迈克尔的问题时，我松了一口气——有一个如此冷静的人来处理问题，我还有什么好担心的。但另一方面，一股哀怨又从我的心头升起："如果父亲早点介入，而不是等到事情发展到如此糟糕的地步才出手，会发生什么呢？迈克尔会进入更好的学校吗？他会有更好的朋友吗？问题会被更早地发现和处理吗？"

与此同时，由于我父母和迈克尔之间的关系发生了改变，他们的生活也在发生变化。我经常取笑我父亲，说他在我高中毕业后"腐败"了。当医生告诉他，他的体重可能会带来严重的健康问题时，他开始每天去健身房锻炼两个小时，并且把饮食从猪肉和牛排改成了鱼和沙拉，随后他从"圣诞老人"变成了一个身体健康的"小精灵"。他减少了啤酒的摄入量，并参加了一个品酒班。我相信，在这个班里，他会用自己尝试在健身房的脊椎球课上变得灵活的故事，逗他那些可爱的同学开心。

我的母亲，尽管看起来既疯狂，又没有工作，但却发展了一个新的社交圈——和犹太教堂里的女人们，她们的儿子也有和迈克尔一样的问题。这些女性碰巧也是减肥爱好者，所以又跟我父亲志同道合。他们过去的生活重心主要是孩子和工作，现在突然一起变成了空巢老人，他们的社交生活不仅有皮艇旅行还有晚宴，他们的"巢"并不是空的。迈克尔快 20 岁了，还没有高中毕业，他仍然住在家里，经常玩电子游戏，偶尔和来访的朋友一起玩。

在高中的时候，我遇到了一位很棒、情感丰富的英语老师，他会把我们读的每一本书都与"青春期"联系起来。《麦田里的守望者》讲述的是随意的性行为，《国王班底》讲述的是你的过去如何影响你现在的日常生活，而《飞越疯人院》讲述的是社会如何在我们的周围建起围墙，迫使青少年服从。有一天，当我们坐在教室里，谈论我们日常生活的某个方面与某个伟大的文学作品之间的联系时，斯科特老师转向我，问道："你喜欢你的父母吗？你和他们亲近吗？你将来会和他们亲近吗？"我想了一会儿回答说："我想当我离开家独自居住时，我会更喜欢他们，和他们更亲近；我越独立，就越喜欢和欣赏他们。你知道的，就是当他们不能控制我的生活，对我来说只是普通人的时候。"我讨厌父母控制我的生活，我真的觉得我比他们更有能力做决定和管理我的生活。也许这是真的，我努力保持着对自己生活的控制。

虽然在经济上我还不得不依赖父母，但除此之外，我可以掌控自己的生活。现在我们关系中的困难在于发觉在哪些方面我有义务和他们建立联结，以及在哪些方面我想和他们建立联结，既然我们之间的关系不再是父母对孩子的那种控制关系。

另一方面，当与迈克尔在一起时，我却要与自己的失控做斗争。如果我知道该说什么、该做什么，那我不仅可以修复我和弟弟之间疏远的关系，而且也可以解决他的问题。作为心理学硕士的女儿，我知道迈克尔必须发挥自己的能动性，下决心解决自己的问题，但这些信息我很难有效地传达给他。

每一次回家似乎都会揭开一些我无法解决的困惑或痛苦。那么，是什么让我一直不断地回家、给家里打电话呢？我脑海中有这样一个家庭的画面，我也希望有一天我能拥有一个这样的家庭：我长大了，有了一份工作，做了母亲；我和孩子的父亲彼此相爱，互相钦佩；孩子是家庭的中心，他们在成长的过程中会得到细心的照顾；在那个家庭里，爱意是很明显的，家人在一起的时光是充满乐趣的。

这就是美国文化中的理想家庭，这个家庭也会延伸到舅舅和祖父母，也就是我弟弟和我父母，他们也是我孩子的亲人。我怎么能指望自己在对现在的家庭不管不顾的情况下，在未来拥有一个理想的家庭呢？然后问题就变成了"我欠家人什么？"这个家庭从来都不是完美的，对我来说，成为其中的一员也不总是快乐的。在我成长的过程中，也许是因为迈克尔是被收养的，我记得我围绕着"家庭是由什么人组成的"这一问题发表过很多看法。我了解到，有些家庭有两个母亲，有些家庭则根本没有母亲。在一些家庭里，只有祖父母、阿姨或叔叔，当然还有再婚家庭。在肯尼亚，有许多家庭根本就没有成年人，那么是什么让他们成了一家人呢？很久以前我就知道了这个现在仍然正确的答案：是他们对彼此强烈的爱使他们成了一家人。

不是每个人都能幸运地拥有一个充满爱他们的人的家。我感觉在我的家中，我能够从我那疏远的弟弟、疯疯癫癫的母亲和那个有时会让我觉得做得不够的父亲那里得到强烈而深刻的爱，这是一种难以置信的幸运。他们对我表达爱的方式可能是非常规的，会让我不开心或不舒服，但我觉得我应该用爱来回报他们。

然而，我依然还有疑问：作为一个充满爱的家庭的一员意味着什么，以及我对家人的责任是什么。我不知道自己在迈克尔的迷失中扮演了什么角色，但我很确定自己不具备必要的使他重新振作起来的手段。我认为我无法解决家人的问题，也知道自己不确定每天要如何和他们相处。我相信，这是一个挑战，在我度过青春期、步入成年的过程中，它将一直伴随着我。你怎么可能仅仅是一个女儿和一个姐姐，而不是一个孩子呢？我的角色是什么？所有我知道的就是我可以做一些事情，当我的家人需要的时候，我对他们的爱一直在那里，但我不知道如何去做。尽管我梦想在一个非常不同的、更完美的家庭中做姐姐和女儿，但我还是学着努力把完美主义抛在一边，以便专注于爱我的家庭，包括那些古怪和功能障碍。

/ 故事9 /

陨落

作为一个生活在不和谐且经常面临离婚威胁的家庭中的孩子，作者将自己严重的饮食失调归咎于她试图做一个完美的孩子来弥补父母的不幸福。但无论她学习多么努力，成绩多么完美，她的父母仍然不开心，甚至批评她的努力。青春期性欲望的出现为她完美的自我控制意识带来了危机，随之而来的是一个令人震惊的消息：尽管她很努力，但却无法成为致毕业辞的学生代表。狂热地节食成了她一种补偿性的强迫行为，以及她实现自我控制和达到完美的手段。她的健康状况不断恶化，最终不得不住院治疗。她知道自己必须找到现实的目标，放弃她那"追求完美的疯狂欲望"。她的康复过程艰辛而漫长，但在故事的结尾，她觉得自己渡过了难关。

很多人都问过我："你是怎么患上厌食症的？"我已经准备把我的人生故事录下来，以便下次再有人问我时好直接播放。我试着用彩虹的比喻来解释这个问题：彩虹包含了整个光谱的颜色，没有单一的颜色可以被分离出来——它们混合在一起形成了一个连续体。疾病也是如此。厌食症并不是突然发生在我身上的，我也不是突然有一天决定停止进食的。我的问题远不止"不吃东西"那么简单。这种障碍是因为我绝望地试图在生活中保持某种控制感。这是一种让我认清自己的呼喊，让我能够找回自己破碎的身份。为了理解这种在不知不觉间恶化的疾病，并最终理解我自己，我必须直面并审视导致我将进食障碍作为一种应对机制的困扰以及威胁我的混乱情绪。

我确信我的厌食症始于童年时代，我的身份认同问题可以追溯到小学时代，始于我的种族文化。我的背景很复杂，我父母的历史背景可以说是完全对立的——我父亲是东印度人，而我母亲是典型的新教徒。至于我，我这辈子都不知道自己到底是什么人。我一直都不喜欢填写要求提供个人信息的标准化表格，因为我从来不知道在"种族出身"一栏该打什么钩。这些类别的定义很简洁，泾渭分明，但对于像我这样的"杂种人"来说并不适用。严格地说，我是印度人，但我总觉得说自己是印度人是在骗人，因为我是个混血儿。因此，我选择的永远都是"其他"项，一个可能包含了各种"例外"的类别。

没有人会一眼就看出我有一部分印度血统——尽管我的头发和眼睛是黑色的，但我的皮肤很白。唯一出卖我的就是我那可怕的梵文名字，我想这个星球上没有人能不借助发音词典而准确地读出它。我无休止地埋怨我的父母，觉得就是他们让我一辈子都要背负这个沉重的枷锁。我甚至数不清人们有多少次完全弄错了我的名字，不是拼错就是念错，或者两者兼而有之——这样的情况多到离谱。我总是用我所谓的"名字演讲"来解释我名字的起源和意义。由于这样的解释需要谈到我的背景，因此这个话题必然会涉及我的家庭，这是我最不喜欢的话题之一，真是哪壶不开提哪壶。

尽管我父母的关系很脆弱（至少可以这么说），但他们从未在公共场合吵过架。没人会怀疑他们跟其他夫妻有什么区别。然而，一回到家，他们就会摘下面具，露出原形，戴上拳击手套。战争通常从餐桌上开始，晚餐是全家人唯一的"家庭"时光——如果我们能称之为"家庭"的话。战争通常始于一些无关紧要的事情，比如，"你为什么不把土豆泥和牛排搭配在一起"，然后不可避免地升级为离婚大战。你总是能预测好戏什么时候开始上演。首先，他们会争吵几分钟，然后双双提高嗓门。他们中的任何一个都暗示着要我离开，因为我会一字不差地背诵接下来的论点。"你为什么不走？"妈妈会这样骂道，"你应该滚回印度去，自从离开那里你就没有开心过。"爸爸的"吠声"是这样的："你为什么不回娘家去？"尽管有那么多的争吵和离婚的威胁，但一切都只是说说而已。他们两人都没有将结束婚姻的"我发誓"付诸行动。

我认为，他们关系的不稳定和不确定是最困扰我的。那种幽深而强烈的恐惧一直萦绕在我的脑海里——这会是导致离婚的争吵吗？这场战斗会不会成为压垮骆驼的最后一根稻草？如果他们这次是认真的呢？每次吵架之后，我都会焦虑不安。几天之内，事情通常会恢复正常，而这通常意味着他们恢复了一贯紧张但懒得争吵的关系。一旦我知道一切都"安全"了，知道离婚不会马上发生，知道我们仍将是四口之家，我就会稍稍松一口气，至少在下一次战争爆发之前是这样。

在我年幼的时候，我以为世界是围着我转的。鉴于我的自我中心主义，我认为自己是父母婚姻不和的原因。我觉得应该由我来挽救他们的婚姻，这也是我一直以来拼命去做的事。每次他们打完架后，我都会问自己我又做错了什么，以及我应该如何改变这种情况。怀着强烈的罪恶感，我痛斥自己没有取悦他们，没有达到他们的期望。如果我像他们要求的那样打扫我的房间，那他们……我想，只要我足够好，他们就会彼此相爱，也会反过来爱我。我错误地认为，我能仅凭自己的意志使父母重归于好。我无法对他们的关系产生积极的影响，这让我很沮丧，觉得自己很无能。我的解决方法是要比任何人对孩子的期望都更完美，并隐藏起所有愤怒和反叛的迹象，以便配得上并得到他们的爱。

在学校，成绩能解决我所面对的许多问题。通过取得好成绩，我确信（或者我认为）我不仅能从父母那里得到我渴望已久的爱和关注，还能从我的老师那里得到这些。由于我的家庭生活就像坐过山车一样，而我对此无能为力，因此我转向学校寻求舒适和安全。我知道通过努力学习，我可以做得很好——在课堂上，我有足够的控制力。在我看来，作为一个完美的学生，同学和老师都很尊重和钦佩我。只有当别人看到我的价值，我才能真正确信自己的重要性和价值。

不幸的是，我的计划事与愿违。我拿到的A越多，我的父母和同学就越期待我能继续取得好成绩。我无休止地（徒劳地）努力，想要通过好成绩来给父母留下好印象。每次当成绩出来之后，我都会攥着成绩单，兴奋地冲回家，希望能得到他们的溢美之词。当他们淡淡地说"我们知道你会得到这样的结果"时，我感到无比失望，那种感觉无法用言语来形容。我对自己的努力和成就被贬低感到愤怒，每当我提到我的成绩时，他们所做的就是宣称"成绩并不是生活的一切"。他们提出的另一个论点是："与好成绩相比，常识（他们觉得我缺乏）能让你在这个世界上走得更远。"我觉得自己永远都无法达到他们的要求。似乎无论我做什么，无论我多么努力，总有一些东西是我不具备的，总有一些事情是我应该做得更好的。我渴望自己的价值得到确认和肯定，但在我看来，自己在他们眼里永远都不可能完美，也因此永远都不可能真正得到他们的爱。

我所描述的这些事情在我的整个童年时代都存在，但没有人意识到它们是潜在的问题；相反，我立志做一个好孩子，努力学习，遵守规则，避免让别人失望或被别人批评，这些使我成了模范儿童，尽管我从未觉得自己是。然而，随着青春期的开始，我所持有的那些严重错误的观念开始凸显，因为我对这一时期将要面临的问题毫无准备。

进入高中后，我的解释和认知变得更加刻板和僵化。我的自我怀疑加剧了，我的自尊心更低了。我深信别人无论是在社交方面还是在智力方面都比我有能力。我一直对自己不满意，不断贬低自己的能力，认为自己在任何事情上都不够好。追求完美，成为最好的（然后保持最好）成了我全部的目标、我生命的目的，我可以为之牺牲一切。我一直努力学习，我认为只要稍有松懈，我就会不可避免地犯错误、失败，我所有的缺点就会暴露出来，我就会暴露自己的不完美和伪装。对我来说，失败就意味着失去控制，而一旦这种情况发生，我就可能永远无法重新"掌控局面"。

我害怕表现出任何可能被解释为"不完美"的迹象。为了避免被批评，我觉得自己必须达到并超过父母、老师和同龄人的期望——我把批评当作人身攻击。当别人期望我能做到100%的时候，我会努力做到110%。我是如此迫切地想要成功——或者更确切地说，想要被视为成功者——以至于我对自己设定了最严格的标准。然而，作为一个善良、顺从、成功的学生——一个拥有一切的女孩（至少看起来是这样），我的角色并没有给我带来自豪感、价值感和成就感，反而让我的内心感到越来越空虚。矛盾的是，我越"成功"，就越感到力不从心。我开始逐渐失去对自己身份的控制，因为在生活的各个方面，我都成了完美女孩形象的牺牲品。我不知道我是谁，只知道我应该是谁。

在整个高中阶段，我都不让自己享乐。为了享受而做某事会给我带来难以置信的罪恶感和自我放纵的感觉。我认为这种冲突部分源于父母对于我的社交生活问题的分歧。我母亲总是有过度保护的倾向。她告诉我，当我还是个婴儿的时候，她常常偷偷到我熟睡的婴儿床边窥视我，轻轻地捏我一下，以确认我还在呼吸。我想，她之所以不愿意让我出家门，是为了保护我和弟弟远离外面危险的世界。但当时，我觉得她就是想限制我的发展。我强烈地抗议她的恐惧："你凭什么不相信我？""我不是不相信你，也不是不相信你的朋友，"她会这样回答，"我只是不相信世界上的其他人。"与之相反，我父亲则极力让我更多地与同龄人交往："你为什么不邀请你的朋友来家里玩呢？"考虑到我们家的情况，我总是觉得这个建议相当有趣。如果我要求和朋友们一起做什么事，我总是要得到父母一方的同意，然后他们通常会因为这件事而开战。其结果就是我再一次为自己是他们婚姻冲突的罪魁祸首而感到内疚，这让我很崩溃。为了不破坏家庭的和谐（如果有和谐的话），我通常都懒得问他们我能不能出门。我试着躲得远远的来避免冲突。

高中时，我有很多朋友，但我总是和他们保持距离，害怕如果离他们得太近，他们就会发现我的不完美从而拒绝我。其结果就是，与同龄人相处对我来说极其困难，因为我很少谈论自己的内心感受。我把情感表达等同于软弱和脆弱，所以我总是非常严肃，对一切事情都"很官方"。在别人看来，我一定很冷漠、无情、不食人间烟火。我感到很孤独，我急切地想要展示真实的我，但是对暴露的强烈恐惧还是使我沉默了下来。

高二那年的春天，发生了两件特别的事情，也许就是它们导致了我的饮食问题。这两件大事之一就是我与一名男生的第一次浪漫邂逅。在认识凯文之前，我对男生没有任何经验。以我当时几乎为零的自信，我想没有人会对我感兴趣。广泛的"筛选"过程、严格的几乎没有人能达到的标准，是我保护自己免受不必要的痛苦和伤害的一种方式。如果我在每一个我遇到的男生身上都发现一些缺点，让他立刻成为不受欢迎的恋爱对象，那么我就不用再担心他会拒绝我，我就可以继续控制局面，并因此感到安全。

我与凯文的邂逅极大地改变了这一切。那年3月，我在我们州立大学举行的一次为期两天的科学研讨会上与他相识。我对凯文的感情很复杂。一方面，我发现自己被他深深地吸引了，并对未来的前景感到很兴奋，但另一方面，我又不想敞开心扉，因为我害怕受到伤害。我很想被卷入浪漫小说中描写的所有美妙的情感中，但又提醒自己要保持冷静和清醒。毕竟，这对我来说是完全陌生的领域，我的智慧在这里完全没用，因为我不能依靠以前的经验，我必须确保自己的安全。尽管我很犹豫，但还是放下警惕，体验了我的初吻。我和凯文，还有另外一对情侣，把车停在了校园里一个僻静的地方。当后座上的一对情侣开始动手动脚时，我尴尬地坐在前排，眼睛直直地盯着前方。我甚至不敢看凯文一眼，害怕自己会满脸通红。他肯定会看穿我，发觉我对男生是多么地缺乏经验。他掌握了控制权，因为我完全不知道该怎么做。

我们聊了一会儿（他的朋友们在后面继续亲热），然后事情就那样发生了。我所说的"事情"是一个人一生中最值得纪念的时刻之一——初吻。我曾希望我的初吻能像其他人的那样充满激情和浪漫。在枕头上练习了很长时间之后，我想，当时机到来的时候，我肯定已经准备好了。然而，我所有的排练都是徒劳的，因为它们丝毫没有为我所感受到的强烈情绪做好准备。我记得我的胃在翻腾，夹杂着害怕和紧张，这种感觉比我们嘴唇的实际接触带来的感觉还多（我只记得温暖和潮湿的感觉）。回想起这件事，我总是忍不住笑它是怎么发生的——当我们停下车时，我解开了安全带，当我们准备开车离开时，我却系不上安全带了。当我摸索着拉安全带时，凯文靠过来帮了我一把，但他给我的不仅仅是一只手。

一想到这个高大、聪明、无与伦比的帅哥竟然看到了我身上的优点，而不仅仅是我的成绩，我就兴奋不已。他肯定了我的价值，我开始想，也许我根本就不是一个糟糕的人。可能在我的内心深处还有一些这个世界上所有的A都无法填满的空白。学业成绩只给了我一些短暂的满足感，但知道凯文喜欢我，让我的内心产生了一种挥之不去的暖意。有生以来，我第一次感到活着是这么快乐。

当然，这段关系除了积极的一面，还有消极的一面。我害怕失去对自己的控制，一想到我踏入了一个完全陌生的领域，这种担心就更加强烈了。这种难以置信的压力让我非常害怕。在我的家庭里，我学会了保持理性和自律，并懂得这样做的重要性。现在，我"沦陷"了，把所有的谨慎都抛诸脑后，完全凭冲动和欲望行事。我感到极度内疚。

当我把这件事告诉我母亲时（我非常害怕我父亲，所以都没有告诉他我在恋爱），她的反应让我完全放松了警惕。我原以为她会大发雷霆，说我不应该在这个年龄和男生交往，但事实恰恰相反——她很高兴我遇到了一个"不错的男孩"。我想，如果他住在我们镇上，她可能会有不同的反应。考虑到我们住得很远，约会什么的是不可能的，所以她不必担心我会深夜出去做什么天知道的事。

凯文和我经常写信、打电话，我开始考虑邀请他参加我的高中毕业舞会。虽然害怕被拒绝，但在朋友和母亲的鼓励下（她实际上还提出让他在我们家过夜），我最终决定通过写信来冒这个险。在邮局，我深吸了一口气，抬起我那颤抖的手，抚摸了一下我那怦怦跳的小心脏，把信扔进了邮筒。事情一办完，我就开始想，天呐，我到底做了什么！我给自己的人生设了一个最大的陷阱。我太蠢了，竟然认为凯文会和我一起参加舞会，真是癞蛤蟆想吃天鹅肉！

我紧张而又期待地等待着他的回信，每天一到家就查看有没有来信。当信终于到达时，我紧张得几乎打不开它。当我开始快速阅读，寻找他的回复时，我的胃又开始翻来覆去。当我读到他说自己多么想成为我的约会对象，认为我们会一起度过一段美好的时光，以及他是多么期待再见到我时，我欣喜若狂，激动得魂飞魄散，"膨胀"得不能自已。

一周之内，我备齐了装备——礼服、鞋子和手包，一样不落；我预订了晚餐，预约了发型设计，还买了票。当那个盛大的夜晚终于到来时，一切都准备就绪。在打扮完毕后，我决定冒险照照镜子。我原本还担心我会发现一个正在极力融入一个不属于她的地方的书呆子，然而，镜子里的形象却让我大吃一惊。我的头发盘了起来，上面还插了一些鲜花，我戴着母亲的珍珠项链，蓝绿色的礼服从我的腰部开始展开，绚丽夺目，我的脸颊看起来也光彩照人（可能是由于我太兴奋了吧，我不认为是化妆品所致），我觉得自己好像在看一个陌生人，因为我知道镜子里那个优雅的年轻女子不可能是我，不可能是那个怪胎。我觉得自己很像灰姑娘，可能只有这一晚的改变。

一想到很快就要见到凯文了，我就焦虑不安——这将是几个月来我们第一次见面。每个人，包括我的家人和朋友，一见面就喜欢上了他。他们都认为他很有魅力、很聪明，各方面都很优秀。当我和他一起入场时，我征服了所有人——不仅我自己变了，而且我身边还有一个漂亮的约会对象。最后，我的自卑感消失了。我一直被认为是个聪明的女孩，但现在更重要的是，人们还认为我很有魅力。那天晚上最激动人心的事情是我被选为舞会公主候选人。当我的名字被念到时，我从座位上站了起来，张着嘴，周围的人都开始为我鼓掌。我再次震惊了所有人，尤其是我自己——那么多聪明的人都没有被选上。这给了我一种我所看重的独特感。我陶醉于自己从一只丑小鸭蜕变为一只美丽的天鹅了。

尽管舞会很有魔力，但它还是激起了我第一次见凯文时那种复杂的感情，而且比以前更强烈。在舞会上，凯文公开示爱的举动使我非常烦恼。在公共场合表达自己的情绪让我感到不自在，尤其是在我甚至不确定自己到底是什么感觉的时候。我不知道该如何表现，所以我故意冷落凯文。如果他把椅子挪过来一点，我就会往相反的方向挪动；如果他想握我的手，我就会双臂交叉在胸前，我甚至不让他在大家面前吻我。他可能完全被我的行为搞糊涂了——我自己也知道，但我就是忍不住要这样做。当我感到失去控制，不知道该怎么办时，我开始求助于从以前的经验中学会的唯一有效的防御机制——隔离。

在舞会那个周末过后，我和凯文不再写信和打电话。更让我困惑的是，母亲和朋友们对我处理这件事的方式表示了蔑视。他们提醒我，我曾经有机会和一个很好的人发展关系，但我却搞砸了。母亲认为凯文是她所见过的最友善、最有礼貌、最英俊的年轻人之一，她把自己的不爽都归咎于我。她让我觉得他好像帮了我很大的忙，对此我应该感恩一辈子。"这个好小伙子大老远跑来，就是为了陪你去参加舞会，你对他怎么样？弃之如草芥。"由于别人对我行为的反应，我变得更加痛苦和厌恶自己。这段感情是我人生中第一次尝试独立和信任自己的感情，但却失败了。这件事让我更加相信自己毫无价值，没有能力自己做决定。

我之前提到过，毕业舞会是导致我患上厌食症的两个重要事件之一。第二件事发生在毕业舞会后的一个月后，我的辅导员告诉我，我没有拿到班级第一名。我的第一反应是肯定哪里出了错，我怎么可能不是第一名。我是我认识的唯一一个平均绩点保持在 4.0、成绩单上全是 A 的人。成为致告别辞的学生代表已经成了我的使命，我自我同一性的方方面面都以某种方式被包裹在其中。

当我向辅导员表达了我的怀疑后，他向我保证没有错——我确实不是第一名。那一刻，我呆住了。我坐在他的办公室里想，我必须马上离开这里。墙壁似乎在向我靠拢，我觉得自己好像要窒息了。我迅速咕哝了几句必须回去上课的话，几乎是跑出了他的办公室，跑进了最近的洗手间。在那里，我让那一直在我体内涌动的剧烈的痛苦爆发了出来。我的放声大哭震颤了我的整个身体，我喘不过气来，几乎不能呼吸。我靠在墙上，慢慢地滑到地上，把膝盖贴在胸前，把滚烫的脸贴在冰凉的瓷砖上。"这种事怎么会发生在我身上？"我在脑海中尖叫着。为什么？我做错了什么？我不是为了得全 A 牺牲了一切吗？我不是一个完美的学生吗？当我的内心完全崩溃时，我怎么能假装一切都很正常呢？后来，我拼命挣扎，想维持自己那种"将一切稳稳握在手心"的假象，把痛苦往深处越压越深，希望它能神奇地消失。每个人都认为我是第一，如果他们发现我不是，他们会怎么想？要是他们知道就好了……我觉得自己是两面派，是骗子，就好像我在投射一个等待被揭穿的虚假形象。我正从我的"王座"上坠落，我知道这将是一次漫长而艰难的坠落，而且我很可能永远无法东山再起。

这一下摔得比我预料的还要厉害，它在很大程度上改变了我的生活，以至于五年后的今天，我仍在努力找回那些残片，企图恢复原状。然而，饮食失调是我最没料到的事情。在我的脑海中，我曾想象过人们会失去对我的尊重，贬低我的能力，把我看成一个无能的傻瓜，我自己也觉得自己是这样的。但这些都没有发生，唯一这么看我的人就是我自己。我是自己最大的敌人，无休止地责备和诅咒自己的愚蠢。毕业舞会上那个容光焕发、面带笑容的少女消失了，她是那么生机勃勃、精力充沛，取而代之的是一个丑陋、阴沉、早上几乎不能把自己从床上拖起来的人，因为她看不出自己的生活有什么意义。这种变化是戏剧性的，但从来没有人对此发表过评论，也许是因为我太擅长装出一副快乐的面孔，也许是因为他们觉得（或者希望）我正经历着一个普通青少年会面临的生活的低谷。但他们没有意识到的是，这不是一个会随时间流逝的阶段，而是一种会致命的疾病，它扼住了我的喉咙，使我几乎窒息。

我其实并不知道我的厌食症是什么时候开始的。回想起来，它似乎更像是渐进出现而不是突然开始的。我自己也不知道，为什么我要用食物来控制自己的生活。在此之前，我从未担心过自己的体重。我一直很瘦，但我想吃什么就吃什么——事实上，我是垃圾食品的终极瘾君子。巧克力、糖果、饼干、薯条——可能会对你有害，但我爱吃。当然，当我开始我的恶性循环时，这些东西是首先被抛弃的。随着时间的推移，我的食物黑名单越来越长，而我的摄入量却在逐渐且稳定地减少。

我对厌食行为最早的记忆是它带给我的隔离感，而不是饥饿。在高三的春天，我开始不吃午饭。之前，我通常都会和朋友们一起吃午餐，边吃边聊，但现在，我不再和他们一起去自助餐厅，而是把自己关在图书馆里，独自面对自己的痛苦，因为我觉得应该这样。我的朋友们立刻注意到了我的缺席，并对此发表了评论。我告诉他们，我只是在对感兴趣的几所大学做自己的调查研究。当时我并没有把自己往死里饿，但现在我意识到，我饮食失调的早期症状在当时被忽视了。

直到那个夏天，这种疾病才开始加剧。随着学年的结束，我不再需要每天与老师和同学打交道，我也就更容易把自己封闭在自己的内心世界，就像在一个无处可逃的牢房里。我觉得自己分裂成了两个不同的人——一个是狱卒，一个是囚犯，一边乞求怜悯，一边抽打自己。我不是躺在床上，就是躲在锁着的卧室门后面，无休止地哭泣。我的一部分在说："我恨你——你又笨又没用。"而另一部分在恳求："请不要讨厌我——我会更加努力，请喜欢我。"这是一个永远没有赢家的局面，无论我内心的囚犯怎样努力，都无法让狱卒满意。

当监狱的墙开始向我逼近时，我拼命挣扎着想要撑住。我在附近一家餐馆找了一份服务员的工作，想通过尽可能多的工作安排来保持忙碌。我的工作安排让我很容易向别人隐瞒我的饮食习惯。由于我父母都是全职工作，因此我一天的大部分时间都很安全。"我上班前吃了东西，休息时吃了晚饭。"我撒谎道。如果有人在工作中问起我的饮食习惯，我会回答说我母亲给我留了晚饭。与大多数厌食症患者一样，我在欺骗别人方面确实很聪明，而且一想到我能骗过大家的眼睛，我就很高兴。我发誓，没人能看透我。只有对别人守口如瓶，我才能感到安全，感到受到了保护，还能找回一些被残忍地剥夺的安全感。

我开始减少我的食物摄入量，最初的目标是变得"更健康"。我告诉自己，如果我坚持锻炼并减掉几磅①，我会更好看，感觉更好。经过一段时间的节食和锻炼，我减掉了5~10磅，事实上我确实感觉更好了。我之所以要改善自我形象，与其说是为了变苗条，倒不如说是为了强化一些我能够实现的"有形"的目标。我站在体重秤上，看着数字一天天地下降，就像我可以感觉到腰间的衣服在逐渐变得宽松。这是我可以成功做到的事情！也许我在学校里不够优秀，不能成为第一名，但我确实能够变瘦，这对许多美国女性来说都是一个巨大的困难。

我阅读了我能找到的所有关于健康、营养和减肥的文章，寻找能最快减肥的食谱，将每种食谱的细节拼凑在一起，形成自己的详尽计划。我知道了什么食物是"好的"，什么食物是"坏的"，并仔细阅读每一种食物的成分介绍，比较它们的热量和脂肪含量。去杂货店变成了一件大

---

① 1磅≈0.45千克。——译者注

事——我会在每条过道上都花上很长时间，试着寻找那些热量低又能饱腹的食品。出乎意料的是，吃东西成了我的强迫行为，成了我世界的中心。我投身到了减肥事业中，不再像原来那样专注于学业。

与我生活的其他方面一样，我对疾病付出了110%（当我全身心投入某件事时，我会做得很彻底）。然而，我追求完美的疯狂欲望又一次伤害了我，就像它对我的学业所做的那样。第一次减肥让我有一段时间对自己的感觉很好，但后来我开始质疑我的成就到底有多了不起。毕竟，我告诉自己，5磅真的不算多——任何人都可以用最小的努力在短时间内减掉那么多体重。现在，如果我能减掉10磅，那才叫了不起。减掉这么多体重需要更多的承诺和投入，如果我能做到，那就说明我真的能做一些重要的事情。于是，出于对自我价值感的渴望，我调整了自己的目标，开始追求新的目标。

当然，一旦达到新的体重，同样的事情就会再次发生，恶性循环就开始了。我刚得意一分钟，就有一个声音在我的脑后压制我的骄傲，说："好吧，也许你实现了那个目标，但我打赌你无法实现这个……"我发现自己陷入了一个自我毁灭的循环。即使我渴望成功，我也会竭尽全力确保它还在前方。一旦我达到某个目标，我就会设定一个新的、更高的标准。我对自己所做的事正是我讨厌父母对我所做的事。虽然我可以逃离我的父母，但我无法逃避自己。我将不知道如何取悦他们的沮丧内化，以至于无法看清和满足自己的需求和欲望。由于不知道如何满足自己，我被迫去寻找外部的价值指标。我的生活被体重秤上的数字所主宰，它支配着我所有的感情和情绪。如果数字下降，我就会感到安全和快乐（至少有一段时间是这样）；如果它朝相反的方向移动，或者根本不移动，我就会惊慌失措，疯狂地想办法重新控制自己的身体。我的每一种情绪都基于我的体重，我并没有真正意识到自己早晚会彻底失败，也没有意识到，自我价值来自内在，无法从外界获得。

当我继续追寻"完整"——我认为瘦能提供的自我同一性时，我没有意识到自己走的是一条自我毁灭的道路。我的身体变得越来越瘦弱，但我在镜子里看到的都是我必须摆脱的赘肉。当我的服务员工装变得太大，以至于我不得不使用安全别针时，我很高兴。一天，当我整理衣服时（我的衣服一天比一天宽松），我瞥见了我的舞会礼服，它的外面套着塑料袋，挂在衣橱的最后面。我决定再穿一下这件衣服，看看是否还合身。当我把塑料袋拿开时，我突然感觉舞会似乎是很久以前的事了，尽管实际上仅仅过去了几个月。我穿上裙子，拉上拉链，结果裙子从我赤裸、瘦骨嶙峋的躯干滑落到了地上。把我变成公主的优雅礼服不见了，只剩下一堆蓝绿色的缎子在我的脚边。尽管有些人对我无法重获舞会那晚的美妙感觉而感到惆怅，但我安慰自己说，至少我不像那时那么胖了。瘦是我所能抓住的一个衡量标准，让我相信自己比以往任何时候都要好。

我自欺欺人地相信自己做得很好。尽管我经历了饮食失调的所有症状——畏寒（尤其是我的手脚）、脱发、便秘、失眠、闭经、眩晕、皮肤失去光泽，以及彻底的"饥肠辘辘"——但我拒绝承认这些症状。我只记得那年夏天我被迫面对病情严重性的一次经历。那天，我起床后直奔浴室洗澡，当我走到卧室门口时，我的眼前猛地一黑，然后就感觉天旋地转，我不得不紧紧抓住门框，以免摔倒。我的心开始怦怦跳，我觉得我的胸部好像要爆炸了。那是我生命中第一次感觉自己正在面对死亡。我靠在门框上，身体哆哆嗦嗦地滑到了地上。剧烈的疼痛似乎刺穿了我的心脏，使我睁不开眼。天啊，我想，我对自己做了什么？我向上帝祈祷，请让我活下去，我会吃饭，我保证我会吃东西。我不会再减肥了，我会恢复正常的饮食，请别让我再这么难受了，我不想死……

濒临死亡的那种真实感让我非常震惊，以至于我的确给自己弄了些吃的。然而，这一恐怖事件的影响很快就消失了，没过几天，我又开始节食了。我避开了这个危险信号，安慰自己既然我活了下来，那就说明没什么事。当我牢牢控制摄入量的时候，一切都在我的掌控之中——我所向无敌，没有人能干涉我。饮食失调给了我一种难以置信的权力感和优越感，还有一种独立感。我可以证明我有控制力，我可以靠自己完成一些事情。

你可能想知道，我的家人在这一团糟的情况下到哪里去了，难道他们没有看到我日渐消瘦下去吗？我依稀记得他们不时地唠叨着要我吃饭，对于他们导致我患上厌食症，以及在我变得如此糟糕之前没有拦住我，我没有任何怨恨。我想他们和我一样只会拒不承认，承认自己的问题只会（最终也确实如此）打开一个充满问题的潘多拉盒子，这些问题远远超出了我不吃东西的范畴，涉及整个家庭。夏天快结束的时候，我母亲确实非常担心，并给我的儿科医生打了电话。在她解释了我的情况后，对方的建议是让我吃些维生素（这是应对食欲不振的方法），他没有意识到我病情的严重性。我想，也许正是这让我父母更容易掩饰自己的问题，医生的安慰让他们的心安了下来，因为家庭问题被"妥善解决"了，至少那段时间是如此。

不管怎么说，我至少成功地熬过了那个夏天，很快我的高四开始了。母亲试图提醒我，学校里的人对我消瘦的外表会有什么反应，但我看不出我现在的样子与高二结束时有什么不同，那时我至少比现在重20磅。她对形势的评估是正确的，我永远不会忘记开学第一天同学和老师们看我的眼神。他们瞪大眼睛，惊恐地张大了嘴巴，注视着眼前这个皮包骨头的人。三个月前，我还是一个健康的少女，现在只剩下一副裹着皮肤的骨架。当我走过大厅时，我感到非常不自在，所有人的目光都集中在我身上，每个人的脑子里都在嘀咕我戏剧性的减肥。我觉得自己就是个异类，我拼命地捂住树枝一样的胳膊，把身体藏在宽松的衣服下面。我对他们惊愕的表情的回答是，我生病了，所以身体很虚弱。虽然我觉得这么解释很合理，但似乎没人相信，不过，也没人再追问我，因为他们能够从我敷衍的回答中看出，我不愿意讨论这个话题。

在接下来的几天里，护士把我叫去了她的办公室。最近，几乎所有老师都对我的健康表示了担忧。我跟她说的借口跟对其他人说的一样——是的，我是减了一些体重，但一旦我病好了就ok了。她对我坚持说"一切都 ok"表示怀疑，但我向她保证我会努力恢复健康。当然，我是在睁眼说瞎话。我绝对没有打算恢复我以前那"非常肥胖"的体重。难道人们以为我真的会放弃追求苗条，仅仅是因为他们希望我这么做吗？我绝对不会让我在过去三个月里为这个项目倾注的心血付诸东流！我对别人干涉我的生活很恼火。我不觉得他们是在关心我，反而坚信他们是在试图破坏我的大计。他们只是想看到我在别的事情上也失败，这样他们就可以当面嘲笑我。我不会让这种事发生的！我会向他们展示我能做到！他们会惊叹于我能如此出色地减肥，至少会因此而钦佩我。我想，也许通过成功减肥，我可以弥补自己没能成为告别辞发言人的缺憾。尽管我毫无理由地拼命去取悦别人，但在乎我是不是第一名的只有我自己，讽刺的是，那是一个我无论如何努力都无法满足的人。

后来，一次关键的经历使我意识到了问题的严重性。当我为制作年鉴而翻看抓拍的照片时，我发现了两张我自己的照片。我把它们拿起来仔细查看，看着眼前可怕的影像，我惊恐地倒吸了一口凉气。那个人的脸像床单一样苍白，眼睛凹陷了进去，双颊干枯憔悴。蓝色的血管从她那麻秆一样的胳膊上凸出来，衣服松松垮垮地挂在她那脆弱的骨架上。她看上去一副病态的抑郁神情，活像一个随时都可能崩溃的可怜虫。那个人肯定不是我！在我盯着那张照片看时，眼泪开始在我的眼睛里打转。去年春天那个面带微笑、活泼的少女经历了什么？她就像一朵刚开花就凋谢了的玫瑰。当我意识到自己要崩溃时，我无法控制地号啕大哭起来。我的生命正在慢慢枯萎，我变得越来越虚弱和无助。"上帝啊，请帮我找回我的生活吧，"我祈祷着，"我不想死！"

你可能认为，在意识到自己患有这种疾病后，我就会积极地走上康复的道路。我确实也很想那样，我真的很想好起来，回到正常的生活中去。我试图说服自己和其他人，我可以自己解决和克服这个难题。我想，解决方法很简单——我只要吃点东西，把减掉的体重补回来，就没事了。不幸的是，一切并不那么容易。神经性厌食症代表了我 17 年来的情绪不稳定、心理混乱、破碎的梦想，以及我支离破碎的身份碎片。除了我的饮食，还有很多事情需要解决——在恢复健康之前，我需要面对和处理所有贯穿我人生的问题。每个人——我的家人、朋友、老师，甚至我自己——都花了很长时间才意识到这一点，意识到这种疾病的全面性和毁灭性。

尽管我很想恢复健康，但我却无法恢复我的身体所需的体重。可以说，我的问题已经不可逆了。最后，护士建议我母亲带我去看医生，说医生可能会为我提供康复所需的帮助。一提到这个问题，我就勃然大怒。"我没疯，也没打算去看心理医生！"我冲妈妈吼道，但她很坚决。然而，我去看的心理医生也无能为力。待她介入时，我的病已经恶化得太厉害了。大约一个月后，她告诉我的父母，她注意到她可以为我做更多的事情，于是她对我进行了康复评估，并让我住进了附近一家儿童医院的饮食失调服务中心。尽管我竭力反对住院，但母亲却平静而有力地坚持："我们可以强行使你入院，你在这件事上没有任何发言权。"最终我的父母"接管"了一切。

在我住院接受治疗的过程中，父母更关注的还是外在的我——我的身体和我的体重——而不是内在的我的发展变化。每当我给他们打电话或他们来访时，他们的第一个问题都是"你的体重怎么样了？"我的"好"是拿数字来衡量的，而这正是我一直努力想要摆脱的。我把我的整个自我同一性都建立在我的价值的有形指标上——分数、等级和体重——以我真实的内在自我的牺牲为代价。因此，我从未建立起自我导向的自我同一性。在我的治疗工作中，想要唤起我对冲动、需求和感觉的意识和理解是非常困难的，因为这些对我来说太"耗电"了。

在我入院之前，我和母亲的关系一度比较亲密。她总是那个更靠得住的人，如果我有什么问题或需要什么，我总是先去找她；与之相反，父亲是个懒惰的家伙。我不能指望他做任何事，除了物质上的需求。当我在医院的时候，情况发生了戏剧性的变化，母亲表现得很冷漠。我觉得当孩子处在这种境地时，所有其他的父母都会感到内疚，认为自己在某种程度上对孩子的问题负有责任，然而我的母亲并没有。她坚定而迅速地告诉我她不会为我的问题承担责任。当时，我觉得她太冷酷无情了，我想让她为她曾经说过或做过的导致我成为现在这个样子的一切感到抱歉。她理应为炮制了我不得不忍受的虚伪的家庭生活而感到内疚。相反，在我住院的那段时间，当我需要父亲的时候，他总是能很快满足我。我想他需要感到被我需要，需要感到他能掌控我的生活。他每天晚上都会给我打电话，想知道我这一天过得怎么样。在他经常来访的时候，他总是带着鲜花，我们会坐下来聊天、看电视，或者散散步。我记得有一次，我们甚至一起铺了床。做这些事情的时候，我感到和他很亲近。我想被照顾，而他似乎也愿意照顾我。我不想长大，而他又刚好想让我做"爸爸的小女孩"，这两者结合在一起帮助我维持了对他的依赖。虽然当时我认为他的行为体现的是一种关心和喜爱，但现在我意识到这只是一场权力的游戏。

矛盾的是，我们每周的家庭治疗会议并没能反映出这些新发展出来的互动方式。在那一小时里，家人的角色又回到了他们在我入院之前的日常模式。一开始，我真的很期待家庭治疗，认为它会暴露一些一直被埋在地下的重要和不稳定的问题，然后所有人最终一起解决这些问题，并且，我希望，我们能成为一个有爱、有凝聚力的团体，一个我渴望成为其中一员的完美家庭。不幸的是，这种奇迹般的转变并没有发生。我们的问题太根深蒂固了，以至于连治疗师都无法解决。这种治疗和我们的家庭一样，都是骗人的。每周都上演着同样的骗局，所有人——除了我自己——都在回避真正的问题，那些我们作为"一家人"需要共同面对的强有力的问题。我的父母总是想讨论厌食症的具体症状，那些对他们来说"安全"的细节，例如，"她为什么不吃红肉？"或者"她什么时候才能恢复正常饮食？"让他们认识到饮食问题并不是主要问题，厌食症源于我身份认同的核心（或者说我缺乏这种身份认同），是我面临的最困难的任务。我尝试提及我们家庭生活的某个具体方面，例如，我父母的婚姻，或者我弟弟将自己"与世隔绝"的尝试。但我还没来得及说完，父亲就打断了我，摇着头抗议道："她说得太夸张了，完全是小题大做。"

把我的情绪当作小事来忽视，远没有接下来发生的事情那么糟糕。"我们的家庭生活也许并不美好，"父亲承认，"但在她开始搞得一团糟、打乱我们所有人的生活之前，一切都还算正常。有问题的是她，不是我们。"我呆坐在那里，不敢相信自己的耳朵。他怎么能把全部责任都推到我身上呢？他真的认为是我想得厌食症吗？他真的认为我是故意要去做一些摧毁我们家庭的事情吗？我不想再置之不理，任由他责怪我。长久以来，正是我温顺地接受了所有的谴责并将其内化，然后反过来如此对待自己，才导致了我难以置信的内疚感和自我怀疑。我再也受不了这种折磨了。"如果你认为每个人的麻烦都是我造成的，那你就错了；早在我生病之前，我们就有问题了。"我反击道。令我吃惊的是，我母亲随后代表我对父亲说："你不能什么都怪她。我们也是问题的一部分。"终于有人站在我这边了！我用感激的眼神看着母亲，默默地感谢她把我从负罪感和自我怀疑的深渊中拯救出来。至少她开始意识到我的问题不仅仅是一个停止进食的简单决定。在这整个场景中，我的弟弟一直跟我们保持着疏离的状态。当被问到时，他通常只是耸耸肩。对于治疗师的问题，他只有两种标准回答——"我不知道"或"我尽量不去想它"。

在接受饮食失调治疗六周后，我回到了现实世界——回到了我的家，回到了我的家人、老师和朋友中间。不过，一切基本没有改变。我的父母仍然在吵架，我的弟弟仍然把自己关在房间里，我也仍然对节食着迷。虽然我的体重增加了，也吃得更多了，但我仍然一丝不苟地记录吃进嘴里的每一口食物。我拒绝吃红肉、垃圾食品或任何脂肪。

最终，我不得不承认，我一个人无法弥补我们的家庭存在的巨大缺陷。没有别人的合作，我的努力注定要失败。在意识到自己无法控制父母和弟弟的行为后，我不再妄想做家庭的救世主。然而，我可以改变自己在家庭结构中的行为和反应。而恢复过程中一个重要而困难的部分就是把我自己从家庭动态中解脱出来，以发展和接受我自己独立的自我意识。

真不敢相信，我的大学生涯就要结束了。几年前，我还是一个懵懵懂懂、热泪盈眶的大一新生，现在很多事情都变了，我已经大四过半了。在过去的一年里，我完成了一次完全的蜕变，从我的厌食症公开以来，我一直在想自己能否克服这种不幸的障碍，最终，我达到了这样一种境界：饿了就可以吃，饱了就可以停。我的康复在很大程度上要归功于药物的帮助，它让我不再那么执着，不再那么紧张。然而，我的康复过程也经历了起起落落。刚刚过去的这个夏天，我陷入了深深的抑郁之中。我感觉我的生活失去了控制，我辛辛苦苦追求的一切都崩溃了。我大部分时间都在哭泣和胡思乱想。我甚至不想在九月回到学校完成我的大四学业，但每个人都说服我要这样做。我接受了抑郁症的治疗，最后决定服药。虽然我之前的两位精神科医生也推荐我服用抗抑郁药物，但我一直坚决拒绝这么做。当回想起去年夏天我是多么糟糕时，我很感激自己得到了及时的帮助，在事情完全失控之前扭转了局面。最终，我开始自我感觉良好，对自己感到自在，而且真的开心了起来！

我的变化很大一部分是由于爱。是的，我终于遇到了一个对我和我对他一样有吸引力的人。在我生命中最艰难的时刻，他一直陪伴着我，与我的厌食症和抑郁症做斗争。我是在一年前认识他的。事情一开始很艰难，主要是因为我缺乏经验，而且还要处理自己的问题。性方面的事情吓坏了我，而且一想到要对他人敞开心扉，我就浑身不舒服。长期以来，我都是以自我为中心的，所以改起来很难。我还和他有了第一次性接触。这是另一个我一开始很难接受的问题，但现在，在和他一起生活了一个夏天之后，再回想起当时，我感觉很可笑。

我曾坚信我们会共度余生，幸福美满，彼此相爱。但刚刚过去的这个夏天，我们的关系陷入了困境。我们经常吵架，但更重要的是，我认为我们已经开始疏远对方。我们都知道，六月不仅会带来毕业，还会结束我们的恋情。对我来说，要接受这样一个事实真的很难，我眼中的完美无瑕的浪漫实际上是有问题的。我真希望事情能像我们计划的那样发展，但我想，现在我应该明白，生活并不总是像你计划的那样推进的。

你可能会问，接下来会发生什么？好吧，我已经在向前看了，在漫长的四年之后，我终于战胜了这个疾病。我感觉好像卸下了肩上的重量（没有双关的意思），终于准备好继续我的余生了——用他们的话来说，去"生活、欢笑和爱"。我对未来很乐观，如果说我学到了什么的话，那就是：我是个斗士……更重要的是，我是个幸存者。

/ 故事 10 /

仰望太阳

童年时代，杰克和他的朋友一起打闹、玩耍、探索，但到了中学，这些友谊就消失了，杰克认为自己（别人也这样认为）是个书呆子，是个很难理解友谊的运作方式以及别人的期望的人。他在高中时结交了一些亲密的朋友，他们一起欢笑、一起冒险，但在大学里，这些朋友又一次疏远了他，他几乎没有做什么来留住他们。接着，杰克经历了一段时间的抑郁期，在此期间他还曾试图割腕自杀，之后，生命中的友谊再度出现，这次，杰克努力更主动地与他人交往。

我的第一个记忆——我最美好的记忆——就是杰森和我在夏日明媚的阳光下，手拿霓虹灯塑料棒球棒，冲进我家的前院，疯狂地"砍"向蒲公英的头。

"保卫蒲公英的城市！"杰森喊道。

"保卫蒲公英的城市！"我一边砍一边跟着喊。

我们似乎有使不完的劲儿，一直在旷野上奔跑。渐渐地，我们累坏了，一屁股坐到地上，盘算着下一步该玩什么。暑假一天天过去，我们就这样打发着时光。我和我最好的朋友把我们的生活过成了一场场大冒险。

我家附近还有大约 15 个孩子，包括我的哥哥托尼，他比我大一岁半，我们从来不会觉得无聊。我们自由自在地从一个院子跑到另一个院子，或者钻进树林，沿着小河来到戴维森先生房子后面的田野，然后再回家。只有当我们不得不回家吃晚饭时，我们才会想起时间。我和我所有的朋友都没有固定的身份：在某个时刻，我可能是国王，也可能是间谍、警察、忍者神龟或鬼魂。我甚至没有意识到我们街上的两个女孩有什么不同，或者应该有什么不同——她们总是很自然地加入我们的"男子特攻队"。

不管是上学期间还是放假期间，每天晚上，司机巷（地名）周围的院子里都充斥着噪音、奔跑和游戏。一吃完早餐麦片粥，我和哥哥托尼就冲出去敲门，看看谁在附近。当我哥哥不能和我打闹、玩耍和探索的时候，杰森开始和我形影不离。和朋友们在一起很开心：他们都可以是任何"东西"，在每个新游戏开始的时候，我们都有一种新鲜感，似乎任何事情都可能发生。

进入中学之后，我仍然沉浸在这些回忆中，尽管我知道这样的生活方式已经不复存在。那些美好的岁月中都发生了什么呢？一切都显得那么开放和自由，那么温暖和幸福。我有这么多小时候的美好回忆。但是自那以后，大部分记忆都很糟糕。

四年级的时候，父母带我去看了验光师。我需要戴眼镜了，但那时除了艾丽卡没有人戴眼镜，大家都认为她是个十足的书呆子。现在我也戴上了眼镜，我知道这对我来说意味着什么。

"但是杰克，"验光师低声说，"你可以自己挑选一副眼镜，很多人都觉得戴眼镜看起来很帅。"

"那么，"我反驳道，"你这样说只是为了让我感觉好一点吧？"我知道验光师想安慰我，但我非常讨厌她那样说。我知道这个世界可能会很残酷，我不想也不需要任何人来帮助我自欺欺人。

上小学的时候，我的门牙上开始出现可见的鹅黄色斑点。牙医也不知道为什么，他们猜测可能和我吃了太多的氟化物或者和我小时候生病有关。我觉得大地好像从我的脚下滑了出去，我还是个孩子，而我周围的朋友却不是。他们好像总是远远地看着我，我知道这意味着他们在议论我。我和他们每个人都不一样了，我变得不同了。和女孩们在一起时，我变得非常紧张，几乎无法思考或说话。虽然我还会和几个朋友一起打牌，一起玩游戏，但我再也找不到当年在司机巷玩耍的感觉了。在那里，所有事我们都一起做，而在学校里，虽然有些孩子会和你一起玩，但有些则不会。不久之后，我意识到和我一起玩的孩子越来越少了。

到了六年级的时候，我的朋友已经所剩无几了——实际上只有一个，另一个叫杰克的孩子。他也戴眼镜，也喜欢读书。大多数孩子要么嘲笑我，要么拿我开玩笑，这让我很痛苦。杰克和我经常谈论时间旅行和外太空。他爸爸是天文学家，所以他知道各种各样有趣的事情。我和杰森在学校里见面的次数越来越少，我们不再是同班同学了。老师们开始把我拎出去一个人在走廊上做数学题。做数学题成了我一种小小的瘾，但也给我带来了不可否认的社会性后果，尽管我很想否认。

此外，杰森也已经长大了——长大了很多。他看上去很好，看着他，我突然产生了一种敬畏感。司机巷的一个女孩现在迷上了他，并且把他"盯"得很紧，所以他就不再花时间和我们在一起了。我开始越来越觉得杰森就像我的大哥哥，他比我年龄大，和其他孩子都相处得更好，我知道他会保护我不受其他人的伤害。与此同时，我的亲哥哥却很难融入社会，自从他对音乐和艺术感兴趣开始。尽管杰森经常帮助我，我们也共度了很多时光，但我越来越觉得我们已经成了"面儿上的"朋友。

我的人际问题源于我喜欢学习，没有人喜欢在学校表现好的孩子。我大概三年后才意识到这一点。在此之前，我已经被贴上了书呆子的标签，一天，在回家的公交车上，一个邻家女孩告诉了我这个事实：

是的，杰克。所有人都认为你是一个书呆子，你戴眼镜，又喜欢读书，你一直在做数学题，但是我觉得你还好——我的意思是，虽然你是个书呆子，但我并不觉得你有多糟糕。

什么？书呆子？这到底是什么意思？直到初中毕业，我才痛苦地明白这意味着什么。在学校里，没有人愿意和我说话，其他孩子甚至不等我离开房间就开始拿我开玩笑。到底发生了什么？我太迷茫了！事情来得太快了，我一个朋友都没有了，就连另一个杰克也不跟我说话了——他看上去仍然有点呆，但人们都接受了他。我无处可去，我所在的年级只有大约80名学生，每个人都知道自己在干什么，每个人都处于某种无形的等级制度中，然而对我来说，在这种等级制度中处于什么位置仍然是难以捉摸的。

上初中的时候，令我琢磨不透的事情不断地发生。七年级的时候，在乘车回家的路上，杰森问我想不想去他家过夜，他还邀请了杰奎和米奇。杰奎是我的同班同学，而我对米奇的了解并不多，只知道他的父母离婚了。我和杰森在二三年级的时候经常在外面过夜，但现在已经有一段时间没有这样了。一想到被邀请回他们的圈子，我就兴奋不已。

在整个通宵派对中，我感觉就像有电流流过我的血管。我们一起吃薯片，玩到很晚都不睡觉，但这并不重要，重要的是在一场真心话大冒险的游戏中，我做出了一个非常艰难的决定，说出了我喜欢斯泰茜·皮拉马尔的事实。

"你喜欢斯泰茜·皮拉马尔？"

"是——的！"我试探性地确认了一下，等待着他们的反应。

"所有人都喜欢斯泰茜·皮拉马尔。"

"我不喜欢。"杰奎说，然后他们就开始七嘴八舌，乱成了一锅粥。

"是的，没错，我敢打赌，所有人都喜欢她，她是如此迷人。"杰森说道。

"哦，好吧，但是她没有杰西卡迷人。"

"你觉得杰西卡漂亮？"

"至少她胸很大。"

"是杰西卡·布朗尼，而不是杰西卡·史密斯？"

"老兄，当然不是杰西卡·史密斯，她看起来像一头母牛。"

"是的，我知道。"

这到底发生了什么？我之前从未听人这样说过，也从来没有告诉过任何人我喜欢斯泰茜·皮拉马尔。

"斯泰茜·皮拉马尔，不错的选择。"杰奎说。

麦加插嘴道："还是没有杰西卡漂亮。"

"你们觉得我和她有戏吗？"我询问道，以为他们可能比我知道的多。

麦加笑了起来，然后忍住了，杰森则什么都没有说，只是望着杰奎。

"嗯……"杰森开始说，"可能，我的意思是我不知道，我不怎么和斯泰茜·皮拉马尔说话。"

"我打赌她肯定喜欢你！"麦加说。

"真的吗？"我吃惊地问。

"不！"杰奎说着，猛推了一下麦加，"他是开玩笑的。"

"等等，真的吗？"我又问道。

杰森说："嗯，那你为什么不请她跳舞或做些什么呢？"

麦加又笑了。

"什么？"我惊讶地问道。

"没什么，"杰森说，"嗨，让我们来玩超级玛丽吧！"

那晚的后半夜，杰森从他的背包里拿出来一张光盘。

"看看这个！"他喜笑颜开地说。

"啊，你买到了，太好了！"麦加说。

"那是什么？"我问道。

"色情影片，老兄！"杰奎回答道。

我沉默地看着我看到的身体部位和我从未想象过的事情。我很好奇，但也很尴尬，觉得其他人在屏幕前欢呼和评论正在发生的事情侵犯了我的隐私。

"伙计们，杰森的父母会听到的，我们会有麻烦的。"我紧张地警告说。

"不可能的，我们一直在地下室，他们都睡着了。而且，不开声音的色情影片是没有灵魂的。"

后来，米奇和杰奎取笑我在看色情影片时不说话，还取笑我不想和他们一起去戴维森家后面燃放"黑蝰蛇"烟花。

那次在外过夜让我完全惊呆了。一方面，我觉得自己和这些人更亲近了，和杰森更亲近了，这是多年来我和他人最亲近的一次。但我也觉得自己有点不知所措：我不明白他们为什么要说那些话，尽管那些闲话、咒骂和脏话令人兴奋，但也似乎非常奇怪和错误。但这些人看起来很酷，我需要他们喜欢我。

我在学校里也遇到过同样的问题。那些家伙经常取笑我，大多数时候我都不知道自己到底做了些什么导致他们如此对我。即使是那些我隐约觉得算我朋友的家伙，也表现得好像只要我做错了一件小事，他们就会背叛我。跟女孩们的交往更糟，在学校的一次舞会上，我终于邀请斯泰茜跳舞了。她也答应了，但从她的勉强和不与我进行眼神交流中，我看得出她只是出于同情才答应的。我又伤心又生气，告诉自己一定要改变。

我想，如果我看起来跟别人一样的话，那我也会被认为很酷，或者至少不会被取笑。于是，高一那年，我缠着父母给我配隐形眼镜，牙医也终于给我戴上了超薄的白色牙套。自从上七年级以来，我每天都要做300个仰卧起坐。杰森告诉我，如果我喝更多的牛奶，就会变得更强壮，所以我不再喝汽水，开始每天喝大约八杯牛奶。尽管我仍然不喜欢或不信任身边几乎所有人，但我还是一点点地弄明白了该如何生活。我需要一个朋友，一个不会讨厌我的人，我还需要一个女孩——至少一个体面、可敬的女孩——来喜欢我。

与此同时，司机巷的孩子们不再一起出去玩了。一个很受欢迎的女孩后来变成了瘾君子。托尼把他所有的时间都花在了为乐队的音乐会练习和参加空军训练俱乐部。他回家只是为了吃点东西，吃完就又冲出门去。杰森在另一个班上，他所能做的仰卧起坐的个数比我体重的斤数还多。他的哥哥整天待在音乐教室里，孩子们开始开玩笑说他是同性恋。住在我家后面的孩子开始和那些在学校卫生间吸烟的"邋遢鬼"混在一起。至于我，我开始读哲学：《禅与摩托车维修艺术》（*Zen and the Art of Motorcycle Maintenance*）和《悉达多》（*Siddhartha*），以及艾伦·瓦茨（Alan Watts）和克里希那穆提（Krishnamurti）的作品。我开始沉迷于如何超越那些我认为肤浅的超酷的孩子、愚蠢的女孩、炫耀、无意义的任务……无论我看向世界上的哪个地方，我都认为人们是如此肤浅和简单，我讨厌这样。每隔一段时间，我就会去看看我们曾经一起玩耍的旷野，它们现在变得非常安静，而我则感觉怅然若失。

托尼和我"相依为命"。我们一直都很亲密，随着时间的推移，我们不再像小孩子那样争吵，而是在我们做的每件事上都发展出了一种"机长"和"副驾驶"的关系。他动手做东西，而我则替他编写电子程序；他当司机，我当炮手；他玩杂技，我就是"工具人"。我们给彼此起了代号，带着一点骄傲和顽皮，我们称自己为"兄弟连"。是的，我们还是很亲密，但就是他不再像以前那样总是在我身边了。

就在那个时候，我很幸运地交了几个朋友。第一个是安迪。当时我和其他孩子被邀请去朋友家过夜，我们一起玩我喜欢的纸牌游戏，安迪不小心弄坏了主人家的门闩。我注意到他很沮丧，害怕自己会被责骂，又没钱支付修理费。虽然我不认识他，但他看起来真的很沮丧，于是我找到了一些工具，把门闩重新装好。当我玩完游戏后，他问我是否想玩电子游戏《任天堂明星大乱斗X》（*Super Smash Brothers*），然后他开始教我这个我们后来一起玩了很多年的游戏。我们还一起打牌、开玩笑——我们把这些叫作"日常"。就这样，我们开始了一段持续至今的友谊。

第二个男孩是斯科特。我们在同一个少年足球队踢了几年球，我们都是后卫。刚开始的时候，我们不怎么聊天，但当我们发现我们都喜欢玩一些相同的卡牌和电子游戏时，我们开始一起出去玩。这两位朋友来得正是时候，因为我哥哥对空军训练营越来越感兴趣，而我也不再是他的"副驾驶"了。每当我让他和我一起做些事情时，他不是忙着在网上和女孩们聊天，就是离开去做一些与空军有关的事情。

和我一样，我父亲在人际关系方面也很有压力。他的工作经常涉及处理人力资源部令人不愉快的问题。他曾说，在他晋升之前，他最喜欢的工作是写公交时刻表，因为这就像解决逻辑难题一样有章法可循。随着年龄的增长，我在自己身上越来越清楚地看到这种遗传倾向。上高中的时候，有一次我在女朋友家过新年夜，我和父母的沟通出现了失误，事实上他们不知道我有此计划。第二天，我和爸爸去办事，他盯着挡风玻璃，开始了一段冗长而折磨人的演讲，大概是这样的："你知道，你做的事情……会有严重后果的……如果你的所作所为产生了一些不想要的结果，你未来的生活会受影响的，所以你必须小心那些可能危及你的事情。"我打断了他的话："你是在说我和克里斯汀吗？我们没有做爱，爸爸，没事的。"他似乎松了一口气，谈话也中断了。通过这一点，我不再那么责怪他的行为了。他告诉哥哥和我，他自己的童年压力有多大，甚至还告诉我们他曾因交往困难而约见过社工。

当我回忆我的生活时，我意识到我父母对我的生活并没有明确或决定性的影响。我不认为他们会在意我是科学家、教师还是投资银行家；相反，他们提供的都是某种无声的指导。后来，当我回头翻我的旧玩具时，我发现它们大部分都是教育性的，比如化学工具、显微镜和拼图。我喜欢父母对我的这种非指导性教育，可以让我做任何我想做的事。我认为这正是我不愿听从指挥的原因（我在童子军营只待了两个星期，在民航巡逻队只待了一个月），但这也给了我独立思考的机会，所以我父母对我的影响还是很大的。我从他们身上学到了很多——母亲的耐心和公平、父亲的勤奋（尽管有时会适得其反）和不抱怨，以及他们对简单生活的渴望。这些性格特征是他们通过时间和言传身教慢慢传递给我的，所以虽然父母对我成为现在的自己很重要，但我并没有太多刻骨铭心的时刻可以提。

与之相反，我的朋友们对我生活的影响是显而易见的，而且是时时刻刻的，这种情况直到高中才有所改变。我的新朋友们对我有点挑剔，甚至有些无礼，尽管通常都是一些无伤大雅的傲慢和玩笑，但我很难接受。最后，我的一个朋友直截了当地告诉我："当有人取笑你的时候，冷静下来，随声附和，玩笑而已，你不应该当真。"我们都笑了。当我回想起高中生活时，我所能记得的就是我们一起笑得肚子疼。这并不是因为我们的笑话很搞笑——其他人可能都 get 不到笑点——而是因为我们学会了嘲笑我们周围的世界、嘲笑别人的荒唐和愚蠢、嘲笑老师和家长的专横。

渐渐地，我发现自己和密友们聊天的话题越来越严肃。斯科特会和我谈论与女孩们交往时的沮丧和挫折，安迪开始和我探讨"这"一切意味着什么。谈论自己对事情的感受是很困难的：大多数时候，我不知道自己是难过、嫉妒还是生气——有时甚至连快乐也很微妙。我并不总是相信自己会很快乐，我担心如果我觉得自己很快乐，接下来就会发生非常糟糕的事情。

我被这些新的对话深深地吸引了。安迪和我会在学校或公园里散步几个小时，谈论女孩、哲学、田径运动和学校里的挫折。我们也花了很多时间在校外练习掷铁饼，同时谈论我们的投掷方式和生活。安迪的脚踏实地给我留下了深刻的印象。在女孩、友谊和人际关系方面，他给了我很好的建议，并帮助我理解他人。例如，他预测说，我的第一个女朋友会想嫁给我（事实上，很多女孩对待自己的第一个男朋友都是如此，她们总以为自己找到了真命天子），而他说对了。这很滑稽，因为安迪根本就不是优等生。

我的感觉越来越好，对生活也更放松了。斯科特、安迪和我把我们所有的空闲时间都花在了一起做一些事情上：打乒乓球、玩电子游戏、打牌、玩飞盘或台球。甚至当我们谈论我们的希望、我们的恐惧时，我们的手也没有闲着。后来，我的一位老师提到，男孩和女孩说话的方式是不同的，男孩会坐着看别的东西，而女孩则会看着对方。我想了一会儿这个问题，如果要我在向斯科特或安迪讲述自己的时候看着他们的眼睛……那将是极其尴尬的。我没有试过。我可以用这种方式跟女孩说话，但我决不能用这种方式跟另一个男人说话。

事实证明，我不能总是在和朋友聊天时不直视他们。在一个无聊的周六晚上，我无处可去，只好和几个我不常来往的田径队队友一起在一个布满灰尘的电视放映厅闲逛。我们在寻找一个可以冒险的机会。冒险，冒险，总是在寻找冒险。在每一次短暂的交流中，我们都渴望能集体做点什么。每次我们都会审视自己有限的选择，我们住在米尔黑文，那里仅有的三家商店每天晚上八点之前就关门。

有人建议我们开车去附近兜风："我们出去看看会有什么发现。"也许我们希望，如果我们一起出去的话，会发生一些疯狂的、令人兴奋的事情。然而，那时我只有 16 岁，对这种可能性更多的是怀疑。后来，我的年龄越大，就越觉得这个小镇真小。

当我们开车将要经过斯科特家时，其中一个家伙建议我们给他来个恶作剧。但没有人有什么好主意，而且，斯科特的父母不是那种对恶作剧一笑了之的人——他们的房子布置得像博物馆和礼品店一样整洁。其中一个家伙买了一包纸杯蛋糕，所以我们将就着把两个纸杯蛋糕贴到了斯科特家货车的挡风玻璃上，然后大笑着撤离了现场。当斯科特发现后，他一个星期都没和我说话。我觉得这很可笑，因为我们在同一个班级，还一起参加田径运动，而且我们的朋友圈有 95% 的重叠。

一周后，斯科特在训练后找到了我。

"我真没想到你能做出这种事情。"他说道，并失望地盯着我。

"开个玩笑而已，只是一些愚蠢的恶作剧。"我抗议道。

"我一直以为，无论如何你都会支持我，我真没想到你会这样。"斯科特说，比我想象的还要沮丧。

"老兄，那不代表什么的，只是个玩笑而已。"我们的谈话就这样继续着，合情合理，但在两个完全不同的层面上。最终，我意识到这样解决不了问题。

"听着，"我说道，我总得找个办法让他明白，"我不认为这事很严重，但我知道你认为严重，对此我很抱歉。但你知道，如果真的发生了什么大事，比如严重的事情，我肯定会支持你的。"

我也不知道我说这话是什么意思，但我知道他想听这些，我也喜欢和他做朋友，但我无法想象什么是"严重"的事情。和女朋友分手？我猜，或者是有人想揍他。

他看起来释然了："谢谢你，我的好兄弟。"

我心里想，这太奇怪了，我们就这样和好如初了。

虽然我们每天都见面，但我还是不太理解斯科特。我们都跑步，数学都很好，玩的电子游戏也是一样的，甚至好几次喜欢上相同的女孩，然而，他所做的很多事情我都难以理解。我们的很多空闲时间都是一起度过的，但他似乎总是在"高需求宝宝"和"冷血人"之间来回切换。当我的 SAT 取得高分时，他并没有祝贺我；当我告诉他我被选为田径队长时，他也只是直勾勾地盯着前方，一声不吭；当我告诉他我被达特茅斯学院提前录取时，他一句话也没说就冲出了教室。有时，我真觉得他是个奇怪的家伙。我是说，他不是一直在强调友谊的重要性吗？

我没有多少时间去弄明白这个问题了。当大学录取通知书送达时，我知道我们很快就要分道扬镳了。我要去北方学习政府管理，安迪要去当地一所公立学校学习艺术，而斯科特则将在几个小时车程之外学习工程学。在我们花了那么多时间来了解彼此之后，我想我应该为离开而难过，为必须重新开始而难过，但我并不难过，因为即使我们的最后一个暑假快结束了，我还是无法想象这件事会发生。它看起来一点都不真实。

在我高中毕业那天，我没有让任何人在我的年鉴上签名，我很早就离开了，这样就没有人会和我合影。待在那里的感觉很糟糕。

大学很有趣。刚开始的几个月，我和同学们都在讲述我们在高中时搞的恶作剧和我们暑假去了哪里，我发现那里的人对讨论和思考很感兴趣。这是一个很好的转变：我可以拿出一本我正在读的书，而不会被称为书呆子；我可以分享我对社会如何运作的思考，而不会遭人白眼。

在大学的第二天，我就找到了极限飞盘队，这是一个神秘而开放的团队，由非常伟大的运动员和性情温和的参与者组成。到了大一的第二个学期，我那庞大的"新生流动队伍"（很有可能）已经缩小到只剩下一群熟悉的队友了。我的空闲时间都给了杰克和凯特。杰克是另一个和我很像的年轻人，还和我同名，他永远都挣扎在对道德和人际关系的苦苦思索之中。凯特是一个可爱的女孩，看起来很有趣。此外，自从我在高中开始约会后，我几乎每隔几周就会有一个女朋友，现在我想再找一个。

我和凯特约会了一年，尽管在第一个月后，我就知道我们没有任何共同点，无法再忍受和她在一起。大多数时候，我甚至不想和她亲近。但每当她想分手时——大约每周两次——我都会坚决反对，并声称我们一定可以使我们的关系更好。

"我们根本就没有维持一段良好关系所需的'火花'。"她说。

"根本就没有'火花'这种东西。平平淡淡才是真。"我回答道，觉得她很幼稚。

然后有一天，与之前的很多次一样，她打电话说想分手。我想我心里一定有什么东西突然改变了，因为我竟然说了声"好的"，而且很高兴一切都结束了。

在和凯特分手后不久，我开始和阿尔蒂娜调情。阿尔蒂娜对我来说就像毒品一样。她是我想要的一切，使我陷入了美妙的痛苦之中，我像上瘾了一样欲罢不能。她喜欢读书，鄙视世界上随处可见的虚伪，而且会莫名其妙地暴怒、恶毒地咒骂。上一个小时我们还躺在大学的草地上，仰望星空扪心自问活着的意义，但下一个小时，她就会边捶打我边喊道："离我远一点，我一点都不好，我只会让你受到更大的伤害！"有一次她生病了，我给她送去了鸡汤，但我读不懂她的表情——不知道是悲伤还是感激。她对我来说是一个挑战，也是一个秘密，我想了解更多并分担她的痛苦。

我不再去尝试认识新朋友，而是紧紧地抓住一个熟悉的小圈子，他们都是极限飞盘的队友。我沉醉在熟悉的环境中，和五六个男女朋友躺在一起，喝着热可可，看着电影，玩上几个小时的《任天堂明星大乱斗 X》，我很享受这种温暖和满足。

但是，有些地方还是出了问题。我开始故意误导我周围的人了解我的生活。我很少提到阿尔蒂娜。我总是神神秘秘的，很少直视别人的眼睛，甚至对最简单的问题也避免直接回答。

"你要去哪儿？"我刚要离开房间，杰克抓住我问道。

"我不知道。哪儿也不去，只是做些事情。"我说。

"你又要去找她吗？"他问道，显然不支持我。

"我不知道，也许吧，"我咧嘴一笑，"也许去找她，也许只是去餐厅。"

我仍然设法与队友交流，因为我经常被询问意见。我和他们分享了我头脑中痛苦的理想主义想法，现在回想起来，我觉得人们之所以把他们的问题告诉我，是因为我能够冷静地听他们说，而不是因为我提的建议。杰克开始疏远我，并且开始找新的女朋友，对极限飞盘也不再着迷。我不知道杰克是否知道他是我唯一的朋友，当他渐渐离开我的生活时，我没有挣扎着去抓住他。

我还有几个"闺蜜"——都是女孩，但她们并不是"兄弟"，我不能像跟男生那样跟她们玩，因为她们对比赛的输赢无所谓。但是她们有一种强大的倾听能力，无论我说了什么，我都会惊讶于自己从她们那里得到的同情和安慰。

就在那个时候，我开始自伤——割腕。我也不知道为什么要这样做，我并不是特别想死，尽管我总觉得死了也没关系——毕竟那时我已经死了，还有什么好在乎的。这种想法是一种奇怪的安慰，我沉浸于其中。我把伤口藏了起来，也没有告诉任何人，但在某种程度上，我还是希望能有人注意到。我有时会戴个护腕，既是为了遮盖伤口，也是为了吸引别人的注意。

自伤是一个令人兴奋的秘密。我能感觉到即将来临的死亡，一种解脱的兴奋。这是我袖子里最后一张王牌，我喜欢那种"总有逃生路线"的想法。此外，我没有任何戏剧性、情绪化或夸张的感觉，我只是不明白活着的意义。

有一天，当阿尔蒂娜尝试解决她自己的一些问题时，她问我："你难道不怕你可能会一事无成吗？我不知道……死了或者是消失了，然后没有人记得你？"我抬头看着破碎的天花板，不假思索地回答说："事实上，我觉得这是不可避免的，这是一个非常好的想法。"

很难想象我能把我自伤的事情告诉我的朋友们，但最终，我还是告诉了一些人，一些与我走得比较近的女孩。回想起来，我从来没有告诉过任何男孩这件事。我不想让他们试图来帮助我，因为那样的话我会觉得特别不舒服，即使被他们发现，我也只是淡淡地说："没关系，不管怎样，那都是很久以前的事情了。"然后尽可能快地结束谈话。

我从来没有寻求过帮助，无论是向专家还是向我的朋友们。事实上，我甚至不认为我有问题。我的世界感觉非常孤独和疯狂，就像一个喧闹的集市，大多数人只是想从你那里得到他们能得到的东西，然后离开，除此之外，什么事都没有。这种感觉有时会在令人惊叹的自然美景中得到缓解——比如有一次，我徒步穿越我家附近积雪覆盖的农场。当我茫然地盯着眼前的白雪皑皑时，我感到自己被一种我无法解释的力量攫住了。感觉就像这个世界，这个巨大的世界，在召唤我回到它那平静的小溪。当我手里拿着刀的时候，我觉得也许我可以融入那份宁静。但这些时刻都很罕见。

回到家并没有给我多少安慰。现在，米尔黑文的生活节奏似乎慢得令人痛苦，我也不跟父母谈论我的私人生活。安迪还在镇上，似乎永远都不会离开。我的手指按着他那熟悉的电话号码，想知道再见到他会是什么感觉。最后，像往常一样，我把车开到他家的前门，我们笑得很开心，开了一大堆只有我们才懂的玩笑，然后开始了我们"记得什么时候，你……"的谈话。我们坐在车里，像往常一样，大声播放着音乐，我们就这样一直待到深夜。

这种感觉就好像我们之间的友谊并没有随时间的推移而改变。

我们边开车边回忆着，路过了街角特纳的家，穿过了我们扔铁饼的田野，然后是整个小镇，我们做着我们当年的"日常"事情：开玩笑、玩《任天堂明星大乱斗 X》、玩卡牌、喝茶。但我一半的心思都在远处想，事情难道不该有所不同吗？车里面的笑话开始让我感到不舒服。

"嗯，罗伯特先生可能会过来给我们带一些奶酪三明治。"安迪说。

我心不在焉地笑着。

"就像当年，"唐尼喊着，"嘿，朋友们，我们今天要扔铁饼吗？"

这样的情景开始涌上我的心头，难道这些人都没有改变吗？难道我们都没有成长吗？发生在我身上的事情太多了，在那些事情的背景下，回忆过去至少算是一些安慰。

在我开车送安迪回家的时候，我们决定像往常一样出去走走。我选择了果园附近的一座小山，我们过去经常去那里冥想。我们默默地向山上走去，心中充满了对夜色的敬畏和害怕被抓住的紧张。到了山顶，我们看了看下面的夜景。我们保持着沉默，当我们中的一个人感到必须说一些深奥或有趣的话时，这种沉默就会不时地被打破。大多数时候，我们只是天马行空地思考和张望。

我把安迪送到家，没有多说什么，就开车回家了，心里盘算着我们将来会变成什么样。这种熟悉的感觉虽然让我很舒服，但对我来说已经开始显得肤浅。我们就只有这些了吗？我回想起我们花在掷铁饼上的时间。这意味着什么？有一天我也会以同样的方式回顾我现在的生活和朋友吗？我又要离开了，不知道下次回来会是什么样子。

我根本不知道，我即将迎来一生中最痛苦的一个月。在我大三的时候，我休学了三个月和朋友金姆一起去上海找工作。然而，金姆并不是真正想找工作，纯粹就是想游玩。我觉得不得不留下来照顾她。当时我很痛苦，上海比预期的要冷得多，但由于我认为这次没有收获的旅行是在浪费时间和金钱，所以我拒绝花钱买冬季夹克，或者足够的食物，或者新鞋子，或者博物馆门票和其他任何活动的门票。金姆觉得我令人难以忍受、令人沮丧。"你就是放不开。"她说。当她这么说时，我崩溃了，哭了好几个小时。这是真的，我知道。我内疚地哭了，为我所有的痛苦，为我给她带来的所有不开心。

那几个小时的哭泣是一种完美的宣泄，在那之后，尽管我对这次旅行中无数理念上的分歧仍然感到无可奈何，但我笑得更多了，努力让金姆玩得开心。这对我来说非常重要。但在这一切的背后，我仍然无法放轻松。我看到我是如何破坏了我们的旅行，此外，对于用我不太能理解的方式来改变我的生活和态度，我也感觉非常吃力。

从上海回来之后，又到了极限飞盘的赛季。事情看起来好多了，我在队里有了更多的朋友，当球队去参加比赛时，我也没有感觉很孤独。我不再在兄弟会的聚会上随便勾搭女孩子了，那总是让我感觉很空虚。我也开始更了解我的一个队友——梅森。

梅森这个人很难形容。他是我见过的最聪明的人，可能也是最有同情心的人。他似乎从不睡觉，还会做一些疯狂的事情，比如在一天当中的任意时刻穿着海盗服装闯进我的公寓，抱着一个音响、一套桌游和一瓶伏特加，建议我们玩"糖果世界"的游戏。

我们开始漫无目的地交谈，但我不记得都谈了些什么。他是那种认识校园里所有人的人，我想对他来说，我只是另一张脸。但我发现自己越来越多地和他坐在沙发上，谈论我的"大问题"。我们坐在沙发上凝视窗外，仿佛在凝视深渊。和他聊天时，我感受到了一种难以描述的舒服和自在——他很善于倾听，然后温柔地说出他的想法。通常，他不会直接告诉我答案，而是会问我一些问题，让我多谈谈自己的想法。

有一次，而且仅有的一次，我跟他分享了我对于性的感受。我几乎什么都没说，但是当我抛出这个话题的时候，我感受到了一种赤裸裸的不适。我继续颠三倒四地想着如何跟他说这个事情，当我说完后，梅森笑了。

“你笑什么？！”我说。

“没，没什么，苏克西。”他回答道，叫着我在飞盘队的绰号。

我打量了他一会儿，说：“你一直在笑，到底怎么了？”

“嗯……我只是为你感到高兴。”他说。

他离开后，我绞尽脑汁地想他为什么那么高兴，我想是因为他注意到我开始敞开心扉了。

在飞盘队的时候，我一直都把比赛看得非常重要，我非常努力，也希望能提高自己的水平，但我觉得太在意它就意味着更多的渴望，最终会带来更多的痛苦。我默默地批评那些看起来太想赢球的队友。

那年春天，我们队在一场比赛中强势突围，入围了全国联赛。我和梅森是后方防守，他打得比平时还要好。最后，我们成功了——逆转了比分，取得了胜利。比赛结束后，我们筋疲力尽，但高兴得发狂，欢呼雀跃。那一刻，我们真的团结在了一起，就像一个团队。梅森哭了，我想是因为他觉得这一切太美好了。当我看到他的时候，我感觉我的后脑勺被人给了一棍。我在做什么？我觉得自己就像一个噘着嘴的小孩，而梅森却给别人的脸上带来了微笑——包括我自己，不管我怎么否认。我必须醒过来。

在我大四的时候，我开始参与欢迎和指导新生的工作。我真的很喜欢这项工作。与此同时，我还在和桑玛约会，她是另一所大学的一个体贴而古怪的女孩，我们是在玩飞盘时认识的。我们有很多共同之处，很快就走到了一起。我们会一起散步、开玩笑、互相吐露心事。我想她是我第一个真正在乎的约会对象，在我眼里，她不仅是我的女朋友，还是个独立的人。

在过去，每当我和女朋友有分歧时，我就会认为她不是疯了就是需要帮助，或者想法有问题。我并没有兴趣以开放和诚实的态度看待她或我自己——我只是认为我是对的，并想要证明这一点。也许我在不知不觉中已经成熟了，当然，我也很喜欢桑玛，所以当她难过的时候，我也真的很难过。这种感觉对我来说是全新的。

无论如何，事情看起来都越来越好。尽管我的抑郁症还是会不时发作，但次数明显减少了。我很少再自伤，而且当我划伤自己的时候，我产生的快感也不再那么强烈了。我开始和朋友们谈心，尽管这样做对我来说很困难。但是谈论一些共同的兴趣，比如飞盘或《任天堂明星大乱斗X》，或者把我们的个人问题当作抽象的东西来谈论，比如“我现在觉得要取得成功是一件很有压力的事情"，依然很容易。

有一次，我和室友的谈话让我印象很深刻。他告诉了我他大学毕业后的计划，我感觉他很沮丧。我本能地想从谈话中抽身出来，但当时我坐在他车子的副驾驶座位上，无法离开——还好他在开车，无法直视我的眼睛。他说话的时候，眼睛直直地盯着前方，他的话语中充满了痛苦：来自父母的压力，对自己生活的迷茫，对自己的关系失去了控制。我听了很难受，坐在那里不住地扭来扭去。不过，最后我们还是聊了起来。我问了他一些问题，给了他一些保证和建议，最后感觉和他更亲近了。我们在一起住了三年，但在那之前并没有进行过如此开诚布公的交谈。

接近我的男性朋友们是一种有趣的感觉。一方面，他们很有趣，我想和他们说话，更好地了解他们；另一方面，和他们谈论他们的痛苦和恐惧，对我来说就像做指压按摩：尽管之后可能会感觉很好，但当它进行的时候，却会带来钻心的疼痛。我不明白为什么尽管我进行了大量的内省和冥想，但还是难以理解自己这种避免亲近的习惯。毕竟，他们是我最好的朋友。

大学毕业时，一切似乎都达到了高潮。大约一个星期后，我们就都要离开了，所有大四学生在期末考试结束后和毕业典礼开始前的日子里都无所事事。梅森冲进我的公寓，兴奋地咆哮着"这是我见过的最酷的小路"，以及我们"必须要走"。那时，主要是受梅森的影响，我学会了放轻松，离开自己的舒适区，去尝试一些即使我不能马上看出意义和重要性的事情。我们一边走一边聊，这条小路通向河边的一小块空地。我们在那里找到一张破旧的沙发，坐在上面继续交谈，谈话渐渐转向了更私人的领域。我们不时地看看彼此，在谈论严肃的事情时，我越来越善于和对方进行眼神交流。

我不记得他是怎么跟我说的，但最后他说他是多么地喜欢我。他甚至可能还用了"爱"一词——他是那种会说出这种话的人。我不知道我是否遇到过其他会这样做的人，这是第一次有人对我说这样的话。

"梅森，"我对他说，"我不知道你看上我哪一点了。"

"我知道，苏克西。"他说。

那次谈话已经过去两年了，但我还是不明白。那天，梅森还谈到了他生活中担心的一些事情。和其他人一样，我也尊重梅森的外向和决心，他能让每个人都感到被接纳，并且玩得开心。我认为他是无敌的。但他当时告诉我，他觉得自己是不得不这样做的，因为他不确定人们是否喜欢他。我不知道该怎么理解他的话，但至少听他说完我觉得还挺舒服的，我也把自己生活中的一些事情说了出来。我告诉他，我的生活是如何因缺乏意义而变得残缺的，以及有时我觉得没有任何活下去的理由，感觉自己像一个活在世界末日之后的人。在对他说出这些话后，我感觉好多了。对我来说，这是一段快乐的记忆。

大学毕业那天，我觉得既悲伤又尴尬。我们拍了很多合影，然后互相道别，但听到每个人都说要保持联系时，我很伤心，因为我知道很多人不会这样做。尽管在一起玩飞盘的时候，或者玩《任天堂明星大乱斗 X》的时候，我们是好朋友，但这又有什么用呢？梅森、杰克以及其他人——我还会和他们说话吗？

我知道桑玛将留在我的生活中。我们越了解对方，就越发现我们喜欢一起做事情——做饭、跑步、阅读、旅行。我可以和她谈任何事情，坦率地说出我害怕的部分。

抑郁的感觉现在对我来说已经越来越少了。我成了一名老师，这份工作让我能够保持警觉，更多地关注学生而不是我自己。我总是听人说，帮助别人会让自己感觉好一些，但直到我作为一名教师亲身体验到了之后，我才深刻地意识到原来真的如此。我不再自伤，但这并不是通过什么积极的决定来做到的，而是通过放轻松和忘记它。在某个已不记得的日子里，自伤就那样闯入了我的生活，几乎是无声无息的；多年后，它以同样的方式消失了。

然而，在我停下来的路上，有一个很清晰的时刻：我的表弟自杀了。他很年轻，才刚刚十几岁。原因尚不完全清楚，但他似乎很容易抑郁，经常不开心，最近还和同学打了一架。他的死影响了我，因为我看到了自己的影子——我一直告诉自己，那个人也可能是我。看到这些，我意识到活着是一种馈赠。看着他死去，我真切地意识到自己也可能死去，这把我拉回了生活的正轨，我既拥有死人放下负担的天赋，也拥有活人好好活着的天赋。不知怎的，我觉得自己好像也死了，但因为我实际上还活着，所以我可以在借来的时间里平静地生活。

回想起来，我不知道该如何理解我的自伤。我不确定的部分原因是，我从来没有跟人讨论过这件事，因此也就没人能根据经验从旁观者的角度帮我确定这个混乱的局面。我当时也不太适应自己的感觉，也许那时我孤独悲伤，也许自伤让我感觉自己的生命掌握在自己手中，这其中是有某种治疗作用的。有时我确实是不想活了，有时我只是想让别人注意到我。我对自己所做的这些事情到底有多认真，又有多少"图好玩"的成分？对于这个问题，并没有简单的答案，不过我也无所谓了。当时我很少告诉别人这件事，所以也没人问我现在怎么样了。我仍然不认为这是一个问题，而是将其视为一段我不得不穿越的艰难的路段，我肯定不想再走回头路。

毕业后的那个夏天，我搬回了家。第二天，安迪来到我的起居室，我们一起玩《任天堂明星大乱斗 X》、喝茶、打牌。我们讨论着毕业的感觉有多奇怪，他问起我关于飞盘队的事情，然后我们再一次沉浸在打牌中。我意识到我以前从来没有问过他的艺术发展情况，我在心里记下了这件事，决定有机会要问问他。

几天后，我收到了安迪发来的电子邮件："我一直在研究一个我们玩乐的攻略，如果你想出去玩的话，我们可以只一起看一部纪录片或只去公园之类的地方，这样就不会一整天都被绑架了。"

当我收到这封邮件时，我有点震惊。难道他觉得和我在一起的一天是"被绑架"了？或者他认为我并不想和他出去玩，只是出于礼貌才……我意识到我不知道他是怎么看待我们的友谊的——仅仅是出于习惯或无聊才找我玩，还是真的喜欢和我一起做事情？

我不知道下一步该怎么做。我和安迪经常开玩笑，所以有时很难知道他到底在想什么。但在最近的电子邮件中，事情似乎并不像笑话。例如，他有时会说自己在凌晨三点的时候出现了惊恐发作。我知道他父母给他的压力很大，他上大学就是为了成为一名艺术家，但他在入职第一份工作后不久就被解雇了，而且找不到新工作。我想帮助安迪，我想说点什么，但我不知道该怎么做。我想我一直都是这样的，在朋友面前，我无法完全面对自己的感受，无法完全分享关于我自己的真实和原始的东西。虽然我想对安迪敞开心扉，但我担心自己一下子就看穿他的感受，先看到他的表情会让我很痛苦，就像看太阳一样。我不知道我有没有在前面提过，我认为男人之间的友谊就像太阳，你知道它在那里，如果你注意到了它，你就会感受到它的温暖，但你不能直视它。

/ 故事 11 /

这是我的生活吗

在这个故事中，多萝西描述了渴望成为"有魅力和可爱的女孩"是如何引导她经历了一系列的浪漫关系。在高中的时候，她迷上了像她一样非主流的男生们——孤独的"极客"，她希望他们能喜欢她。在大学里，她在性方面很活跃，以至于在大学伊始就遭到了性侵。和詹姆斯在一起让她感受到了安全和被爱；当面临分手的决定时，他们选择了订婚。多萝西对怀孕和儿子的出生感到很高兴，她对于认可的渴望为她带来了一种新的关系。

我抓着验孕棒的塑料把手，双手剧烈地颤抖着。我认为自己肯定操作失误了——我觉得手上的尿液都比那个让我沮丧的试纸条上的多，但是还不到说明书上说的三分钟，一个淡蓝色的加号标志已经显示在了那个圆形的小窗口里。我又测了一遍，三分钟后，结果还是显示我怀孕了。

我的兴奋多于害怕——我甚至都不能说我特别惊讶。但当我坐在那间小浴室的地板上时，我的心感觉既沉重又空虚，我感觉自己充满了活力，但同时又感受到了一种可怕的孤独。事实上，屋里只有我一个人——我所有的室友都出去了，所以我借此机会来探查自己的怀疑是否属实。自从我 13 岁有了初潮以来，我的月经从来没有推迟或不来过——"大姨妈"就像一个不讨人喜欢的远房亲戚，经常来得太早、待得太久。我把自己从浴室里拖出来后，几乎第一时间给詹姆斯打了电话。我渴望他把我抱在怀里，高兴地亲吻我。我听着电话的彩铃声，期待着他拿起电话，感觉有一根无形的绳子把我和詹姆斯连在了一起。在那个没有避孕措施的夏天，詹姆斯和我有一个讲不完的笑话——每四周我都会告诉他，"我有一个好消息和一个坏消息。好消息是，我来月经了；坏消息是，我来月经了。"此刻，我屏住呼吸，准备好了要说的话。当电话终于接通时，我告诉他有一个好消息和一个坏消息："好消息是，我的月经没有来；坏消息是，我的月经没有来。"詹姆斯很高兴，但我能感觉到，"我们有孩子了"这个消息太震撼了，无法通过电话来理解。

几个小时后，我给家人打去了电话。我想单独和母亲说话，但是她在外面跑步，不方便接电话，只是简单地把电话转给了我父亲又转给了我弟弟，所以我没能把我的大消息传达给她。后来，我几乎是刻不容缓地告诉了室友们我的困境，在我的抽泣和她们的担忧中，我给母亲写了一封邮件：

妈妈，

好吧，本来我不想通过邮件告诉你这件事的，但是我现在无法和你单独通电话，我怕我需要一个星期才能再次鼓起勇气。我今天用了验孕棒，结果是阳性。我既高兴又害怕。但最重要的是，我害怕你不会像我一样开心，或者害怕人们会认为我把生活和学业丢掉了。我本应该比现在更担心，但在内心深处，我相信做母亲才是我真正要做的事。相比之下，我一直在研究的其他东西——写作、戏剧和拉丁舞（除了今年夏天的天文学）似乎都微不足道。我知道这听起来不像一个成熟稳重的成年人该说的话……我真的很难解释我的感受。

老实说，我曾希望这一切能在几年后发生，在我大学毕业后——我不认为在大学里怀孕很理想……今晚早些时候，我和詹姆斯谈过，他也很兴奋，但也有点害怕。他几个月来一直在说他有多想当爸爸。他打算在汉诺威或波士顿附近找份工作，这样明年我回去上最后两个学期的时候，我们就可以住在一起了（我打算今年冬天还去上课，毕竟再有两个学期课程就结束了）。

我不认为这是"终点"，只是另一条路而已。你可能会生气，但我不怪你——我只是希望你不要那样。我希望你能开心，至少我是幸福的。我很抱歉没有按照你希望的方式来做事。谁知道接下来的几个月会发生什么呢？与此同时，我会试着照顾好自己，补一些铁和钙。

爱你的多萝西
你快乐的女儿

直到第二天早上，我才收到母亲的回信。

我无话可说。卡梅伦非常难过，你爸爸大发雷霆，把责任全推到我的身上。正如你所料，我的心情很复杂。在我高兴之前，有很多事情要想，有很多事情要伤心。在你认为可以真正地解决这个问题之前，有很多事情会让你感到愤怒或难以置信。我相信我会为你，也为詹姆斯感到高兴和兴奋。我会帮你的。但请相信我的话，在这之前你需要做一些其他事情。

真是个混蛋！

崩溃的妈妈

我想这是我所能期望的最好的结果了。关于这封邮件，最让我不安的是母亲说我弟弟卡梅伦"非常难过"。我没有想到我的父母能接受我怀孕，更没有想到我的怀孕会对我和弟弟的关系产生什么影响。后来我意识到了，我成为母亲会导致他永远在我这里"失宠"。我和卡梅伦的友谊是那么纯洁，而我和父母的关系却总是被他们的期望所"玷污"，所以失去他们的尊重，我还比较容易忍受。

当我终于跟父母打通电话时，我很高兴自己远在天边。他们的第一反应是"窘迫"，不知道该如何把这个消息告诉我的爷爷奶奶和外公外婆，第二反应是暗示我还没有准备好要孩子。我父母有个习惯，那就是当我让他们失望的时候，他们就会提醒我他们给过我的帮助——那些帮助往往不是我要求也不是我需要的，而且根本"配不上"我为此而承受的责备。那周晚些时候，我和父亲谈了谈，他建议我去堕胎："等一等再要孩子吧。"因此，我后来没有向父母寻求帮助也就不足为奇了。

自力更生对我来说很重要，这是自由的关键。在我最喜欢的一张照片中，一个两岁的小女孩正行走在一条长长的碎石车道上，车道两旁是秋色的森林，她的手高高地举在空中。她那年轻又瘦削的父亲跟在离她15英尺远的地方。这张照片反映了我的童年生活和我现在的感受。我记得，当时我很长时间都在独自探索，但在看了这张照片后，我确信我的父母真的只是落后了几步。

上高中时，我接受了自己那似乎永远都要打破传统的状态，并把自我隔离当作我太聪明而不愿与同龄人交朋友的标志。我穿着奇装异服——围巾、衬裙和星球大战T恤衫——有时甚至穿男装，在课间活动时阅读《资本论》，以此来假装男生。我喜欢我受到的这些关注。

你可以想象，这让我很难找得到男朋友，但我非常想要一个男朋友。我有意培养对那些我认为可能会和我约会的男孩的好感——我喜欢那些孤独的极客和传统上没有吸引力的男孩，希望他们会对我感兴趣。每年春天，随着荷尔蒙的激荡，我都曾一度要实现自己的目标，但我总是没能走出那一步。我将在这里讲述我的几次"征服"经历。

高一那年，我吸引了一位"危险"的钢琴师，他有轻度双向情感障碍。他每个周二都会邀请我参加他高三的毕业舞会，然后在周三又会向他的朋友们解释说我们不是在约会，但在周四又会邀请我去看电影。我们的关系在一次电话中结束了——他以为我会努力挽回，希望我先迈出第一步，尽管我心里也想挽回，但还是没有这样做。

高二那年，我和一个有躁郁症的演员约过会，他其实是有女朋友的，只是我不知道而已。我差点把我的童贞给了他。我们在一座廊桥下亲热，要不是我来月经了，我几乎会用我微妙的声音说"可以"来回应他的询问："可以吗？"当我越来越想帮助他解决他可卡因成瘾的问题时，我们分手了，但是他一直声称，多年之后还爱着我。

高三那年，我一年到头都在自慰，还写了一部科幻爱情中篇小说，主人公是一个我可能会真正爱上的男人，一个未来派赏金猎人。

高四那年，我在追内特，一个曾经暗恋过我的男孩。一个冬天的晚上，我们把车停在湖边，他告诉我不要告诉任何人我们接吻了。他说，他不想和我约会，我们应该继续做朋友。但他喜欢听我说我有多爱他，然后告诉我我们不可能。他使我感到精疲力竭，最后，我换了电话号码，不再和他说话。

我不断地对自己强调还是单身好，我要去常春藤盟校，并在那里找到对我感兴趣的男孩，即使找不到，我也仍然可以从阅读和写作中得到乐趣，并且作为一个女权主义者，我不觉得我的自我价值在于拥有一个男朋友。尽管我经常这样安慰自己，但还是忍不住认为自己在某些方面有缺陷，因为我三个最好的朋友都有真正的男朋友，而我约会过的男孩们却为我感到羞耻。我非常渴望成为一个成年人，在我看来，拥有一段浪漫关系是成年人的标配。

不幸的是，我上大学是为了证明一些东西。

我想向自己证明我是有魅力和可爱的。我把我的童贞给了第一个想要我的男人约翰，他几乎拥有我所能期待的一切，他并不是个坏男孩。我认为，也许正因为我从理智上反对那些认为性是不好的、"女孩应该尽可能长时间保持童贞"的宗教信仰，所以我想成为一个性生活活跃的女性，因为在我看来，那是权力和自由的象征。

就在我第一次做爱的一个星期后，我的性观念的殿堂崩塌了。在一个极其无聊的派对上喝了两杯酒之后，我决定回家看《星球大战》，然后上床睡觉。我的一个朋友的朋友阿米尔跟我回了家，他说他从来没有看过《星球大战》，想跟我一起看。我无法让他离开我的房间，离开我的床，甚至把他的手从我身上拿开。我不断地重复："不，不可以，这不是一个好主意。"但是我的身体和我的大脑之间的连接中断了。我吓得动弹不得。

刚刚进入大学才两周，就发生了这种事情。我决定假装这件事从来没有发生过——我不想让强奸成为我的大学经历。这是一个很大的错误。在我被性侵后，我试图让这件事变得无关紧要，我不断地对自己说，我的身体只是一辆用来运输我那伟大大脑的马车，发生在我身上的事情根本无关紧要。性没有任何意义。每当我想起那天晚上的事时，我都会对自己重复这句咒语，但我无法摆脱对自己的失望。我认为自己是一个坚强、狂野和勇敢的人，我不能原谅自己的懦弱。我本应拼死与阿米尔搏斗——我不明白为什么我没有。

秋季学期末，我在欧洲待了两周，与达特茅斯学院的汉德尔社团一起游览了奥地利、瑞士和意大利。汉德尔社团是一个由成人和学生组成的社区合唱团，每周的排练是我大学四年中唯一不变的事情。我加入合唱团是因为在迎新周我意识到如果我不花些时间和成年人在一起，那我一定会发疯的。到目前为止，汉德尔社团的巡回演出是我在达特茅斯学院四年中最美好的一次经历，当我从那里回来时，我几乎完全忘记了几个星期前我所遭受的悲剧。

我的母亲却认为，没有绝对的诚实，就不可能有幸福可言，她觉察到我对她有所隐瞒。当我告诉她我失去了童贞时，她吓坏了。她说我不应该为自己感到骄傲，并对我背叛了她教给我的所有东西而感到愤怒（我不太确定她说的那些东西是什么，因为我和父母从来没有谈论过性）。她说如果我不能适应大学生活，那么也许我应该待在家里。为了把她的愤怒转化为同情，我告诉她我被强奸了，我有能力处理我的麻烦。我的母亲是一位牧师，她是唯一能让我泪流满面的人。她说，当你和某人发生性关系时，你给对方的东西是你永远无法收回的。这正是我试图保护自己不受伤害的原因——我放弃了自己的一部分而又无法收回的感觉是我所感受到的最大的痛苦。母亲为我感到难过，但也很生气，因为我在被强奸前喝了不少酒。她要求我向她保证不再喝酒，并且不要在她不知情的情况下和任何人发生性关系。我说我不会做出这些承诺，尽管我确实对自己发了誓。

当我回到学校开始冬季学期时，我给自己腰间系了一根绳，提醒自己只和真正爱的人做爱。一想到我需要一个有形的提醒来维系我的理想，我就感到很惭愧。

从一月到五月，我一直单身。

在那段"贞节期"中间的某个时候，我遇到了詹姆斯。当时，我在音乐系霍普金斯中心地下室一个没有窗户的迷宫般的（很难营造浪漫气氛）音乐部门看守乐器，他走过去和我攀谈了起来。我告诉他，我正在翻译彼特拉克（意大利诗人）的作品，我主动告诉了他很多我的事情，比他想知道的还要多，但我丝毫没有调情的意思。我确信这个瘦瘦高高的长发男孩只对一件事感兴趣，但我没有准备好陷进去。接下来，我仍然会在音乐系见到詹姆斯，我在那里工作，安排汉德尔社团的排练。我拒绝了好几次他所谓的"出去走走"的邀请，但最终还是答应了。我和他一起度过了一个戏剧节，他安静的喜剧表演和他的钢琴天赋给我留下了深刻的印象。他带我去看当地一个乐队的表演，我枕着他的肩膀睡着了。当我醒来时，他温柔地吻了我。詹姆斯的一切都很温柔。第一次和我过夜时，他看到了我的贞操绳。当我解释了它的用途后，他比我所期望的任何人都要通情达理，他很高兴我愿意等待。

这段经历对我来说意义重大——不仅是因为詹姆斯的贴心，还因为我有勇气告诉他我愿意等待。

我和詹姆斯的关系发展得很快。大约在我们发生关系一个月后，他发现我没有避孕。做爱对我来说还是比较新鲜的事情，所以当詹姆斯不提供避孕套的时候，我也不知道该说什么。我有点太神魂颠倒了，也不想让保护措施之类的事情妨碍浪漫的时刻。不知怎的，在约会了一个月之后，我和詹姆斯就开始讨论如果我怀孕了，我们该怎么办之类的事情，这对我来说并不奇怪。

但我没有怀孕，我开始采取避孕措施。那年夏天我开始服用避孕药，现在回想起来，自己真的有点傻，因为我和詹姆斯待在一起的时间还不到两周。詹姆斯暑假在达特茅斯学院，而我在环游世界。我在怀俄明州待了5天，在爱尔兰待了10天，在挪威待了一周，在默特尔海滩待了一周，在巴黎待了一周——在这期间我飞到汉诺威去看望了詹姆斯。我设法每三个星期去看他一次，这足以维持我们的关系，但真正维持这种关系的是我们的鸿雁传书。詹姆斯的字迹优美，他的信（还有花、书和其他礼物）陪我走遍了全世界。那是难以置信的浪漫。

在接下来的那年——我的大二、他的大四——我和詹姆斯的关系继续开花结果，生根发芽。我们在汉德尔协会一起演唱了《弥赛亚》（Messiah），他是戏剧部门制作的戏剧《头发》（Hair）的核心乐队成员，我帮助管理舞台。我们忙得不可开交，几乎全身心都投入了进去。虽然我们有各自的宿舍，但我们几乎每晚都睡在一张床上。那一年，我们只有过几次"不愉快的感觉"，第一次是当他意识到我传染给了他单纯性疱疹；第二次是我告诉他我去年被强奸的事。詹姆斯很有同情心——几乎是太有同情心了——他很难过，一个伤害了他深爱之人的人居然能逍遥法外！

詹姆斯和我争论该怎么办——我仍然决定什么也不做。后来有一天，我们在达特茅斯学院看到一篇文章，说强奸我的那个人正在一所女子学院借读，他被选拔到韦尔斯利学院待一个学期。

这一事实突然让我意识到，对他的罪行保密是一种疏忽。我怎么能眼睁睁地看着整个学院的女生身处危险之中呢？

尽管詹姆斯、母亲和我自己的良心都无法说服我采取行动，但我的身体最终迫使我决定行动。自从那次经历之后，我就对冷水、阿斯巴甜和咖啡因产生了过敏反应。每次我洗澡或喝可乐时，我的胳膊和腿上都会出现荨麻疹。我养成了挠痒的坏习惯，所以很快我的四肢就布满了伤疤。我觉得很恶心，而我母亲让我感觉更糟。詹姆斯是唯一不批评我的人，他的同情使我更愿意接近他。

医生告诉我，这可能是一种应激反应，不必担心，但后来我开始呼吸困难。终于，在事情发生一年多后的圣诞节那天，我因呼吸困难而住进了医院，我觉得是时候停止给身体施加压力，并解决问题了。

我决定给阿米尔打电话——我还没准备好诉诸法律。我浑身颤抖，泪流满面，告诉他是他强奸了我，并要求他道歉。他说："我很抱歉你这么想。请不要哭泣，我讨厌女孩子哭。"我不在乎他是否真的会向我道歉——重要的是我打了电话。我一直都很勇敢。我找回了失去的那部分自我。

第二年，我确实给警察写了一份口供——我并没有想到我会哭得好像又被性侵了似的。但是由于没有可靠的证人，这个案子被撤销了。对我来说，在与詹姆斯的亲密关系带来的幸福感和对自己被性侵的痛苦之间来回穿梭似乎有些奇怪，但这两种感觉多年来一直同时存在于我的内心。《星球大战》一直是我最喜欢的电影，但每次有人提起它，我就充满了自责、愤怒、自我厌恶和自怜。奇怪的是，在我被性侵的所有后果中，这是最让我伤心的———部曾经引起我童年共鸣的电影，如今却不可逆转地成了我没有保护好自己的致命提醒。另一方面，詹姆斯每天都会称赞我的体贴、聪明、美丽和贴心，我也学会了重新爱自己。

所以你现在能明白我为什么不愿意让詹姆斯走了。

我帮助詹姆斯在达特茅斯学院附近找到了一份暑期工作，以便我可以在暑假学习期间去看望他。他每天在夏令剧目剧院工作 14 个小时，但是每周我都会开车去看两三次他的节目，之后带他回我的公寓过夜，第二天再把他送回剧场，然后回学校开始上 9 点钟的课。我不应该感到孤单，因为卡梅伦和我在一起，我们每天花好几个小时玩"植物大战僵尸"、吃玉米片、看《办公室》（The Office）的重播——但我就是感到孤单。我非常孤单。每天放学回家的路上，我都会抱紧自己，深呼吸，梦想着下一次与詹姆斯的见面。在他毕业前的几个月，我们已经同居了一年多，实际上是合租了一套房子，过着一种梦幻般的家庭生活——一个人睡觉实在是太折磨人了。虽然卡梅伦是一个很好的伙伴，但他给不了我的学术追求太多鼓励。我开始觉得自己只是一个平庸的作家、一个平庸的导演、一个平庸的学生。虽然感觉自己是詹姆斯的宇宙中心，但我没有意识到自己是那样难以满足自己的期待。

这种希望与失败不断交替而产生的感觉，再加上无价值感，还有对那有记录以来雨水最多的夏天的绝望，造成了我经常性地情绪崩溃和一杯接一杯地喝冷饮。

我最终意识到，我的情绪不稳定可能跟服用避孕药有关。我决定，既然我和詹姆斯一周只见几次面，而我又马上要去伦敦，那我干脆不吃药了。詹姆斯对此表示了怀疑和失望。他说，如果我停止服用避孕药，我们就不得不使用安全期避孕法，停止性生活，或者只是"点到为止"。我问他能否使用避孕套，但他似乎宁可不做爱也不愿使用避孕套——对此我并不怪他。我们讨论了如果我怀孕了会发生什么。我没有想过怀孕到底意味着什么，但也没有"这种事不可能发生在我身上"的盲目自信——我一停止避孕，就意识到可能会面临这一问题。

我承认，（婚前）怀孕很好地体现了我"喜欢打破传统"的形象。我也承认，我对怀孕的积极态度部分是受到这样一种想法的影响，即如果我怀孕了，詹姆斯将不得不和我在一起。詹姆斯对他钢琴课上的学生很好，我觉得尽管他不知道自己的父亲是谁，但他自己会成为一个伟大的父亲。我相信我会成为一个好母亲——事实上，我觉得我一生中最擅长的事情就是做母亲。我从没想过生孩子会妨碍我完成大学学业。我想得越多，就越渴望去养育和照顾这个小东西。我会用手摸着肚子，想象一个宝宝在肚子里长大。我想象着一个和我长得一模一样的小女孩，长着詹姆斯的蓝眼睛，坐在我腿上看书。我确信，如果我怀孕了，那我将是世界上最幸福的女人。

但是，两个月过去了，在我和詹姆斯分别启程的前一周——他回堪萨斯城的家，我去伦敦学习戏剧——我仍然没有怀孕。我能够感受到远处的乌云密布——我们的关系开始有些紧张。他想和我分手，但我拒绝了。对于我的 20 岁生日，他也没有任何表示。我试着不让这件事困扰我，但我意识到这是我们快要走到尽头的又一例证，他不再像我们刚开始约会时那样温柔或迁就我。

我剪了头发——这是我人生新篇章的象征，然后开车去和詹姆斯分手。我并不想这么做，但我感觉到他对我们的关系不像以前那么兴奋了。我们的处境使我想起了歌剧《拉克美》(Lakme)。和詹姆斯分手似乎是一件高尚的事，因为当他曾经试图结束这段感情时，我阻止了他。

但我真的不想失去詹姆斯，几乎一开口说话，我就泣不成声。最终，我们决定订婚而不是分手。这是一个为期两年的婚约——如果两年后我们还在一起，还彼此相爱，那我们就结婚。

亲爱的读者，你可能已经注意到，詹姆斯和我在任何十字路口都倾向于只看到两条路，而实际上我们是"穿越旅行者"，根本不应该担心路，而应该关心方向。我们只看到了两条路：分手或订婚。因为我们仍然爱着对方，而且我们的关系基本上还在继续，所以我们不能分手。我认为，这是我们两人都有过的第一段重要关系，而且我们都相对缺乏自尊，所以我们决定继续在一起。事实上，我认为我人生中大部分重要的决定都是源于不想成为我父母那样的人，他们从我小时候起就不断地争吵（现在仍然如此）。一方面，我想要保护自己不受这段不愉快的关系的伤害，我知道这是可以做到的；另一方面，坦率地说，我又很想向他们展示，我可以做到他们做不到的事情：在年轻时找到真爱，拥有完美的婚姻。

当我母亲发现我订婚了时，她非常生气。她说这太早了，也许她是对的——但谁知道呢，也许她是错的。

当我意识到自己怀孕的时候，我几乎不敢相信。我在生日那天来了月经，八天后离开的。我们在我离开那天做的爱，按照我的月经周期，这一天几乎不可能怀孕。然而，如果我们没有订婚，那我们根本就不会做爱，卢克这个我现在在地球上最珍惜的人，也不会降生。

在这个时刻，卢克的童年时期，我非常感激我和詹姆斯在 8 月 25 日订婚并做爱的决定，尽管我一开始对我的怀孕感到矛盾。在我发现这一喜讯后不久，我们曾在邮件中简短地交流过：

亲爱的詹姆斯，

我整天都在想你——想着我们，想着我们不久的将来。我也和妈妈通了电话，她告诉我，爸爸仍然希望我能重新考虑，放弃这个孩子。妈妈警告我，无论我们做什么选择，对我们来说都将非常困难。

我以为你想要这个孩子，所以我没有问你实际上想怎么做。我意识到我们对未来的憧憬已经动摇了，昨天看到你努力想办法解决问题时脸上的表情……我想我至少应该问一问："你对发生的事情感到遗憾吗？你宁愿事情更容易些吗？"

我很高兴，也为自己感到兴奋。但今天我妈妈提醒我，我只考虑了我自己。突然间，我感到很内疚，因为这件事给我的家人带来了很多烦恼。但与此同时，我认为我的父母应该能够接纳这些，并且分享我的快乐。

但我还是哭了，我担心这会让你的雄心壮志化为泡影，甚至让你为之痛苦。

所以，如果你有什么担心或愿望，请告诉我。我为自己、为你、为我们感到高兴和兴奋，但我想确保你有机会告诉我你的感受，以防你感觉好像被困住了。

我爱你。我觉得这个宝宝会很漂亮，会给我们带来欢乐。我很高兴你能当爸爸，我能当妈妈。

我爱你。回聊！

多萝西

最亲爱的多萝西，

你妈妈说得对，无论我们的决定是什么，我们都将面临挑战，这将消耗我们的精力，挫败我们的雄心壮志。她说支持我们生孩子会给那些从来不想这样的人，也就是你的家人带来意想不到的压力，这也是对的。

孩子的出生将使我现在无法获得一份长期的工作，或参加音乐方面的研究生课程。但是，我觉得你和你的家人所受到的直接影响更多。你的怀孕与卡梅伦申请大学几乎是在同一时间，所以我可以想象卡梅伦多少会感觉自己被冷落了。我的生活时间很灵活，但卡梅伦和你的父母不是。我也感到很内疚，因为我一直在被动地依赖他们的资源，而从来没有咨询过他们的意见。

你也一样，你现在也没有很多空闲时间。我必须承认，我觉得一边照顾孩子一边去达特茅斯学院上学是不现实的……如果你决定要孩子的话，那你就得做好思想准备，因为接下来可能有的忙了。当然，我也不希望所有的事情都由你一人承担，我也会一直都在，并且支持你，以确保我们能够共同实现这一目标。但是，同时兼顾育儿和学业是不可能的。你很清楚达特茅斯学院的学生有多少空闲时间。

如果我们决定放弃这个孩子，那么我们都将不得不承认，我们犯了一个非常昂贵和不负责任的错误——没有采取避孕措施。无论如何，我都犯了一个不负责任、代价高昂的错误，给你和你的家人带来了痛苦。我想我能够承认自己犯了错，而且我已经准备好去这样做了。

与此同时，我对做父亲的向往也一直是真诚的，我也知道你真的很想当妈妈。我上面所写的是基于我在目前的情形里所看到的，但这个情形的道德方面，比如，我们应该做什么决定，取决于我们的目标。我可以想象在这个挣扎期过去之后，我们一家三口在一起生活得有多么幸福和舒适，这一愿景要求我们把养育孩子放在首位。我也可以想象你将完全自由地完成未来两年的大学学业，然后我们结婚、选择我们的公寓，并生一个宝宝，这一愿景需要我们把学业放在首位。但如果把学业、事业和孩子并列放在首位，那未来就没那么无忧无虑了。我们可能会在这两方面都做得很糟糕，处处面临风险。

我希望你能在没有（更多的）压力和忧虑的情况下完成学业，也希望自己能在这个世界上站稳脚跟，而不是觉得被困住了。如果你决定留下这个孩子，那我也会去那里帮助你，为我们而工作。即使这意味着我们的生活和工作可能不那么理想，但我想我们会找到快乐的方式。毕竟，我们还拥有彼此。

再说一遍，我希望你能按时完成学业，也希望我们能享受和宝宝在一起的时光。我想如果你真的生了孩子，你会想要整天和他在一起。这不仅是因为他需要照顾，我们也不想错过这些美好的时光。

你觉得怎么样？

爱你的詹姆斯

詹姆斯和我从未认真考虑过堕胎，尽管我们都支持堕胎的合法性。我去了伦敦的一家咨询中心咨询下一步该怎么做——要吃哪些东西，哪些东西不能吃，还预约了医学检查。接下来是堕胎咨询服务，当我告诉他们我打算要这个孩子时，他们表达了对我的祝福，然后把我送出了门。我仍然支持堕胎的合法性，但我所做的选择是留下我的孩子。我知道我应付得来，大不了就是生活得混乱一些。毕竟对我来说，是毕业前还是毕业后结婚，又有什么关系呢？

虽然我之前说过我很矛盾，但我很确定自己是想要这个孩子的——我太骄傲、太激动了。然而，我并不关心胎儿的死活。我羞愧地回忆起我曾希望自然流产，这样我就可以重获怀孕前的自由，而不必承受主动结束妊娠的罪恶感。在我怀孕的头三个月里，我对自己肚子里正在发育的小生命真的很冷漠。诚然，在异国他乡独自一个人生活，糟糕的食物、糟糕的天气和医疗账单耗尽了我的全部存款，这让我很沮丧。每天一到晚上七点，我的身体就特别疲惫，这使我很难全身心地投入我的戏剧研究中，但我并没有把我的这些"邪恶"想法告诉其他人。坦白地说，我仍然不确定自己是否能当好母亲。小时候，母亲曾说我"不够温柔"，而我也不止一次地对她说，如果做母亲就得像她那样的话，那我永远都不想当母亲。

我一向都如此骄傲。我从不喜欢被告知我做不到某件事——我决心做好当母亲的准备，尽管我也怀疑自己的经济状况不佳，可能"不够可爱"，缺乏与孩子们在一起的经验。我也期待着长大成人，赢得父母的尊重。在我上大学前的那个暑假，我和父亲大吵了一架，最后我冲着他大叫："爸爸，你知道为什么我从来不听你的吗，因为你总是把我当孩子看待！"然后他朝我吼道："你本来就是个孩子！"如果我能做好母亲，那就说明我真的长大了。

我还记得我完全爱上我的宝宝的那一刻。那是在我怀孕的第四个月中旬，我安心地待在宾夕法尼亚的家中，詹姆斯蜷缩在我身后，我第一次感觉到了胎动。詹姆斯也感觉到了——我们的宝宝突然变得不再是一条只有通过 B 超才能看到的小鱼了。我们的宝宝有了"人"的特征，他会踢妈妈了。我抱着肚子蜷缩起来，好像这样我就能更靠近自己，完全拥抱我体内那小小的生命。从那一刻起，我开始数着日子算倒计时，盼着见我的小宝贝。

等待儿子到来所产生的喜悦使我能够忽略达特茅斯学院的人的反应。我能感觉到，当人们看着我的大肚子时，他们很好奇我怎么会是达特茅斯学院的学生——直到现在，当我推着婴儿车走在校园里的时候，仍然会遇到同样的表情。这就像衣服上绣了一个红色的字母，尽管没有人确切地知道它代表什么，但有些人就是会认为"D"代表"愚蠢（dumb）"——这是一种刻板印象，即人们认为在上学期间怀孕的女孩不够重视她们的学业，因此才不采取避孕措施；有些人认为"S"代表"荡妇（slut）"，就好像一个女人是因为有多个伴侣才怀孕的；还有些人认为"W"代表"浪费（waste）"——为什么有人会在大三放弃学业去生孩子呢？我不是傻瓜，也不是荡妇；我以优异的成绩毕了业，正准备去读研究生。

但是回到我的故事中，就像人们现在看到卢克不相信我还是个学生一样，当时他们也不相信我怀孕了，直到我怀孕的最后三个月——我猜他们认为我只是胖了或者有了一个大啤酒肚。尽管我的预产期是 5 月 21 日，但我仍然坚持上完了春季学期的课程。每一间教室都让我越来越圆的身体感受到了不友好，不是桌子和椅子之间的距离不够，就是我要爬好多层楼梯才能到达那里。我最可怕的噩梦就是，有一次在老师讲 20 世纪 30 年代的工会时，我突然感觉要临产了，尼尔森教授不得不成了我的助产士。我大声尖叫着，以至于汉诺威的每个人都能听见。在那个过程中，我一直都能感觉到我的小宝贝活跃的双脚。

在卢克森教授的课上，我们讨论了弥尔顿时代的性别观念：男人是理性的、强壮的、虔诚的、聪明的、有头脑的；女人是感性的、软弱的、世俗的、黑暗的——全跟身体有关。5 月 25 日，当我在贝克图书馆的基地打印完期末论文，羊水终于破了的时候，你可以想象我是多么地情绪化、虚弱和担心。

我的分娩经历可以用三个短语来概括：难以描述的阵痛、硬膜外麻醉、漂亮的小男孩。

分娩的那天是阵亡将士纪念日。接下来的周一，我又去上课了，我的外阴侧切手术的伤口还没有完全愈合，怀孕后松弛的腹部被我"精致地"塞进了我已经好几个月没穿的牛仔裤里，我的乳房又大又沉，充满了乳汁。

我在达特茅斯学院的女孩中观察到一个有趣的行为。她们经常在我推婴儿车的时候拦住我，俯身看向我那微笑的儿子（卢克真是招女孩喜欢），然后说："我将来也想要一个！"我知道她们这么说是为了表达对我儿子友好行为的感激，但这让我很困惑。这就好比她们在说，她们希望自己有一个孩子，但因为她们正计划读研究生，或者在等待一个实习岗位，或者有其他更重要的事情要做，所以她们现在不能要孩子。我认为这种态度是年轻人不愿意要小孩的原因。自从我做了母亲之后，我的雄心壮志并没有减弱，尽管我会用对稳定生活的感恩来缓和我对出人头地的迷恋。

作为一个女人，我从未像怀孕时那样快乐过；作为一个人，我也从未像做母亲后这么快乐过。卢克是我这辈子第一个不用去讨好的人。我相信每一个达特茅斯学院的学生都希望拥有一个像卢克一样可以和他们彼此相爱的人。我爱我的儿子，他也无条件地爱我，爱我的身体和灵魂，任何刻板印象或震惊的表情都不会减少这种快乐。

然而，事情并不总是如我们所计划的那样。当我写这篇文章的时候，我正坐在我准备租的干净的公寓里，我的大部分家具都已经搬走，我准备和我的父母住在一起。我计划攻读英国文学博士学位。我申请了离我父母家不远的项目，以便他们可以帮助我。我以为詹姆斯会和我一起去，但他并没有。我们结束了为期两年的约定，决定结束我们的关系——要做到这一点并不容易。

卢克出生后的前五个月，我感受到了无与伦比的家庭幸福。詹姆斯每天教几节钢琴课，然后我们会一起度过这一天剩下的时间，一边玩游戏、看电影，一边逗卢克玩。我在秋季的时候开始上课，詹姆斯则每天早上都在家照顾卢克。

在卢克五个月大时，我跟詹姆斯开始分房睡。从我记事起，我的父母就分房睡。直到我们不再睡一张床，我才意识到性在我和詹姆斯的关系中有多重要。直到今天，我仍然在想这是不是卢克出生五个月后，詹姆斯突然告诉我他不再爱我的原因。我们的关系已经不再像从前那样了，詹姆斯平静地告诉我，他不再爱我了，也不再觉得我的身体有吸引力，而且他想有一天能有机会去看看别人。我吓坏了，感觉就好像有人用死鱼替换了我所有的内脏。詹姆斯对事态的发展似乎很冷静，他用外交辞令向我道了歉，这导致事情变得更加糟糕。我本以为一切都很顺利，我以为我活出了理想中的人生，我还申请了读研究生，以便将来可以支持詹姆斯和卢克，我正在既定的轨道上准备完成本科学业——突然詹姆斯向我扔了一个炸弹。

我没有以一个负责任的母亲和尽职的未婚妻的方式处理这个危机；相反，我放纵自己神魂颠倒地爱上了另一个人——一个比我年龄大得多的已婚人士。这个人不止一次地说，他和詹姆斯之间的竞争"不公平"，因为詹姆斯还年轻，而且只是突然变得不浪漫了；而他，这个"另一个人"的优势是不必和我争论该轮到谁洗碗。四个月来，我在詹姆斯不知情的情况下继续着这段风流韵事，但随着我和我的情人变得越来越不在意被发现，我们最终被抓住了。我父母发现我写了一些非常露骨的电子邮件——我与情人的关系在很大程度上依赖于互发邮件，这些邮件的激情程度是我和詹姆斯写给对方的情书的两倍。我被迫说出了全部真相，我骄傲地坚守着我对这个"老男人"的爱，尽管我的父母对此是如此厌恶，并且坚持要求我离开他。母亲认为我的出轨背叛了她对我的信任，并指责我自私。她甚至说，我可能对父亲也心怀不轨，并且将这种感觉投射到了这个"老男人"身上。但我并不是刻意去找年长的男人的，我只是碰巧爱上了这个男人。我爱他并不是因为他的年龄，我和他在一起很快乐的原因与我的父母没有任何关系。我欺骗了詹姆斯。

当詹姆斯告诉我他不再爱我时，他说他只是不再像我希望的那样浪漫了，而且永远也不可能达到我的期望。我知道他是对的，但我决定继续这段无爱的关系（像我父母一样），所以我欺骗了他。在卢克出生前后，来自家庭的压力都要求我嫁给詹姆斯，这也助长了我的软弱，尤其是当我父母发现我出轨的时候，他们也屈服于同样的压力。当詹姆斯告诉我他不再爱我时，我以为我们之间的关系要结束了。

我父母从来没有对彼此说过"我爱你"。他们也从不亲吻，他们每天都打架，还在背后议论对方。我整个童年都希望他们能离婚。我想这就是为什么我一遇到麻烦就"跳船"的原因——我绝不要被一段没有爱的关系所束缚，因为它会拖累我。

我一直认为欺骗是不对的——一个女人在开始下一段爱情之前至少应该跟上一个男人说再见，但是我和詹姆斯的事情很复杂。我不能和他分手，因为我们有卢克，而我需要他的帮助，因为我们合租的公寓是我一个人负担不起的，因为我希望詹姆斯觉得我不浪漫是由于他没睡好或一时的情绪。我继续深爱着这个男人，而詹姆斯对我却越来越糟，还因为该谁来照顾孩子而跟我大吵了一架。即使是在这些争吵中，我也没有告诉詹姆斯关于另一个男人的事，因为我不敢想象没有他的未来。

詹姆斯现在不在了。尽管他仍然计划成为卢克生活中的一部分，但他还是走了；我之所以说"现在"，是因为我仍然对他的回归抱有希望。我通常喜欢分析自己，试图找出自己的动机和欲望，但当我试图理解自己怎么会爱上一个比我父母年纪还大的人，却依然希望和詹姆斯拥有一个正常的家庭时，我开始感到头疼。我已经不再试图去理解我的大脑是如何工作的，我只知道我爱詹姆斯，可能是那种对哥哥或朋友的爱，如果他能回头的话，我将会更加爱他。我也喜欢这个老男人，他爱我的方式是我所需要的，但这激起了我父母的怨恨，所以我不能跟他结婚。

我已经两周没有见过詹姆斯了。我现在一天见我的情人两次，但我大部分时间都是和卢克在一起。跟去年夏天相比，我的午睡减少了。无论是劳累乏味还是激动人心，我都很享受做母亲的感觉。

但是，我发现我有一种几乎无法满足的渴望，那就是被认可。卢克无法满足这一点，而詹姆斯也离开了我。我的情人可以，因为他也需要被爱和认可。我的父母会表扬我，我的弟弟偶尔也会表扬我，但这仍然不够。令我感到羞耻的是，我想要的比我应得的要多；更令我感到羞耻的是，我无法抑制自己对爱的渴望。我很幸运自己能成为母亲，因为卢克是唯一一个我觉得没有必要在他面前做印象管理的人，我们可以给予彼此无尽的爱而不用计分。

ADOLESCENT
PORTRAITS

Identity

第三部分

挑战

RELATIONSHIPS
AND CHALLENGES

理论概述

在青少年研究领域，存在着这样一个争论：青春期是典型的风暴和压力期，是疏远和分离的时期，也是一个将对自我和家庭的积极感受扩展到更大范围的同龄人和社会的更和谐的进化时期。每一种观点都有其优点，并解释了在人类发展的复杂时期，不同的个体情况和应对方式。在这场争论中有一点是一致的，那就是青春期是一个生理自我和心理自我发生根本转变的时期。即使是在最好的情况下，青少年也会经历一段艰难的、令人心酸的旅程。找到自己的路是一项挑战，但随着这一时期身体、情感和认知的不断成长，环境也在不断变化。对于大多数青少年来说，这段旅程是一项全职工作。当青春期的一般压力再叠加特殊的额外压力时，青少年就会遇到健康发展的重要风险因素。本部分中的故事探讨了应对这些挑战的风险和策略。

我们所说的"挑战"是，除了所有更"典型"的关注点和认知发展的任务之外，青少年可能会遇到的障碍或特殊困难。挑战之所以很重要，一方面是因为它们告诉我们青少年一般的应对策略，另一方面是因为很多青少年在某个时候都面临着这样的情况。如果我们把所有必须应对诸如身体残疾、严重疾病、父母离异、父母、兄弟姐妹或亲密朋友的死亡、身体虐待或性虐待、精神疾病等挑战的青少年都考虑进来，我们就可以看到那些重大的挑战。不管是急性的还是慢性的，即使这些挑战并不普遍，其所影响的青少年也占相当大的比例。对挑战的自传式探索也为读者提供了一扇了解适应力的窗口。它能够让我们了解哪种应对策略和性格特征对青少年的心理健康最有保护甚至促进作用。

这部分所包含的五个故事中的每一个都是在多个发展阶段对心理健康发展的显著挑战：（1）幼儿期的严重口吃和遭到性虐待；（2）青春期由于堕胎而引发的情绪危机；（3）作为战争难民移民到美国，以及对文化的逐步适应；（4）由于注意力缺陷/多动障碍得不到治疗以及与父母的冲突而产生了严重的药物滥用；（5）重大的身体残疾导致整个青春期都不得不面临特殊的障碍。总的来说，这些故事突出了西方文化的独特性和普遍性；这些问题对青少年发展提出的特殊问题既是独特的又是普遍的，因为这些故事强调了即使面对强大的不稳定事件和超乎寻常的威胁，青少年的发展任务也会保持相对稳定的方式。先前存在的情绪、社会或身体问题叠加在青少年时期已经令人生畏的发展任务上，会导致他们向成年人的过渡进一步复杂化。与此同时，令人欣喜的是，在整个青春期，青少年进行抽象、分析性思考的能力不断发展，再加上日益增强的情感和身体的自主性和分离，能够使青少年有可能克服这些问题带来的一些负面的心理影响。

自我理解是青少年为克服严峻挑战而出现的新能力的一个重要方面。在青春期之前，童年期的特征是根植于家庭的深刻倾向、认同家庭中的重要人物和规范，不管是好的还是坏的。同龄人世界的重要性与日俱增，与此同时，他们也越来越认为父母不那么强大、更容易犯错，这会导致其对父母的早期认同感的松动和多样化。这种不断发展的视角可以通过重要的替代关系，如老师、导师、同伴、朋友的家人和其他人，来促进治疗。当家庭没有充分培养、保护或增强他们的自尊时，这种治疗可能是必要的。虽然这些关系在早期阶段可能也很重要，但青少年可以越来越多地通过这些重要的人的眼睛来看待自己。这种新的观点允许青少年采取一种更自主的方式来创造自己选择的自我。很久以来，人们就认识到，这种通过与他人互动而获得自我认识和视角的新兴能力——"镜像自我"有助于解释为什么积极的关系能够对早期的创伤经历起到如此强大的修复作用。在这一时期，这种"镜像"在同伴关系和恋爱关系中变得尤为突出。青少年正通过逐渐修正自己在同龄人眼中的样子来学习看待自己。

自我理解已被证明是一个重要的保护因素，以减少因严重的生活压力事件而发展出不健康心理的风险。理想情况下，自我理解应该引导他们采取行动，使自己适应环境，或者改变环境本身。只有当洞察力带来新的更好的方法来应对生活的挑战时，我们才能说这个人在迎接挑战。的确，没有行动的洞察力会反映出一种深深的绝望感。本部分列举的故事都表明，青少年传记作家在面对重大压力时，会先发展自己的洞察力，然后采取措施让事情变得更好。

发展心理学中一个重要的新兴领域致力于研究那些对严重的风险和压力有韧性或似乎不会受到伤害的人，这些风险和压力已被证明会对许多儿童的心理健康和长期适应产生负面影响。这个相对较新的领域代表了一个重大的历史性转变，即研究的关注点开始从那些几乎完全屈从于发展风险的人，转向那些同样暴露于发展风险但克服了风险并保持健康的人。将儿童置于危险境地的因素包括：父母有严重的精神疾病、身体或性虐待、父母的婚姻严重不和谐、贫困、父母在情感上缺乏支持、寄养经历和父母酗酒。虽然不同的研究发现不同因素与风险的相关程度不同，但是它们都发现，当只有一个风险因素存在时，孩子患有精神障碍的概率不超过家庭中没有任何这些风险因素的孩子。然而，有两个风险因素却使儿童患精神疾病的概率增加了四倍，四个风险因素使风险增加了十倍。似乎大多数孩子都能应对来自这些风险的一定数量的压力，但当同时承受多重压力源时，他们被压垮的可能性是呈指数级增长的。然而，许多儿童和青少年即使是在这样的压力下也不会屈服。这是一个充满希望的途径，可以让我们了解一些儿童是如何受到保护的，或者如何保护他们自己免受严重压力的影响的。我们可以推测，无论这些保护性的应对机制是什么，它们似乎在总体上都促进了良好的心理健康，因此可能对低风险人群也有帮助。

研究中，我们发现三个最重要的保护因素：（1）人格特征，如自尊；（2）家庭凝聚力，家人之间没有不和谐；（3）一些鼓励孩子去努力应对并强化他们应对能力的外部支持系统。保护因素的属性不是一成不变的，它们易受发展的影响，在同一个个体身上，它们有时会随着时间的推移减少，或者那些在某一时刻起作用的因素可能在另一时刻不起作用。因此，这些因素应该被视为动态的，具有韧性的个体是指能够根据变化的情况随时调整应对策略的人。从这个意义上说，保护因素不应该被看作个人或环境的固定特征，而应被视为人际的、互动的特征。这就是拉特（Rutter，1987）所说的个人可以根据需要应用或修改的保护机制或过程。

第三部分的故事揭示了各种风险和发展脆弱性，以及一些保护性的应对机制。这些机制被用来确保重要的情感需求，并且随着青春期戏剧性的情感发展，这些需求本身也会发生转变。

在一个遭受过性虐待的青少年的故事——"对话的简单之美"中，作者在童年和青春期的严重口吃（可能与他受到的性虐待有关）摧毁了他的自尊和他与父母之间的关系。这一创伤对他的社会关系产生了深刻的负面影响。但青春期的功能性需求和可能性促使他建立了新的人际关系——工作中温暖的导师，以及一个接受和肯定他的女朋友，这给予了他迟来的自信，以克服口吃和性虐待带来的更严重的负面影响。从这个意义上说，青春期的功能性任务对这个年轻人来说不仅仅是在成年之路上要完成的事情，而且是一个关键的机会，以补偿他在童年遇到的发展阻碍。因此，人生的每个阶段不仅为面临特殊挑战的青少年提供了额外的障碍，而且也代表一个新的机会，去重新导入该阶段所需要的不可阻挡的动力。作者寻求和利用成人导师的支持和鼓励的能力，以及他的自我理解是他的保护机制，这可能解释了他从性虐待和语言问题的困境中复原的能力。这些机制与在青春期出现的建立浪漫亲密关系的发展任务联合起来，形成了强有力的保护联盟。

故事13讲述的是一个长期的挑战，而故事15"为我的坚强而自豪"是关于青少年堕胎的，这涉及一个严重的危机，导致作者产生了长期的抑郁、焦虑和内疚感，并进一步对其自尊、对性的态度和亲密的能力产生了影响，这代表了她健康过渡到成年的风险。各种研究发现，许多堕胎的女性经历了抑郁、后悔和内疚的时期；但这些感觉通常是温和的，在短期内会减弱，而不会对身体功能产生负面影响。其他研究发现，女性对堕胎的主要反应是"如释重负"，特别是在青少年堕胎的故事中，它"既不会对病人造成心理伤害，也不会在其他方面造成伤害"。而另一项研究表明，一些堕胎的女性后来受到了抑郁症的困扰，但相比堕胎或分娩，先前的心理健康状况能够更有力地预测怀孕时的心理健康状况。一项对堕胎的年轻女性进行的纵向追踪研究发现，妊娠终止与临床显著性抑郁症的增加没有直接关系。

研究发现，与成年女性相比，尽管青春期女性对堕胎的情绪反应更消极，但并没有特别严重。这似乎反映了我们的自传作者的经验，她描述自己经历了持久的负面情绪，也许是因为正处于青春期中期，她无法完全抵挡自己的丧失感，也不像那些看起来更善于应对的年龄稍大的少女那样，在心理上准备得更充分。被背叛和孤立的感觉是强烈的——她的前男友除了支付堕胎费用外，没有提供任何支持，而她也感到无法告诉她的父母，甚至是她的双胞胎妹妹。

她描述了这次危机如何促使她参加了一个为其他终止妊娠的学生设立的大学互助小组。情感宣泄和对自己感受的逐渐了解使她积极参与生育权利活动，并与有同样经历的其他女性建立了亲密的友谊。将自我理解和行动结合起来是她最终成功克服这种压力并从抑郁情绪中恢复过来的关键。这个新发现也让人们关注到她的家庭在情感交流方面的无能，以及她决心纠正这种对她自己开放情感的限制。当她的妹妹认为自己可能怀孕时，我们的作者向她提供了自己曾希望得到的帮助，利用这个机会安慰她自己被孤立和被遗弃的感觉，并有机会反思自己的怀孕与"无法与男朋友谈论性和避孕"和"我的家人之间从来不交流各自的感受和任何东西，包括性"之间的关系，这让她对自己想要改变的方式有了重要的认识。这场危机揭示了一个潜在的和持续的挑战：她的家庭中功能失调的情感交流。

意外怀孕的发展脆弱性本身就反映了青少年平衡亲密关系、身份和性行为的任务。在这种情况下，我们可以见证学习如何发展和使用保护机制的痛苦开端——与值得信赖的朋友分享亲密的感觉、向他人提供他们所需的支持、寻找一种能给自己的经历赋予意义和目的的意识形态、积极认同其他坚持自己感觉的女性。作者在这个方向上的行动是尝试性的，但她似乎对自己大部分不快乐的原因和补救方法都有一个坚实的理解。与其他故事的作者类似，她的情绪发展的挑战是在保护机制和发展任务的相互作用下化解的。

在故事16"在两个世界中寻找最好的东西"中，在一个逃离战争蹂躏的越南移民家庭的背景下，与分离和个性化相关的青少年任务变得尤为辛酸。在这种情况下，我们不难理解，移民的痛苦经历会对个人和家庭关系的性质产生深远的影响。作者对母亲将家庭从一个不可能的处境中拯救出来的英雄角色感到极大的忠诚和尊敬，同时对母亲不愿意让他适应她带给他的美国文化感到羞耻和蔑视。他希望得到母亲的接纳和允许，在两个世界中生活———一个是她带给他的西方世界，另一个是他家庭的传统世界。尽管他愿意接受世界的两分法，愿意在家里按照家庭的规则生活，在外面按照社会的规则生活，但他的母亲似乎不愿意为自己做出这样的安排，并认为他也不应该这样。结果是，他选择把自己分割成两个部分：在家里，他是一个"顺从而怨恨"的儿子；在学校和更大的世界里，他是一个"美国化"的青少年。他必须不断地使用谎言和其他手段来阻止他母亲了解他的另一面。这种双重生活的压力和与母亲的疏远使他在情感上越来越被孤立，越来越抑郁。

除了所有青春期的正常关切，以及在这个时期典型的亲子冲突之外，作者证明了如果家庭要求对本土文化完全忠诚，那么对于青少年移民来说，融合两种文化的精华多么困难。他的策略是根据自己所处的文化来改变自己的行为，这种策略对青少年移民来说通常是有效的，甚至与积极的心理健康有关。然而，在这种情况下，我们也可以看到这种适应形式可能导致的巨大的情绪压力和发展风险。与此同时，这个故事也说明了作为跨文化的中间人，作者在更大的文化中不断增长的能力和认可如何逐渐在他的家庭中创造一个新的和受人尊敬的角色。当他在大学里写自传的时候，他描述了自己如何影响母亲抚养两个弟弟妹妹，从而减轻他们可能经历的（他曾经历过的）痛苦和冲突。

最后，在他九年后所写的后续文章中，他描述了他的两个弟弟妹妹如何没有他和他同为医生的姐姐那样成功。事实上，他的弟弟妹妹由于长期遭受母亲在情感和身体上的虐待而抑郁并有自杀倾向。他现在获得了妹妹的合法监护权，与妻子共同抚养。虽然他现在已经完成医学院的学业并结了婚，但在他努力培养弟弟妹妹以弥补他们成长中的创伤时，母亲有害的教育方式仍然困扰着他。他最新的故事提出了一个有趣的问题，关于同一个家庭所表现出的不同韧性，以及个体如何以不同的方式对类似的压力源做出反应。

故事 12 的标题"糟糕"揭示了作者从年幼时起对自己的看法。她描述了自己整个小学阶段持续的行为问题和糟糕的学习表现。反过来，这些问题导致了她与母亲的严重冲突，从而进一步加剧了她的低自尊、羞耻感、绝望感和负罪感。直到八年级，她才被诊断出患有注意缺陷与多动障碍（ADHD），但即使到了那时，她也没有在学校或家里接受任何药物治疗或环境调节。到了青春期中期，由于 ADHD 得不到治疗，她产生了越来越多的抑郁情绪和自我毁灭行为，包括严重的药物滥用。

注意缺陷与多动障碍（ADHD）是一种儿童和成年人都可能患上的疾病，其特征是冲动行为、注意力不集中、组织能力差，经常有对立性和破坏性行为。3%~6% 的学龄人口患有此病。我们的作者对于是否认真对待她的问题并接受治疗是矛盾的。一方面，她希望自己当初得到了帮助，她现在非常后悔当初和父母一起把诊断书塞到了地毯下面："要是有人帮我，我就能取得比现在多得多的成就"；另一方面，她又说她害怕通常用于治疗 ADHD 的药物，因为她有过把它们当作消遣药物滥用的糟糕经历。她的病例是未被诊断和未得到治疗的 ADHD 悲剧的一个经典例子。虽然女孩仅占确诊病例的 10%~15%，但在基于社区的人口研究中，学龄女性的 ADHD 患病率约为 33%。造成这种诊断不足的原因有很多，包括女孩倾向于患有 ADHD 的注意力不集中亚型，而不是更明显的多动型。患有 ADHD 的男孩更有可能表现出严重的行为问题，包括攻击和犯罪，并因此被父母和学校官员转诊治疗。

父母们不让他们患有注意缺陷与多动障碍（ADHD）的孩子接受药物治疗的原因之一，就是担心这会增加他们长大后使用非法药物的可能性。然而，大量研究表明情况恰恰相反：患有 ADHD 未经治疗的孩子明显比那些服用处方药的孩子更有可能滥用药物。值得注意的是，我们的作者认为她的拓展训练经历改变了她，她在没有药物或其他治疗的情况下成功地完成了大学学业。同样地，我们应该注意到她把她的 ADHD 当作一件礼物，一种强烈的感觉和存在方式，给了她一定的好处和竞争优势。虽然人们应该从整个人的角度来理解 ADHD，而不仅仅是将其视为一种障碍或残疾，但对于许多未得到诊断和治疗的 ADHD 患者来说，在学校、工作和人际关系中取得成功是一大挑战，这也是事实。这个故事强调了 ADHD 在青春期所造成的严重负面影响，同时也提供了一个非常有希望的结果。

故事 14 "永远的笨拙少年"说明了身体残疾如何会为青少年的发展道路带来额外的挑战。这位残疾人自传作者描述了他是如何体验与父亲的亲密关系的，他允许父亲为他做几乎所有的事情，包括每天早上帮他穿衣服直到上高中。他说，随着青春期的到来，他对独立的渴望开始显现，迟做总比不做好，他开始坚持要求父亲克制"他那出了名的爱操心的嗜好"。然而，他对独立的需求并没有抹杀他想与父亲亲近的欲望，这促使他把话题转向了与年龄更相符的话题，比如共同的想法和兴趣。我们可以看到青少年的发展任务——在这里是为了更大的自主性——与对正常孩子一样，对严重残疾孩子的父母 - 孩子关系也有类似的转变作用。不同之处在于，它是适应于特殊环境的，对于一个身体残疾的青少年来说，争取自主的重要性对于他成年后能够获得多大的独立性有着特殊的重要性。对于正常的青少年来说，同样的自主任务可能会导致要求更多的隐私权或选择自己衣服的权利，但影响不会那么持久。

除了发展任务的压力之外，这位自传作者的应对能力也因他在适应过程中表现出的非凡的自我理解而得到增强。他反复强调自己对自己的适应和快乐负有责任，他需要找到一些方法来"适应"他的健全的同龄人，以免他们放弃试图与他建立关系，认为他仅仅是一个身材矮小、姿势古怪的残疾孩子。他反复写道，他必须通过同龄人眼中的镜像自我来创造"一个我可以生活的角色"。通过同龄人的接受和认可来寻求自我同一性是青少年的另一项重要任务。因此，他展示了发展任务和保护因素、同一性形成和自我理解的相互作用，这些因素一起中和了他的身体残疾所代表的被孤立和依赖的风险。

"永远的笨拙少年"一章最初包含在这本书的前两版中，在第 5 版中回归，因为作者写了一个回顾性的更新——"13 年之后的大卫"。在他 30 多岁的时候，他从一个残疾人倡导组织的成功管理者的角度写了这篇文章，文中回顾了他作为一个大学生关于未来的最初的观点。他写下了他生活中真实的和始终如一的东西，以及他在未来将面临和期待的成长的新挑战和机遇。

第三部分的五个故事揭示了青少年通过应对挑战变得更强大的机会。不幸的是，并不是所有这些挑战都得到了成功的应对。然而，这些自传作者确实代表了一个幸运的事实，即大多数面临这种情况的青少年确实找到了一条通往富有成效生活的道路。下面的故事讲述了如何应对这些挑战的故事，尽管作者们的生活故事截然不同，但克服这些挑战的途径却有很多共同点。

/ 故事 12 /

糟糕

在这篇文章中，21 岁的白人女孩格雷琴讲述了别人对她的注意缺陷与多动障碍（ADHD）的误解给她造成了心理创伤，以及她最终从创伤中恢复的故事。在她的家庭里，格雷琴被贴上了"问题儿童"的标签：做事条理不清、学业失败、容易分心。也许是由于她父母的婚姻问题——这给家庭带来了普遍的不稳定——格雷琴几乎没有犯错的空间。随着她的问题持续存在，她受到了母亲不断升级的精神和身体虐待。最后，在上高中的最后一年，格雷琴辍学了，跑到城里和她的男朋友同居了。在戒毒中心待了几个月，又参加了户外治疗项目后，她选择回到高中继续读书。作为一名大二学生，格雷琴的文字挑战了传统观念，即 ADHD 是一个问题，一种需要被治愈的综合征，一种需要被根除的疾病。相反，基于她自己的经历，格雷琴相信 ADHD 可以是快乐和生命能量的源泉，是一个人所珍视的独特性的一部分。因此，格雷琴建议她的读者对 ADHD 采取一种更加谨慎和开放的立场。她警告说，如果不这样做，就可能会导致错误判断和虐待像她这样的人。

　　我被母亲下楼去厨房的脚步声吵醒了。透过困倦的眼睛，我望着窗外金黄的秋叶，灿烂的阳光暖洋洋地照在我的脸上。我坐起来，伸展着我小小的身体，心想："终于到了周六！"我喜欢秋天的周六，那是足球赛季。周六是我和父亲一周中唯一共度的一天。作为惯例，父亲总是会给我和妹妹带甜甜圈，一个巧克力的、一个蘸蜂蜜的。当他来接我们去看足球比赛时，咖啡、甜甜圈和报纸的香味包围了他。我喜欢父亲周末的样子——头发凌乱着，也没有刮胡子，他的脸由于清晨的慢跑而咸咸的。父亲把装甜甜圈的袋子递给我，问我的装备准备好了没有，我才意识到我还没准备好制服、护膝和护腿，尽管我知道该去哪里找。

我冲到楼上，在卧室地板的那堆东西里翻找。我先看了看床底下，在我的拼字盒后面找到一个护膝和一个护腿。我开始感到沮丧，在房间里四处乱转，最后，我在放玩具和衣服的抽屉里找到了两双脏球袜和一条去年的足球短裤。为了看上去像样一点，我匆匆穿上了不配套的制服，就在这时，我听到父亲在楼下叫我："准备好了吗，格雷琴？"我跑下楼梯，穿着一件皱巴巴的衬衫，还有自上次比赛后就没洗过的短裤和球袜，一条腿穿的是护膝，另一条穿的是护腿，腰间还系了一个带卡通图案的帽子。当父亲上下打量我的时候，我感觉很不安。他又浓又黑的眉毛上扬着，眼睛怀疑地眯着。我看到妹妹的装备整齐地堆放在角落里，于是我弯腰捡起她的，跟着爸爸走出了大门。早晨凉爽的空气让我感到些许宽慰。我那非常有条理的父亲随后为我们拿出了一个装满饼干和鸡尾酒的购物袋——感谢上帝让我昨天提醒了他，而不是在去球场的路上。

在开车去运动场的路上，我们都没有说话，但是能和父亲在一起我就很开心了。我喜欢看他强壮的双手旋转着方向盘，他的车闻起来就像他的办公室：混合着皮革、纸张、咖啡和新地毯的味道。我喜欢感觉到自己是父亲世界的一部分，对我来说，这种单独相处的时刻是我们建立情感联结的好时机。我经常假装自己是他的客户，说我们是在去开会的路上。我还会假装喜欢这种严肃的气氛。

赛前，我和队友们挤在一起，我因为忘了穿运动衫而瑟瑟发抖。当我的教练喊"姑娘们，快走吧"时，我茫然地盯着她，想知道她为什么没有把我安排进队伍中。然后我听到父亲在旁边大喊："你没听见吗？走吧！行动起来，你是防守，专心点！快走！"我跑到球场上，穿着我那件小了的短裤。当我看着队友在球场的另一端控制着比赛时，我的思绪飘忽不定，突然回想起那个星期我在体操课上学过的动作。我开始做侧手翻，当我的腿踢下来时，我看到球径直朝我飞来。我的教练在场边尖叫道："格雷琴，我的老天，这不是体操，这是足球！你为什么要做侧手翻？专心点！"我瞥了一眼站在一旁大笑的家长们，看到了父亲尴尬而厌恶的表情。教练在中场休息的时候把我换了下来，在剩下的比赛中，我都背对着父亲。我憎恨自己的愚蠢，想知道为什么我不能像其他人一样有条理。回家的路上全程沉默，我和父亲共度的时光就这么被毁了，我心里充满了羞愧和沮丧。说到底我不是他的客户，而只是他不靠谱、难以理解的孩子。

"我会听到老师在教室前面尖叫着喊我的名字。"

回忆我的小学时代时，我会对自己在课堂上的一些行为捧腹大笑。我经常被老师教训要坐下来，不要说话；当被老师点到名字时，我的反应总是比大家慢一拍，比如当被要求挂起外套时，我很容易因其他事情而分神；我经常因为捣乱而被责骂，我记得当时自己很内疚，但也很困惑：我并不是要故意捣乱的，而且我经常都意识不到自己做错了什么。我现在意识到自己并不是要故意违反纪律，而是我有多动症。

但是，在那个时候，没有人知道我真正的问题是什么。在学校里，每天都有尴尬的事情发生在我身上。由于去洗手间或削铅笔的时间太长，我经常遇到麻烦。上课时，我会盯着窗外，完全忘记我在上课，然后我就会听到老师在教室前面尖叫着喊我的名字。问题是，我无法控制自己的行为。我觉得我无法控制自己的思想和身体。我沮丧的老师和父母总是想知道为什么我在课堂上不专心或总是做错事，但我只会告诉他们："我也不知道，不知道怎么的，就那样做了。"很多时候，我甚至不记得我做了什么！但没人相信我，很快我就被贴上了"撒谎精"的标签——这个标签跟随了我很长一段时间。学校的每个老师都认识我，因为我总是惹麻烦。我经常被赶出课堂，这让我很伤心，因为我无法解释自己的行为。我觉得自己像个坏孩子。

"有无数个日子，我可以真实地感受到多动症控制了我的身体和思想。"

多动症不仅仅是我的一部分，也不仅仅影响我的生活，它就是我。它是控制我的精神、身体和社交的主要力量；我不能把它和我自己分开，也不能控制它。我很难解释被如此强大和原始的内在力量所驱使的感觉。有些时候，我真的能感觉到多动症控制了我的身心。这就像在游乐场里骑着旋转木马快速旋转一样，所有的事情都被灯光、气味、噪音所形成的屏障遮盖着，你知道你的朋友们在看着你，但你无法跟他们的目光相接，因为木马旋转得是如此之快。这就是多动症的严重程度。想象一下，当你在课堂上努力听课时，或者当你努力做作业时，突然发生了这种情况，那会是什么情形。在课堂上，我经常感觉自己坐在下水道的中央，因此我坐在桌子前疯狂地旋转，试图停止那种感觉。当那种感觉爆发时，我的焦虑开始占据我的情绪，我不得不与想要尖叫的沮丧做斗争。我感觉我的身体必须对这种冲击做出反应，我必须动起来。没有任何事情能让我"回神"，唯一能帮助我放松的就是去开阔的空间呼吸新鲜空气。其实就是逃避！这是一种极其复杂的心理状态，当有人问"怎么了"或"你为什么不能安静地坐着"时，我觉得如果我试着描述这种感觉，别人会认为我有精神病。

这种状态最奇怪的是，尽管我知道自己应该做什么，但就是完全无法控制自己。我可以列出一大堆我必须要做的事情，不做就要承担严重的后果，但我还是不会去做。有一种比我的意志更强大的力量在控制着我。例如，如果我有一个重要的任务要在第二天上学之前完成，那我就会去跑步或打扫房间，然后一直在想："我没有完成我的任务。"我会在看小说或和朋友出去玩的时候一直惦记着我的作业还没做，但我就是不做。我想做作业，但是我真的无法停止做其他的事情。这种情况在课堂上也会发生：我突然想做点别的事情，比如去散步，于是我就去了。我还应该做什么都不重要了——重要的是我得马上出门。我是"被逼"的。

"怎么可能没有人看到我内心的恐惧呢？"

作为一个孩子，我一天中最艰难的时刻就是乘公共汽车回家。我的书包里总是装满了老师们给我写的便条，我知道学校已经给我妈妈打了电话，告诉她我有这些便条。我会在下车时吓得要死，非常伤心。我还想过离家出走，或者想如果我死了，情况是否会好一些。我轻轻地关上前门，因为我知道如果母亲知道我回家了会有什么反应。我总是觉得我的胃里有虫子，有时我还会因为焦虑而呕吐。我患上了偏头痛，但母亲总说我是装的，说我肯定又惹麻烦了。我经常觉得自己在旋转中失去了控制，而我的父母只会让我旋转得更厉害，直到最后我没有力气，哭着睡着了。我感觉自己毫无价值，而且惶惶不可终日。我总是被误解。

在我小的时候，我母亲的脾气很暴躁。我现在知道了，她的婚姻很不幸福，一旦感觉父亲忽视了她，她就会拿我和妹妹出气。但在我小的时候，我只是认为母亲就是这样的人。我的情况总是比我妹妹的更糟——因为我在学校里惹了很多麻烦。母亲生气时会歇斯底里地尖叫，以至于我都不敢想象她就是我的母亲。她通常不会坐下来讨论我在学校遇到的麻烦，而只是一味地打我。这让我很害怕，我开始对老师撒谎，向母亲隐瞒我糟糕的成绩单，因为这是我免受虐待的唯一方法。

我第一次被发现在进步报告上伪造父母的名字是在三年级，那时我八岁。说谎总是比辣眼睛的报告带来的后果更糟糕，但我无法停止这样做。我必须设法保护自己，没有人能理解我的感受。我觉得自己逃避惩罚的唯一方法就是撒谎，尽管我经常被抓住并受到更严重的惩罚，但出于某种原因，我依然在这样做。这成了一种习惯，我发现自己甚至在不必要的情况下也会撒谎。我在学校里从来没有因打架之类的问题惹过麻烦，但我很不诚实，这给我带来了坏名声。我的父母和老师已经不管我的学习了，而只关注我的行为。

怎么可能没有人看到我内心的恐惧呢？为什么我小小年纪就非得撒谎呢？这种铺天盖地的恐

惧在我很小的时候就开始了，一直伴随着我到现在，就像我一直背负着一个可怕的包袱。我是一个活得非常紧张的小孩，这种压力导致我患上了偏头痛和胃痉挛。压力可以对人造成很多影响，尤其是孩子。我觉得这是导致我成绩不好的最大因素之一。

随着年龄的增长，事情越来越糟。我在学校接受过几次评估，结果只是发现我在抄写板书、完成任务、数学和拼写方面有缺陷，我的词汇量和理解能力不达标。他们总是告诉我，我的考试成绩远高于平均水平，我能够做好，只是粗心和懒惰而已。

我经常被告知做事情分不清轻重缓急，这就是我在学校表现这么差的原因。在我上七年级时，我的父母决定把我送到私立学校，希望这样可以解决我的问题。这也许是个好主意，但实际上却带来了一波新的问题。私立学校有家长咨询条，俗称 PA 条，如果你在课堂上捣乱、没有完成家庭作业，或者成绩不佳，学校就会让你把这些 PA 条带回家（让家长签字）。在卡伯特学院，我可能保持着被发 PA 条次数最多的纪录！就像我解释的那样，我不可能把 PA 条带回家，因为我太害怕母亲了。所以，我再一次每天编造谎言。我会把伪造的 PA 条交给老师们，但他们通常都会发现 PA 条上面的签名有问题，并告发我。接下来的剧情就是，在那天剩下的时间里，我策划着可能的逃跑路线，想象自己在街上或树林里流浪，孤独又害怕。但最后我还是会回家。一回到家，我就会遭到母亲劈头盖脸的责骂。我试图向她解释，我也不知道为什么会发生这些事情，我和她一样困惑，但她只是说"你在撒谎"或者"你是个懒惰、愚蠢、自私的孩子"。在她眼里，我不是一个"迟钝的孩子"，就是一个"懒惰的肥屁股"。我经常听到我母亲说："我真想杀了你！"当她对我尖叫时，她还会拧我的胳膊、打我或推我，然后把我搡回房间，对我说："我不想一整晚都看到你。"我希望她能理解，那样做只会伤害我，伤害我的自尊；我想让她明白，我做这些事并不是因为我是个坏人；我想让她意识到我在学校里的问题是由我不理解的东西引起的，但不幸的是，她只会加重我的问题。

有些事情永远不会从我的记忆中抹去。我希望它们能有助于解释，为什么我一直在说谎，为什么我非常害怕停止说谎。一天晚上，我正躺在床上，突然电话铃响了。我想可能是我的老师打来告诉我父母我的数学考试不及格。当我听见母亲说"非常感谢你打电话告诉我"时，我知道我猜对了。我听到母亲开始尖叫，然后就是怒气冲冲的脚步声。接着，我的房间门被推开了，母亲的身影出现在了走廊的灯光下。她手里拿着皮带冲进房间，开始抽打躺在床上的我。她恶狠狠地尖叫着，用皮带抽打我。最后，我妹妹跑进我的房间，把母亲从我身上拉开。完全是一片混乱。我和妹妹又哭又叫，母亲也完全失控了。被妹妹看到这一幕，让我感到既困惑又尴尬。我知道她为我感到难过，但我也知道她很生我的气。我在门口放了一把椅子，然后蜷缩在毯子下面，哭着，胃好疼，最后终于睡着了。这一切都是因为我的数学考试不及格。当父亲下班回家时，家里已经恢复了宁静，我们都睡着了。

"我甚至不记得我的父母友好地相处过。"

我的家人对我如何看待和塑造自己的影响是惊人的。我将从我的父母开始讲起。我认为我父母的婚姻从一开始就注定要失败。他们 25 岁结婚，不到两年就有了我和妹妹梅雷迪思。我父亲在波士顿的一家会计公司上班，他在那里已经工作了 21 年。我母亲在家里待了几年，全职照顾我和妹妹。我父母分开的主要原因是我的父亲"嫁"给了他的工作，这就是他们开始打架的原因。我父亲每周每天工作 12~14 个小时。我母亲认为，她整天待在家里，一个人照顾两个孩子，而且一直都是一个人，这不公平。当我父亲回家时，我和妹妹通常都睡着了，他从来都没有陪伴过我们。我认为母亲觉得自己被忽视了，她也为我和妹妹很少能见到父亲而难过。母亲无法接受父亲的工作日程，她变得非常沮丧和生气，他们经常为父亲不顾家而争吵。我想母亲是太生气了，以至于她不能告诉父亲她真的很想念他，想拥有更好的婚姻，所以她只会大喊大叫，把他推得更远。最后，他们的吵架升级成了打架——母亲会动手打父亲。当我第一次目睹这一幕的时候，我感觉很恐怖。你可能很难看到你父母的行为如此不理智。我很怕他们最终会自相残杀。

回首往事，我理解母亲的沮丧。我知道她需要从我父亲那里得到更多的关爱和理解；我知道她试图通过各种方式维持他们的婚姻。她是一个出色的厨师和家庭主妇，她总是把自己打扮得漂漂亮亮的，身材也保持得很好。她是如此顾家，如此讨人喜爱，朋友们都羡慕她，只是我父亲从来不承认她的努力，从来不称赞她，也不给她更多的陪伴。这就是为什么母亲变成了一只张牙舞爪的母老虎。

母亲的脾气成了我最害怕的东西，她一旦生气就会打我和妹妹。她经常因为一些小事而生气，比如觉得我们把房子弄得乱七八糟。母亲对待任何情况都使用暴力。我父亲从来不知道发生了什么，因此也就没有人会帮助我们。母亲古怪的行为让人困惑：在打了我之后，她会给我一个大大的拥抱，还会亲吻我，告诉我她爱我，但这从未让我感觉好一点。我想让她为自己的所作所为感到内疚，而不是就这样亲吻和好。我常常觉得自己生活在一片混乱之中，但自己太弱小了，无力阻止这一切。

"医生告诉他们，我有多动症。"

在我上八年级的时候，父母决定带我去看专家。这些年来，我接受了多次评估，但我仍然没有进步。我的父母不顾一切地寻求帮助来解决我的问题。去医院可能对于同龄孩子来说是件可怕的事情，但我却觉得无所谓，因为我已经习惯了被带去看心理医生和全科医生。当我又进行了一系列测试——墨迹测验、拼图和积木后，我想知道这些简单的游戏是如何告诉他们任何关于我的事情的。测试结束后，父母带我去见了医生，医生告诉他们我患有多动症。他说，药物哌甲酯是最新的治疗方法，并告诉了他们使用方法。我从来没有听说过多动症，在那个时候，它对我来说并不重要。我只是想："好吧，诊断清单上又多了一个新名词，所以我们现在可以回家了吗？"这就是我的诊断书上的全部内容，我们没有得到任何关于多动症的信息，也没有再谈论过它。我的父母也没有想过就我的病情寻求任何建议，对我来说，这只是某种综合征的另一种名称，不会改变我是谁。我们也没有再谈论它，但这并没有真正困扰我，因为医生似乎并不认为这有什么大不了的。在那个学年结束的时候，我被私立学校开除并回到了公立学校，但我的多动症仍然没有得到重视。

我现在非常后悔父母和我当初把我的诊断结果塞到了地毯下面。如果我能得到一些帮助，也许我就能取得更多的成就，并避免被学校开除时的羞辱，还有那种负罪感。我已经厌倦了让父母失望，我知道我在学校的表现很差，但我从没想过会被开除。我认为这对我来说在很多方面都是一个转折点。我想就是在这个时候，我的父母终于放弃了我，而我也放弃了自己。我厌倦了被伤害和不被理解，最终我不再关心自己。我变得特别害怕失败，以至于我不敢冒险或真正努力地去做任何事情。我开始害怕冲突，甚至害怕冲突的可能性。我无法相信我所相信的任何东西，因此我成了吸收别人意见的海绵。我从来没有告诉过任何人我的感受，因为我总是为自己感到尴尬。

然而，所有这些也带来了一些积极的结果：我变成了一个倾听者！在我的生活中，我从这些糟糕的经历中学到了一些东西，那就是成为一个好朋友的能力。我能和别人保持很多年的友谊，有些甚至是从一年级开始的。我总是在友谊上投入很多。我所有的朋友都会向我倾诉他们的问题，因为我善于倾听。我想让这些人感到他们的问题很重要，他们被理解了，我不希望任何人像我一样被误解。我会为朋友改变计划，即使这意味着错过最重要的活动，我决不会抛弃朋友。我从不让自己加入一个小团体，并强调永远不要伤害任何人的感情。我为那些被欺负的孩子出头，帮助别人让我感觉很好。我很受欢迎，所以我从来不用担心会像在家里或被老师点名批评那样。在同龄人中，我从来都不是受害者。很多青少年在社交方面有困难，因为孩子们可能真的很刻薄，但我没有经历过这些。这对我来说很好，但它也带来了一些问题。我变得如此关注别人的生活，以至于完全忽略了自己的真实感受。帮助别人确实让我感觉好了一些，但还远远不够。

在我上高二的时候，我和一个叫罗布的男孩成了朋友。这个男孩我在刚上小学的时候就认识了。罗布走近我是因为他有很多情感上的困难。上小学的时候，他患上了癌症，但癌症对他来说还只是小问题。当罗布被诊断患有膀胱癌时，他的父亲离开了他，从此罗布再也没有听到过他的消息。后来，罗布又患了肺癌，脊柱里还发现了肿瘤。12 岁时，他的病情才有所好转。但仅仅过了一个星期，他的母亲就宣布自己得了子宫颈癌，而且已经无法挽救了。她从来没有告诉过任何人，因为她想让罗布先得到照顾。在她去世的时候，罗布刚上高中，他很自责。这个苦命的孩子成了我的"新项目"。

我和罗布交往了五年（不是你们想的那种交往），主要致力于解决他的问题。如果不是因为我，我相信他现在已经死了，但我并没有从中获得什么好处。他吸毒，我和他一起吸食了很多毒品。有两年的时间，我们几乎没干别的。那种感觉很棒——我不仅帮助了罗布，自己也不再感到痛苦了。罗布和我一样讨厌学校，所以有一段时间我们干脆就不上学了，如果我去了，我也会吸毒。我的父母在我和罗布开始交往的那年离婚了，所以他们有各自的问题要忙，顾不上管我。我母亲离婚后精神一直很不好，所以我很容易就能逃避一些事情。

但是，在我高三的时候，我母亲的情绪崩溃了，这让我完全失去了理智。她想让我肯定她、安慰她，但我痛恨她的所作所为，就是她导致我的问题更严重。我甚至不能为她感到难过，而是任由她痛苦。父亲和妹妹都离开了，只剩下我和我那失去理智的母亲。然后我也崩溃了，我辍学离家出走了。我和罗布还有他的两个朋友在一个被毒品房包围的地方租了一套公寓。这可能是最糟糕的环境了，但我不在乎。我感觉自己快疯了，必须离开我那个家。我一生中从未如此沮丧过，我彻底陷入了低谷。在那段时间里，我一直在跟治疗师见面。一天，当我如约去治疗时，我发现我的父亲和两个穿白大褂的男人在那里等着我。父亲强迫我做了毒品测试，之后几个月我被关进了戒毒所。

"在明尼苏达的那三个月，是我重生的时期。"

当我从戒毒所出来的时候，我没有动力去做任何事情。整个世界对我来说都是死气沉沉的。我和父母的关系不好，我的自尊心跌到了最低点。我无法假装我很快乐，我甚至都笑不出来了。我花了很多精力来弄清楚我需要做些什么才能重新快乐起来，而我确信的一件事就是我需要离开我的家人、我的朋友和我的家乡。我需要在另一个环境中看到自己，把自己与世界的其他部分隔离开来，完全专注于自己。父亲建议我那个夏天去参加一个户外拓展训练营，我立刻就同意了。我对户外拓展训练背后的理念略知一二，但我不知道对这次旅行会有什么期待。我想，我同意去旅行的主要原因是，它的路程和与世隔绝听起来太棒了。

我花了三个月的时间在明尼苏达州北部的森林里背包旅行、划皮艇和漂流。不用看时间和没有日程安排的生活是很奇妙的。远离生活的喧嚣、嘈杂和压力，我能够进行反思和思考。我在大自然中找到了一种让人平静的寂静，这使我的心灵得到了抚慰，使它有机会在没有不必要的喋喋不休和噪音的情况下舒展。

我的户外拓展训练是我有生以来经历过的最有意义的事情，是我一生中做出的最好的选择。我在旅途中所产生的改变是如此之大，以至于我能感觉到它们的发生。有一些时刻我非常清醒，这让我能够从多年来一直生活在其中的阴云中分离出来，从一生中都在坚持的那些无关紧要的担忧和恐惧中解脱出来。我想这是我第一次认识到自己是一个独立的个体，而不仅仅是我认识的所有人生活中的一部分。以前，我完全不知道自己是谁，我根据别人对我的评价来看待自己。户外拓展训练给了我探索自己的内心、形成自我同一性的自由。这种自由是我经历中至关重要的方面。我在一个由七个陌生人组成的小组里，他们对我的过去一无所知，这是我第一次成为自己认识的那个人。我不担心这些人会像我的家人那样分析我的行为。我已经失去了所有亲近之人的信任，也习惯了很少得到鼓励。

在明尼苏达的那三个月，是我重获新生的时期。我撕下了19年来我不想要却禁锢着我灵魂的面具。每走一步，我都在排出身体和思想里的毒素。每天，我挣扎着、哭泣着、释放着我内心的痛苦。我的神经第一次平静下来，身体里生病的感觉也消失了。没有了多年来一直住在里面的蝴蝶，我的胃也平静了。我笑了，笑出了声，我很高兴！

对我的重生同样重要的是，我对我的家庭有了更多的了解。我怨恨他们太久了，以至于我无法识别出他们的优点。我知道一直有一个内在的恶魔在吞噬我的灵魂，那就是我的家人。随着时间的推移，我能够超越他们带给我的负担，认识到我自己的错误，以及我是如何导致我的家庭恶化的。我把太多的精力放在为自己辩护上，以至于没有意识到自己在这个问题中扮演的角色。在旅行结束回到家、安定下来之后，我对他们敞开了心扉。这次旅行也给了我时间来决定我未来想要什么，我决定回到高中继续我的学业。

我的一部分永远不想改变我患有多动症的事实。我相信多动症在很多方面对患者来说都是有益的。对于大多数多动症患者，尤其是儿童来说，最主要的挫折在于被误解。如果我被引导相信多动症是一种学习差异，而不是一种学习障碍，那我在成长过程中会对自己有更积极的看法。多动症是给我的学习带来了问题，但不是因为我不能学习，我只是不像其他人那样学习。但是，每个人的学习方式都不一样，不仅仅是多动症患者。当老师试图把不同的孩子放在一个房间里，并期望他们以同样的方式学习时，多动症就变成了一种学习障碍。我觉得多动症孩子的很多问题都是由教育系统造成的。大多数学校的课程和教学方法都是固定不变的，但认为所有的孩子都能从同样的东西中获得知识是荒谬的。问题是，并不是所有的课堂设置都包含多种教学形式。事实上，如果能够在课堂中融入一些简单的策略，就可以极大地帮助所有学生根据最适合他们的方法更有效地学习。

许多专家认为，药物治疗是治疗学生多动症最有效的方法。这是我非常害怕的事情。我试过一些医生开的药，比如哌甲酯和右旋黄酮类。在这些药物的影响下，我变成了一个完全不同的人——失去了所有的能量和情感。就像我背后的驱动力被吸出了我的身体，我感觉自己成了一个空壳。我的多动症是我精力的来源，这对我来说至关重要。我觉得如果没有多动症，那我的人格就不会是现在的样子。多动症有很多积极的方面。例如，我可以一次成功地做很多事情。我的脑子一直在动，一直在找事情做。我的主要目标是能够在特定的环境下控制我的多动症，并把它当作一个优势，而不是服用药物去抑制我所有的创造力。

大多数人都认为患多动症是一件不好的事情，但我不同意这一说法。我相信，如果你问任何一个有患多动症朋友的人，他们都会说，所有这些疯狂的症状都是他们喜欢那个人的原因。多动症使一个人与众不同。我知道有时我的不稳定的行为和自发性会激怒我的朋友和家人，但这也正是让他们开怀大笑并欣赏我的地方。问题在于，大多数关于多动症的文献都是由没有多动症的人写的。他们对多动症进行了分类，还规定了具体的症状。这对我来说是非常无礼的。我了解我的症状，我知道我的多动症是如何影响我的，这完全因人而异。我的情况和其他多动症患者完全不同。

我很高兴能有机会写出我的经历。它们就是我的全部，它们是真实的。我希望这篇文章能帮助一些人认识到应对学习障碍的重要性，以便他们或他们的孩子能够得到需要的帮助。我也希望人们可以从我的故事中学到一些教训，以便他们有机会用不同于我们家的方式来处理这个问题。我想让人们明白，多动症不应该被定义为一种障碍，只有当人们不了解它、看不到它的好处和积极面时，它才会成为一种障碍。我知道，我的多动症导致人们轻视我，并告诉我我有问题。仅仅是因为这个原因，我就做了几百次测试；每个人都想知道我出了什么问题，而不是欣赏我对很多事情的精力和热情。我的老师和父母忽视了我生活中所有成功的方面，而只看到我的缺点。如果我早点学会如何把多动症变成优势，我就会对生活有更好的看法，也会更尊重自己。我花了很长时间才发现自己的优点，因为所有人都告诉我，我有问题，我无法认识到自己的任何一部分是积极和"正常"的。我想要的只是人们能听我说话，看到真正的我而不是医生眼中的那个我。

/ 故事 13 /

对话的简单之美

作者雷在一年级时发现自己有语言障碍，这一令人震惊的发现使他无论在学业和社会上取得什么成就，都无法消除自己的不安和难为情。雷的口吃让他放弃了努力学习，因为"不去尝试比尝试了但失败更容易"。在上高中时，他经常剽窃和作弊，但从没有被发现。这是一种对父母的反叛，也是一种生存方式。他的宗教信仰、亲密的友谊和他在图书馆的工作给了他支持，帮助他度过了那些最困难的岁月，使他越来越意识到自己是一个有价值的人。雷经历了一次挫折，在大学早期，他的女朋友被强奸了，这也首次唤起了他幼年被性虐待的记忆。他现在觉得自己更强大、"能自己站起来了"。他的口吃只是偶尔才出现，似乎是在提醒他：我们每个人的生活都会遇到困难。

当我开始上高中时，许多老师和朋友都对我寄予厚望，但是到了高三结束时，我却面临着一个问题：是毕业还是复读。我的学业问题并不完全直接源于我的学习障碍。最准确的描述应该是，我已经精疲力竭了。我非常希望能有人认识到我有问题，并为我提供帮助。但这从来都没有发生过，我所有试图让自己走上正轨的尝试都失败了。不去尝试比尝试了但失败更容易。我看不到自己的未来。我从来没有想过毕业后要做什么。我无法掌控现在，更无法规划未来。

我已经尽力了。高中生活对我来说非常痛苦和困难，为了保护自己，我假装不在乎学校和我的课程。如果我让自己觉得成功的高中经历对我来说非常重要，那么痛苦只会更严重。我很少做作业，几乎每次考试都作弊，所有重要的论文都抄袭，还经常逃课。

我在学校里遇到的所有问题都可以追溯到我的童年。五岁时，我上完了幼儿园。我很开心，然而，我发现当我所有的朋友都上一年级时，我还要再上一年幼儿园。从来没有人向我解释为什么我要复读。当我来到新班级时，我也没觉得自己跟其他孩子有什么不同。然而，每天都有一个小时，我被带到一边，和一位特殊教育老师在一起——她是专门来给我上课的。对此我并不介意，因为我记得我觉得她很漂亮。她会让我看一些图片，然后告诉她我看到了什么。例如，她会给我看一张狗的图片，而我就会说："狗。"

"不，你说得不对。"她经常这样说。

我不知道我说错了什么。很明显，这是一张狗的图片，据我所知，我说的就是"狗"这个词。这种情况还会发生在树、猫、农场动物和许多其他简单物品的图片上。一旦我告诉她那是什么，她就会说："不，再试一次。"但她从来都没有告诉我我说错了什么。

班上的其他孩子肯定知道我在干什么，因为他们很快就开始叫我"白痴"和"笨蛋"。我不明白为什么。有一天，我哭着回到家里，问母亲为什么我会被人这么辱骂。我记得她脸上出现了我见过的最痛苦的表情，但她只是简单地说："因为他们不是好孩子。"

总的来说，那一年我挺过来了。一年级的时候，那个特殊教育老师还会每天来找我。我们会去地下室的一间小办公室，做我们在幼儿园做的事情。有一天，她做了一件我经历过的最残忍的事情，尽管我知道她是无意的。那天我去见她，我们像往常以前进行着练习。但这一次，她带了一台录音机。她把我的回答录了下来，并把磁带倒了回去，放给我听。我甚至不知道如何描述自己对那盘磁带的反应。那时我大约六岁半，与其他孩子一样，我不太在意也不太担心自己和其他孩子之间的差异，但那盘磁带彻底把我压垮了。我听到的声音特别糟糕——结结巴巴，发音完全不正确。我甚至听不出那个人在说什么。那声音听起来根本不像人声。我确信我说的是"狗"，但当磁带放到那个词应该出现的时候，传出的却是一个完全陌生的词，根本不像"狗"。我开始哭喊："那不是我！你再放一盘磁带进去！这不是我！"她甚至都没法让我平静下来。

我想，每个人都认为我意识到了我的语言问题，因为它们是如此地严重，或者至少我知道自己口吃，但我偏偏完全没有意识到。我说过，以前没有人，包括我的父母，跟我谈论过这件事。

那盘磁带立刻对我产生了影响。我变得非常孤僻，几乎不和任何人说话。我特别回避和父母说话，一方面是因为我不想让他们听到我说话的方式，另一方面是因为我觉得自己被背叛了，我想用沉默来"报复"他们。对一个六岁的孩子来说，这听起来有些不可思议，但这是千真万确的。我突然明白了所发生的每一件事——重读幼儿园、那个特殊教育的老师，还有所有取笑我的孩子。我变得非常怨恨我的父母，因为他们从来没有和我谈论过这件事。我真的很恨他们。在接下来的 10 来年里，我花了很多时间想办法伤害他们，报复他们的欺骗。

我和学校的关系也好不到哪里去。在我听到这盘磁带后不久，那位特殊教育老师告诉我，她要离职了，我们将不再一起工作。我不知道磁带事件是否与她的决定有关，但我现在确信，这确实影响了我父母不再为我寻求任何帮助的决定。他们无法承受这种痛苦，我想他们觉得最好的办法就是忽略我的问题，希望它们随着我年龄的增长而消失，所以我不再去上任何特殊教育课程。在常规课堂上，我尽我所能避免在全班面前发言。我不想让其他孩子听到我说话的方式。在小学剩下的日子里，每个差点让我自杀的老师都试图让我更用功。他们都觉得我很有潜力，只要我更外向一点就能成功。我拒绝了所有这些"好意"。虽然我的发音有了一些进步，但我的口吃直到我进入初中也没有任何改善。

很难看出我的口吃在多大程度上影响了我对自己的印象，又在多大程度上影响了别人对我的印象。客观地说，我想说，在很大程度上，它对我的自我形象影响最大。在我成长的过程中，有时我会觉得每个人都在嘲笑我，对我指指点点，而实际上可能只有少数人这么做了。有一些事情让我现在意识到我的朋友和同学一定很崇拜我。四年级时，我被选为了班长。六年级时，我获得了体育精神、领导才能和数学能力方面的奖励。七年级时，我被选为班上 150 名学生中最聪明的那个。但这些成就对于提高我的自尊水平丝毫不起作用，因为我对自己的口吃很敏感。我的自我意识把这些积极强化的效果降到了最低。我唯一的身份就是一个口吃者。害怕在别人面前结巴和说错话对我的影响是我的其他任何成就都比不上的。我觉得没有人知道我到底是谁，因为我很擅长掩饰自己的语言问题。我觉得自己在向别人隐瞒真实的自己，至少在某种程度上是这样。

到了初中，我的自尊心跌到了最低点。我对每件事的看法都是由我对自己的看法决定的。我在学校里的名声就是一个"作弊、逃课、伪造但不被抓"的"大神"。在学校吃午饭的时候，会有很多孩子来找我帮忙。我会帮他们打小抄、写作文，或者做任何需要的事情。这是我在初中的第一桩"买卖"。一开始很有趣，因为我感觉很新鲜，而且它吸引了很多人的注意。这样的事情有时无关紧要，有时则是非常严重的。举个例子，我在高中时在英语竞赛中得了奖，并且抄袭完成了几乎每一篇布置给我的批判性作文。其他一些学生曾因这样做而被抓住过，但我从来没有。

我学会了如何选择那些模糊但有效的信息来源，以及如何改变无关紧要的内容，以降低被发现的可能性。我几乎在每一次考试中都作弊，在家庭作业上花的时间也很少。

和女孩在一起时，我总是很害羞，做前面提到的那些事情可以创造和她们交谈的机会，这是非常重要的。从记事起，我就被女孩所吸引。我的初吻发生在幼儿园的第二年，之后我感到很尴尬，我担心那个女孩会告诉其他孩子我吻了她，所以几天后我去了她家里，把她痛打了一顿，当然这听起来比实际情况更糟糕。

我无法忍受人们离我的身体很近。如果我在人群中，比如在商场里，我就会感到头昏眼花。我也讨厌有人站在我身后。如果我在队伍里，我就会站得有一点脱离队形，以免有人直接跟在我后面。

之后，我进入了初中。那是大多数孩子开始约会的时候，但我在女孩面前却变得害羞起来。尽管现在我知道性是怎么回事了，但我和女孩说话总是有困难。我对于自己的口吃越来越感到难为情，我觉得没有哪个女孩会和像我这样说话的男孩约会。因此，尽管我和女孩们的接触更多了，但我在初中和高中都没有女朋友。那时我还面临着其他问题，我提到过我的学习是个什么状况。我的成绩不错，但都不是凭真本事取得的。我和父母的关系越来越疏远。我们唯一一次交谈就是在吵架的时候。

由于我与家庭和学校的问题，我需要寻找一个能给我些许安慰和安全的去处。事实上，我发现了三个"去处"：宗教、朋友和工作。我在一个相当严格的天主教环境中长大。我母亲每个星期天都会带我去教堂，做弥撒前后我们都禁食。有时这些仪式会让我感到单调乏味，但总的来说，我一直是一个虔诚的人。在我感觉非常糟糕的时候，经常祈祷和对未来的盼望是我唯一的出路。我从来没有严肃地质疑过我对上帝和《圣经》的信仰，在我生命的大部分时间里，我每天都在祈祷。虽然我的宗教信仰是而且一直是我生活中重要的一部分，但我经常质疑天主教会本身的态度。然而，我确实有强烈的信仰，并且尽我所能遵循宽恕、忍耐和谦卑的教导。我为我的信仰感到自豪。

高二那年，我所在教区的一位牧师——一个我非常崇拜的人来到我面前试图说服我成为一名牧师。我确实考虑过一段时间，最后还是决定放弃。但这不是那件事的意义所在，而是我第一次真正钦佩的人让我知道他在我身上看到了一些价值。他看到了我身上的优点，而我却看不到。这对我产生了深远的影响。我并没有因此在一天内彻底改变自己，我的第一个想法是我要去哪里、过去的我是如何变成现在的我的。这些都是很简单、很散乱的想法，但种子已经种下。是其他像他一样的人的鼓励，帮助我认识到很多人对我的看法比我对自己的看法要好。我几乎没有自尊，所以我不得不从其他人那里获得自尊，他们中的大多数人都是虔诚的教徒。至少在我看来，他们是虔诚的。他们践行自己的信仰，他们通过善待他人来表达自己的信仰，而不是通过向他人布道。他们对自己的信仰有足够的信心，可以接受与自己不同的信仰。我非常尊敬和钦佩这些人。我从他们身上学到，对自我的坚定信念往往与对一套原则和戒律的坚定信念紧密相联。

天主教会要求公开崇拜和宣示信仰，但我总是不愿这样做。从这个意义上说，我是一个不虔诚的天主教徒。事实上，我和我的大多数朋友一样，否认自己有任何信仰。我会拿教会和笃信宗教的老年人开玩笑。我表面上否认我的信仰，因为我母亲是天主教徒，崇拜是她生活中不可分割的一部分，我不想成为我父母那样的人，这是一种叛逆的表现。但是，在我的内心深处，宗教仍然是我得到安慰和希望的源泉。随着年龄的增长，我开始更多地理解读经，并把它们应用到我的生活中。

我所经历的这么多磨难，其实就是对我信心的一个测试，不仅仅是我对上帝的信心，还有我对自己的信心，对自己保持心中的希望、为更好的事情而努力的信心。我偶尔会有自杀的念头，有三次我都制订了具体的计划去实施它，但我的内心总有某种东西让我不能放弃自己。宗教帮我增强了我的认同感，但这还不够。通过冥想和信仰宗教，我所能得到的只有这么多，我需要更多的社交经验。

这就引出了另外两个去处——朋友和工作。我有足够多的朋友，我不觉得自己是个被遗弃的人，但我只有一个真正亲密的朋友，就是那个和我一起偷窥的人——比尔。我们两个五岁时就认识了，从那以后就一直是最好的朋友。我们之间再好不过了，我们从不强迫对方做任何事情（比如吸毒），我们可以分享我们的秘密和问题。比尔和他家人的关系比我要好得多，所以在某种程度上我把他的家人也当成了自己的家人。我不尊敬我的父母，但我尊敬他的父母。他们的意见对我来说比我父母的意见更重要。我并不是在暗示我的父母是失败的父母，但是我对他们怀恨在心，我会向比尔的父母寻求指导。

比尔和我什么事都一起做。我们喜欢相同的节目和音乐，总是一起出去玩。事实上，老师和其他孩子经常把我们俩弄混。对我来说，这种关系有很大的安全感。我觉得比尔接受了本来的我，他是唯一一个我不害怕当面结巴的人。比尔和我是（现在仍然是）好兄弟。当我们还很小的时候，大概七八岁的时候，我们曾"歃血为盟"。我想现代社会很少有人会这么做了。我们一起上了从游泳课到吉他课的所有课程。

由于我们的父母都要工作，因此大部分时间我们都一个人待在家里。夏天的时候，我们几乎每天都无人看管。我们的一些活动是非常可疑的。例如，有一年夏天，我们镇上发现了一头驼鹿。我们镇上已经有一百多年没见过驼鹿了，所以这个消息既激起了人们的恐慌，也激起了他们的好奇心。只有少数几个人看到了这只动物，人们认为它已经离开了小镇。一天下午，我们看到当地的报纸刊登了一张驼鹿留下的脚印的照片，我们灵机一动，把它剪了下来。接下来，我们找了一些木板，并裁切出了类似的形状。我们把木板绑在鞋底，走到后院。果然，我们在泥土上留下的痕迹和图片上的非常相似。接下来的几个晚上，我们偷偷溜出家门，去了镇上的沼泽区。我们把裁切好的木板绑在鞋底，在几个后院的泥泞中踩来踩去。几天后，我们在报纸上看到说驼鹿又回来了，报纸上还说，现在可能不止一头驼鹿，警察已处于警戒状态。除了害怕被警察发现之外，整个过程我们都乐在其中。我们又一次愚弄了大人们。

我们俩做任何事都在一起，不断地制订未来的计划。从长远来看，这可能会伤害到我：我太依赖比尔的友谊了，没有试着更外向一点，去建立自信。但换个角度看，如果我没有比尔和我们的友谊所带来的安全感，我可能永远都学不会如何与别人交往。

上高中前的那个暑假，我在镇图书馆找到了一份工作，开始工作让我很兴奋。我在图书馆待了很长时间（图书馆离我家很近），认识了好几个图书管理员。我的顶头上司约翰逊夫人是我所见过的最特别的人之一。她善良、友好、聪明，当你做得不错时，她总是很快就表扬你，但当你做错时，她也会建设性地指出错误。总之，她是一个各方面都很可爱的人。她能识别出每个人的性格。她一定知道我需要一个能让我找到归属感的地方，因为她很快就给了我许多我力所能及的重要责任。这极大地增强了我的信心。我觉得那里的每个人都想看到我成功，当我犯错误的时候，与我做对的其他事情相比，他们认为这些错误是微不足道的。没过多久我就开始努力工作了。我愿意做他们需要的一切事情，不分分内分外。如果他们在紧急情况下需要帮助，我总是主动帮忙。起初，我只是想让约翰逊夫人和其他人不断地表扬我，因为他们的认可对我来说非常重要。但最终，我开始意识到正直、勤奋地完成一项任务的重要性，而做好工作本身就是一种回报。在去图书馆工作之前，我从未感受过花很多时间和精力去完成一件事情是什么感觉，这是一种很强烈的满足感！又过了很长一段时间后，我才这样对待我的学业，但那是迟早的事。

我在图书馆工作了六年。要想总结出我所学到的，以及与图书馆和工作人员有关的所有感受真的很难，但有以下几个关键点。首先是全体员工的奉献精神。许多全职员工拥有图书馆艺术硕士学位，但他们的年收入还不到 2.2 万美元。他们不遗余力地为社区工作，而这种工作往往在他人看来是不体面、吃力不讨好的。我钦佩他们的奉献精神，我觉得自己以他们为榜样。现在，当我感到自己的工作和责任负担过重、不公平的时候，我就会想起他们，并提醒自己应该珍惜所拥有的一切。其他员工——兼职人员、管理者等——也是一样的。他们都把工作做得很好，为所有人创造了愉快的气氛。有时我想知道这么多好人是怎么集中在这样一个小地方的。也许我是一个天真的乐观主义者，但我得出的结论是，是因为我们周围的气氛，还有融洽和支持的感觉，以及责任。大多数人都想成为最好的自己，但是他们周围的环境并不那么有利。这些好的氛围是从何而来的？我想这来自约翰逊夫人和其他几个与她相似的人。他们对每个人都很支持、慷慨、友善，所以每个人都开始效仿并鼓励这种态度。我不知道我有没有做到这一点，但我也试着保持这种态度，并把它投射到我所接触的人身上。我意识到对待别人的方式真的会带来不同。有时候，对的人在某个时候所说的一句善意的话，就会让世界变得完全不同。

图书馆另一个对我非常重要的方面是那里的读者，他们的求助和咨询对我有很大的影响，让我觉得自己是有一定权力的。如果我知道某个问题的答案，就能解决一个人的问题；或者，如果一个人特别讨厌，我可以故意误导那个人（我从来没有这样做过，但我知道自己有这种权力）。这真的建立了我的信心。我被赋予了一定的责任，我要履行这些责任。这是我在学校所得不到的东西。

在图书馆工作了几年后，我发现很多人在图书馆外也会认出我。对于一个非常害羞的人来说，这真的满足了我的自尊心。我最喜欢的记忆之一就发生在图书馆里。一位女士带着她的小女儿去找一些儿童读物。那个女孩不到三岁半，刚学会走路和说话。她妈妈让她坐在柜台上，我帮她找了一些书。我像平时跟小孩子打招呼那样跟她说话，问她是否喜欢读书，以及她妈妈是否会在晚上给她讲故事。在我办理完借阅手续后，她妈妈把她从柜台上抱了下来，她微笑着说："他是个好人，不是吗，妈妈？"她妈妈点头表示同意。那天剩下的时间里，我感觉自己大约有 10 英尺高。从我在图书馆的经历中，我知道我想从事一些与人打交道的工作。

一直以来，除了在图书馆工作之外，我似乎不能专心于任何事情。在那里工作让我成熟了很多，但我需要把这种成熟扩展到其他领域。在整个高中阶段，我一直在考试和作业上作弊，但在大一之后，我就不再那样做了。我不再帮助我的朋友作弊，也不再吹嘘我那不正当的成就。我想成为一个更认真的学生，但我对放弃作弊没有足够的信心，我觉得我需要作弊来取得好成绩。这在一定程度上也是习惯的力量，我习惯了作弊——而不是努力学习——这很难打破。我在课堂上还是很孤僻，基本不参与课堂互动。我避开了高中所有的社交活动。总的来说，高中对我的影响不大，因为我投入的太少了，反而是我在课外所做的事更重要。

当我不工作，而我的朋友比尔又不在的时候，我的大部分时间都是一个人度过的，这让我感到非常孤独。只有那些经历过长时间孤独的人才知道它会对你造成什么影响。幸运的是，我有足够多的兴趣来打发这些时间。例如，我对天文学非常感兴趣，每年七月初，天空都会出现流星雨。有一年夏天，我决定半夜起来看这个场面。我以前从未见过流星雨，也没料到它居然这么壮观。我凌晨一点左右从床上爬了起来，走到屋外。过了好一会儿，我才发现流星雨出现的位置，但当我第一次看到它的时候，我惊呆了。每隔几秒钟就会有一道亮光划过天空，然后消失。每一道光都没有持续超过一秒钟，但它们显示出的力量让我肃然起敬。它们在天空上飞驰而过，速度是如此之快，以至于我很难看得过来。我的头转得太快，以至于我都晕了。

然后，我决定我要更享受这一切。我进屋做了几个三明治，又拿了一罐饮料。出门时，我瞥见了父亲的旧烟斗。这是一件大而奇怪的东西，但它似乎与那个时刻完美地契合。我以前从来没有抽过烟——甚至从来没有想过——但我还是拿了一些烟草和一盒火柴，装进我的小包裹走了出去。当我走到外面时，我对自己的观测点并不满意。我的家在一座小山上，但是我隔壁邻居的房子更高，挡住了我的视线。没有什么能妨碍我欣赏这一切，于是我决定爬上邻居的屋顶。几年前，我曾好几次试图爬上他们家的屋顶，但从来都没有成功过。那幢房子的排水管相当结实，所以我把"装备"捆在腰间，就这样顺着排水管爬上了屋顶。这是一幢老房子，有很多角落和裂缝，所以我找了一个从地面上看不见的好地方坐下来休息。我试了好几次才点着烟斗，我吸了一口，不禁感到一阵难受。过了一会儿，我才开始习惯这种感觉，我吃着三明治、喝着饮料。那天晚上没有月亮，天空一片漆黑。我抬起头，看着那些黄光从一边滑向另一边。

我孤身一人。我谁也看不见，谁也看不见我。天空的黑暗既柔和又深邃，温暖的黄光每隔几秒钟就在背景上画出一条线，既壮观又令人平静。我的烦恼似乎都不复存在，我正在看的景象似乎把一切都放到了正确的位置上。这比我所见过的任何东西都要宏伟得多。这些流星穿越了多少万亿英里、多少亿年，我才得以看到它们在火焰中燃烧殆尽呢？其他一切似乎都无关紧要。没有幸福的家庭，也没有不幸的家庭；没有好学生，也没有坏学生。我脑子里没有什么话是不愿说出来的。我们所有人都很渺小，相对于我所目睹的一切都不重要。我脑海中浮现出狄更斯的一句名言："宇宙创造了一对相当冷漠的父母。"这句话听起来并不像第一次读到它时那么刺耳。我在屋顶上待了几个小时，在这段时间里一切都很正常。不幸的是，美好的时光转瞬即逝——无论它让我感觉多么好，它都无法帮助我应对日常生活。

高中毕业后，我和比尔一起考上了一所社区大学。这听起来像个笑话：尽管我们逃了很多课，但最后还是得了 A 和 B，并决定转到一所技术学院去。但上了几周课后，我意识到工程学也不适合我，于是决定再次转学，以便能成为英语专业的学生并在学校生活。这意味着我会在第二年秋天和比尔分开，但我觉得是时候尝试独自走出去了。

那年夏天，我遇到了一个叫艾伦的女孩，我们很快就开始约会。一切似乎都很完美——几乎好得令人难以置信。我们理解彼此的感受和问题，也能够互相支持。例如，有一天在我们谈话时，我突然开始结巴。她直接问了我口吃的事，以前从没有人这样做过。人们都避免提及这件事，因为他们认为这会使我难堪。这种态度意味着口吃是有问题的。艾伦直截了当地问了我这件事。我意识到她接受了这一点，并认为这只是我的一部分——就像我的头发是棕色的、眼睛是蓝色的一样。这对我的影响很大，我觉得自己爱上了艾伦。我带她参加了我的班级舞会，整个暑假我们也经常见面。

那年夏天发生了如此多的事情，即使是在我的脑海里，也很难把这一切都安排好。大部分事情都跟艾伦对我的影响和我们之间的关系有关。她是我第一个建立亲密和支持关系的女孩。我们分享着彼此不为人知的希望和梦想，倾诉着我们在生活中遇到的问题。我们都知道对方是可以依赖的。我们的关系发展得很慢。当我回想起我们共度的时光时，我认为我最喜欢的记忆就是跟她去公园野餐。我们躺在草地上，有时我会把头放在她的膝盖上，我们就那样聊天或只是静静地坐着。能和这样一个亲近我的人安静地共度时光是一件很特别的事情。我们在一起度过的所有日子似乎都阳光明媚，快乐而充实。我可能把我们在一起的时光浪漫化了，但这就是我对艾伦的记忆。能够建立这样的关系，尤其是我和艾伦如此般配，让我成熟了很多。

我不能做出一个明确的解释，但我的口吃确实明显地减少了。到了夏末，我已经很少再口吃了，而在此之前，口吃基本上是我的常态。也许是因为我到了停止发育的年龄，我的新陈代谢可能发生了轻微的变化；也许是因为我在心理和情感上都成熟了。到了夏末，我几乎可以正常说话了。然而，我决心永远不要忘记，遇到这样的问题是什么感觉，以及被人们因为一些我无法控制的事情而评头论足是什么感觉。我很幸运地经历了这一切，并且因为某种原因矫正了这一问题。我现在在和智障人士一起工作，看到他们超越人们对他们的期望，我总是很惊讶。我学会了永远不给别人的能力设限，更重要的是，不给自己的能力设限。

艾伦将要去 1500 英里外的一所学校上学。我们本可以在夏天结束时做出承诺，但我们都认为我们应该完全自由地去上学，然后看看我们的感觉如何。这很困难，因为那时我们已经非常相爱了。但那是一个好决定，我们答应保持联系。没有艾伦的支持，我不认为我有信心离开我的家和所有我认识的朋友去一个陌生的环境，但她甚至从未意识到这一点。这是她在不知不觉中帮助我的方式之一。

我们离开家去了学校，并如承诺的那样保持联系。我每天都给她写信，她也经常给我打电话。三个星期后，我们发现不在一起真的太难了。我们不停地诉说我们是多么想念对方。快到九月底的时候，艾伦说她要回家待几周，她想和我待在一起。我很确定我们都已经准备好做出承诺——可以这么说，我们将会订婚。艾伦暗示她已经准备好开始一段性关系了。我们开始经常打电话，她也开始考虑转学到我所在地区的学校，以便我们能多见面。我高兴极了。

一个星期五晚上 11 点左右，大约是艾伦回家前的一周，我正在房间里学习，这时电话铃响了。是艾伦，她的声音听起来很沮丧。她说她那天下午被侵犯了，并描述了当时的情况。她讲完后，我说："艾伦，你不停地说你被侵犯了，但我认为你必须坦白承认你被强奸了，这很重要。"

这对我们俩来说都是一个痛苦的电话。我们打了一个小时左右，我说我知道一个地方可以打电话了解一些情况，于是我马上拨打了强奸危机热线，尽我所能了解了所有医疗、法律和身体方面的情况。我又给艾伦打去了电话，我们决定让她乘飞机来这里，并带她去医院，看看她打算怎么起诉。她觉得自己不能告诉父母发生了什么，所以我不得不独自帮助她。我为她做了所有我能做的，但我不知道到底帮了她多少。我很沮丧。这是一个非常难熬的周末。几天后她回到了学校，这可能是更困难的事情了。我想把她留在我身边，保护她，但她比我更有勇气——她要回去完成这学期的课程。

她走后，我的心情很不好。我已经整整六天没吃东西了，当我开始吃东西时，我也只吃了一点点。我也睡不好，一睡着就会做可怕的噩梦。我梦见有很多人追赶我，然后把我架到火堆上烧死了；我还梦见人们围着我，用刀砍我。这些噩梦非常可怕，但我不知道为什么它们总是挥之不去。艾伦从来没有做过这样的梦。我觉得自己很自私，好像并没有真正地关心她。这引起了我极大的负罪感。

不久，梦境开始发生变化，似乎反映出一些确实发生过的事情。我无法确切地说出来，但每次醒来，我似乎都在回忆一些多年来从未记起的事情。碎片开始聚集在一起，情况变得越来越糟。我开始在醒着的时候回忆往事。在超过 13 年的时间里，我的大脑一直在阻止这些回忆的重现。然而，现在有了艾伦的经验，一切都回来了。我记得当我还是个孩子的时候，一个认识的男人把我带进了卧室……这种情况发生了不止一次，他做了一些当时我不明白的事，但我现在明白了。我说不出他这样做了多少次，因为所有的画面都混杂在一起。这些经历在我的记忆中被封存了很多年——我从来没有回忆过，也没有向任何人提起过。我当时肯定害怕告诉任何人发生了什么，包括我的父母。

那个学期结束时，我的生活一团糟。我陷入了危机状态，我的成绩糟透了。我勉强挺了下来，但我决定下学期去看心理咨询师。我开始明白很多事情，明白了为什么我讨厌人群、讨厌人们站在我身后，明白了为什么性体验会给我带来那么多令人困惑的情感。但我一直不明白的是，为什么有些人会利用弱者来满足自己自私的需求。我仍然认识那个对我做这些事的人，但他好像完全不记得了。也许他也记得，他的良心很不好受，但我不这么认为。从那以后，我一直在观察他，看他有没有对别的孩子也这样过。我想他没有。但即使我发现他有，我也不确定自己会怎么做。我想，如果我能逃脱惩罚的话，那我很可能会杀了他。我对大多数人都没有暴力倾向，但如果像他这样的人继续伤害无辜者，那我认为他不应该再活在这世上。我想让做这种事的人都知道，他们处于非常危险的境地。

我和艾伦的关系也回不到从前了。我们不再约会。她无法继续和我发生关系，也无法和其他任何人开始一段关系。但这并不完全是损失，因为我们建立了非常牢固和相互支持的友谊。我最终告诉了她我小时候发生的事情，我们在很多方面都依旧互相帮助。我们的友谊对我们每个人都非常重要，我们都从中受益。我从她身上学到了面对痛苦时的真正的爱和慷慨。在那之后，我们都成功地交到了男女朋友，又成了快乐和满足的人。我们都经历过一些可怕的事情，但我们都没有伤害过别人。

我为自己找到了一个角色。成长是非常痛苦的，但是通过痛苦和所有的错误，我学到了很多。我在学校表现得很好，我正在努力在研究生院学习咨询心理学。我现在获得了 A 和一些 B，我终于成了我一直想成为的学生。事实上，我在大学里比家里的任何人都要成功。我没有恶意和怨恨，也不会在家人面前炫耀，但我确实喜欢这种感觉（以及在家人中的地位）。我发现即使是现在，我也不愿意尽可能多地参加课堂讨论，但这更多的是由于老习惯，而不是害羞。我也会和女孩约会，但自从艾伦之后我就没有过固定的女朋友。我想我总是不自觉地拿每个女孩都与艾伦以及我们之间的关系做比较，这让我很内疚。我的一个朋友正在攻读心理学博士学位，她知道我和艾伦的关系，她希望看到我为那些对女性进行身体虐待和性虐待的男性提供咨询。但我现在不能考虑这些，因为我对这些人仍然有非常强烈的排斥心理，我知道这样是不对的。也许在将来的某个时候，我能够考虑这个问题。

有时，我也会经历情绪的波动。早上我可能是最快乐的乐观主义者，但在晚上回来时，我可能就会怒气冲冲。然而，我已经有很长一段时间没有经历过任何类型的抑郁了，我认为这是很重要的事情。我把我的情绪波动归因于我的"爱尔兰人"特质。此外，这些情绪波动与我以前的严重抑郁相比也是微不足道的，我甚至可以拿它们开玩笑。

前段时间，我病得很重，在医院里住了好几天，只能躺在床上，靠输液度日。接下来的几个星期，我都非常虚弱。在这段时间里，我的语言退化得很厉害。它使我意识到我的问题并没有消失，而是我学会了如何解决它们。当我虚弱和疲劳的时候，我不再有足够的注意力来维持我的解决方法，因此它们就回来了。一开始，我很沮丧，感觉自己又一次和别人不一样了。然而，我很快得出结论，这是一件好事。每隔一段时间，它就会回来，以确保我不会忘记自己从哪里来，走了多远。我时常会被提醒，我们每个人都有自己的长处和弱点，接受每个人的长处和弱点很重要。这也许就是对话的简单之美。

总之，我的一生是非常幸运的。尽管遭遇了一些可怕的事情，但我也非常幸运地结识了许多了不起的人。这些人让我明白了做一个有爱心和负责任的人意味着什么。他们允许我犯所有的错误，而且不会对我做任何评价。我从他们身上学到，你对待别人的方式真的可以使事情变得更好。给予每个人应有的尊严和尊重，你就会得到回报。在别人需要的时候支持他们，当你需要的时候，你就会发现自己比想象中拥有更多的朋友。但最重要的是，学会自立。如果你不能帮助自己，那别人也很难帮得了你。每个人都会在人生的某个时刻经历痛苦和困难，但也正是这些时刻让我们认识到我们自身的力量以及我们与他人关系的深度。如果我们已经扎下了牢固的根，那我们就应该能够承受我们遇到的许多困难。图书馆的布告牌上有一句我一直很喜欢的名言：即使在你感到绝望的时候，你也要保持乐观。

/ 故事 14 /

永远的笨拙少年

这是一个天生就有严重生理残疾的年轻人的故事。大卫描述了他与其父母之间由于"孩子到底应该有多少自主权"的问题而形成的紧张关系。他的父亲出了名的"爱操心",所以什么事都替他做,而他的母亲"对无能没什么耐心",希望他学会自己做。大学成了大卫和女性建立亲密友谊和取得学业成就的新机会,但这些都被对他是否与同龄人有同样的标准的怀疑玷污了。他问道:"我的性取向会变成什么样子?"他设想"作为一个有着 14 岁男孩的性欲望的 35 岁男人,这种前景让我很不满意。"当他计划进入研究生院并从事媒体方面的工作时,他打算不再接受社会对他的狭隘期望,即他应该作为残疾人的代表来实践他的职业,正如他所说:"我不认为自己是一个残疾人!"

我第一次清晰的记忆来自幼儿园。当我三岁的时候,我的父母把我送到一个小幼儿园,大约每周两次,每次上三四个小时的课。幼儿园在当地一座教堂的地下室里,我清楚地记得自己被人抱着走过一条长长的走廊,还经过了几扇漂亮的彩色玻璃窗。当阳光透过窗户照射进来时,我被抱起来看对面墙上五彩的图案。

应该指出的是,在那个时候,我还没有学会走路。我认为我正在学习走路,但这么说不是很准确。因为我出生时身体就有缺陷,在我生命的前三到五年中,我接受了多次手术,医生试图通过手术来伸展我的腿筋。每次手术结束后，我都会被打上石膏，其中一处是从双腿到腰部。这一切都是为了让我的脚松开，以便有一天我能够走路。当我和父亲一起在医生的候诊室里等待的时候，我们很兴奋。但后来，我父母和他们所有的好朋友都哭了，我想，这是因为专家对我是否能走路的看法大致是一半一半。然而，我不记得这个重要的场合了，这是我记忆的一种特殊技巧——我似乎永远也不明白我生命中各种不同寻常的"事件"的全部含义。

我对我的父母没有太多清晰的早期记忆。我总是认为他们的存在是理所当然的，至少在我开始明白自己可能会失去他们之前。比如，当我开始意识到他们的婚姻并没有那么好，他们应该在25年前就离婚时，我就会想，差一点这个世界上就没有我了，我也不会有他们！尽管他们并没有离婚，但他们还是非常不和睦，他们的争吵和周而复始的离家出走-再回来给我的童年蒙上了一层阴影。

尽管我有时会感到尴尬和担心，但他们不愉快的关系似乎并没有对我造成什么影响。在一些特别糟糕的日子里，我也有过流泪和恐惧的时候，但总的来说，我从来没有过那种所谓的孩子在父母有问题时都会有的自责感。我想这是对我父母的一种肯定，尽管他们遇到了困难，但我们家的生活总是让人有一种安全感和稳定感。我不知道他们是不是故意这么做的，更有可能的是，这跟他们对一个人应如何生活的保守观点有关。早餐永远都要吃，晚餐总是在六点半—— 一切都是可预测的。那时，我很羡慕我的朋友们更年轻、更有冒险精神的父母（他们会全家人一起去看电影，而我们却从来都不去），但现在我觉得，对我来说，有一对生活规律、信奉"平淡是真"的父母更好。我从来都没有担心过自己会得不到照顾和爱。

在我进入青春期（和八年级）的时候，我们进行了一次横跨全美的搬家。回想起那段日子，我确信那次搬家对我是有好处的。首先，我最好的朋友在一年前搬走了，当时我们的关系正变得困难。我们最开始成为朋友是在五岁的时候，因为我们都蔑视人群，不参与群体活动。对我来说，这种特质是由我的残疾决定的，我必须学会自娱自乐。我的乐趣都是久坐不动的，如造火柴盒汽车、模型飞机，看关于第二次世界大战飞机的书籍和电视节目——很多电视节目都迎合了我梦想成为战斗机飞行员和太空旅行者的想象。我的朋友也喜欢这些东西，但他的选择更多。一段时间之后，我们加强了自己的"隐居"倾向，随着年龄的增长，我们离那些参加体育活动或陷入麻烦的同龄人越来越远。

不出所料，随着青春期的到来，我和我的朋友开始（分别）重新评估我们所处的位置。我怀疑我的朋友也看到了其他人在玩跟身体活动有关的游戏，他们玩的方式对我来说似乎是不可能的，或者至少是不太可能的。突然间，到对方家里去玩乐高积木已经不足以维持我们的友谊了。我也开始认同其他同龄人，他们也很出色，而且似乎已经从玩乐高玩具过渡到一种临时的理智主义阶段了。当我们一群人开始读《指环王》时，我最好的朋友并没有加入。不久之后，他就搬走了。

对我的家人来说，这次横跨全美的搬家是非常痛苦的，尽管他们努力表现得好像这是一次冒险。我主要担心的是我能否在我将要进入的新公立学校生存下来。我在家乡的一所大学校园的"实验教育学校"度过了我所有的小学岁月，我不习惯一个结构化的学校环境。在这所校园学校的传说中，真正的学校是一个神秘而险恶的地方。我担心，我会被我12岁的同学当作"公立学校的人"，还拥有一个充满了严格的学术要求和纪律要求的恐怖故事。我认为进入新的中学，远离熟悉的人，远离熟悉的地方，是我进入正规学校的最好方式，就像把自己扔到游泳池里学习游泳一样。结果证明，一切正常。我对自己的学业能力有了信心，因为我的智力第一次被成绩所证实。那里的老师和我之前学校的老师一样都是普通人，但学生要多得多，所以我可以隐藏在人群中。至少我是这么想的。但事实上，由于我的残疾，我几乎立刻就被学校里的每个人认识了。从第一天开始，我就得到了同样的友善和好奇，但即使是在那时，我也在想，就像现在所想的那样，那些善意中有多少是对我残疾的同情。

由于我无法解决自己的残疾问题，因此我只能设法处理由此产生的纯粹的实际问题。对我来说，我尽量不大惊小怪。我倒也没有失落的感觉，因为我没有"正常"的感觉可以相对比。我身体上的一个问题是我很矮，只有大约四英尺两英寸高。在我开始长胡子和开车之前，我经常被陌生人误认为是个小孩。对于一个16岁的少年来说，每次进餐厅都要被递上儿童菜单，是一件非常痛苦的事。更糟糕的是，我仅仅是进行一场条理清晰的演讲就会让人"肃然起敬"。当我向教堂里的老妇人解释我在高中上了五门课时，对方表示我一定非常聪明。但我怎么知道我是不是真的很聪明，或者是不是每个人都会因为我没有流口水而觉得我很了不起？我对自己有很高的要求，也许不像许多全优生那么高，但当我看到别人的优秀作文和睿智的谈话时，我总是印象很深，我渴望达到那样的智力标准。在我十几岁的时候，周围每个人对我的期望都很低，这对我来说是一种持续的困扰。我从来都不知道自己的位置到底在哪里。

几乎每个人都对我很好，不管他们是不是真的了解我。事实上，我在一些高中同学中赢得了"非常聪明"的名声，尽管与我能力相当的许多学生（比如那些和我一起参加英语优等课程的学生）的成绩和学习习惯都比我好。过了一段时间，我开始意识到人们倾向于对残疾人格外仁慈。

我想，我的"聪明孩子"的名声——我认为这与我的实际能力不相符——可能是这种额外的好意的一部分。我观察到许多认识我很长时间的人，甚至是我的大家庭中的一些成员，对我所取得的成就表达出的钦佩之情都远远超出了我认为恰当的程度，这也支持了我的观点。通过对比父母对哥哥和某些亲近的朋友的成就的反应，我能够看得出来，他们所有人都已经习惯于一个事实，那就是我不仅能走路和说话，还能和其他正常的孩子一样去上学，这在他们看来已经很了不起了。因此，即使我的成就微不足道，他们也会觉得格外欣喜。

奇怪的是，我想在学业上取得好成绩的愿望并没有使我成为一名特别用功的学生。我的父母从来都没有给我施加过压力，要求我得全 A。我的成绩单上总是混杂着 A 和 B，他们似乎觉得这已经相当好了。他们要么是年纪太大，理解不了分数膨胀，要么就是掉进了我已经解释过的同样的陷阱——为我还活着、还能走路、还很聪明而感到高兴。我倾向于认为这两个原因都有，也就是说，我有时会利用我所鄙视的那种倾向。我经常让自己在别人的低期望中放松休息。这是我直到现在都在跟自己做斗争的事情。不过，我从来没有过低于 B 的成绩，这是非常重要的。我自创了一套"印象管理"标准，我告诉自己，低于这个标准，我的父母会失望。出于某种原因，我从不太在意老师和朋友对我成绩的看法，在这一点上，我只寻求父母的认可。

正如我所猜测的，如果人们对我的赞美被我的残疾问题扩大了，那我如何才能确切地知道这些赞美和肯定中有多少是我应得的，有多少是虚假的或错误的？自然而然地，随着我进入青春期，我越来越关心自己在整个事件中的位置。由于我对有关外表和性感之类的事情完全无能为力，因此我唯一有竞争力的舞台就是成绩和"讨人喜欢"。我倾向于向遇到的每一个人寻求认同，而交谈就是我的武器。起初，我只是天生就有一种奇怪的幽默感，并在与成年人及同龄朋友的交谈中尽可能地表达这种幽默感，以及我对历史和政治的兴趣。然而，过了一段时间，在我高中四年级的时候，我开始意识到，能够就各种各样的话题进行交谈不仅是一种乐趣，也是一种财富。

我一直认为先天残疾的一个真正缺陷是，一个人在成长过程中经常被孤立在所有青少年开玩笑说的琐事之外：音乐、女孩、汽车、服装、电影、电视和杂志——这一切流行文化都是一种特殊的语言，成人世界很容易将其视为无关紧要的东西而不予重视。但对于那些无法使用这些语言的青少年来说，与那些因他人的残疾而对其心存芥蒂的同龄人打交道变得更加困难。大多数人可能会在一开始抱着试一试的良好意愿与残疾青少年交往，但除非后者能够"追上这个球"或"合群"，或者至少与他们说同一种语言，否则善意很快就变成了尴尬，然后残疾青少年就将被忽略。如果我能说了算的话，我希望那些为残疾儿童和他们的父母提供咨询的人能够强调"合群"的重要性，即使所谓的合群经常被那些"正常"的孩子所蔑视。

回想起来，我觉得我在高中时做的很多事情都是在塑造一个我可以接受的角色。大多数青少年都会这样做，但对我来说，这是双倍重要的。由于我的性格，我在别人眼中的"默认"标签是一个身材矮小、姿势怪异的残疾孩子。那时候我不确定，甚至到现在我也不确定我想要什么样的角色。这使得构建自己成为一个特别的过程。然而，在很大程度上，我认为我已经能够用残疾以外的形象给别人留下足够的印象。当我害怕的时候，当我想太多的时候，我想知道一切是不是仅仅是我的想象。是不是每个人都认为我是个残废，而不是一个人呢？我不知道。我永远也无法确切地知道，因为我总是怀疑别人对我的反应。我想我每天都在假装自信，通过假设别人看我与我看自己一样，我活得既自豪又快乐。

父母对我的反应，我是相信的。从我母亲那里，我得到了一大堆政治信念，或者说是偏见，因为有时我觉得她的信念和她的观点一样，都是偏见。我认为我大学时代最大的收获之一就是批判和分析自己的政治和社会信念。总的来说，我从母亲那里继承了一种对政府所能做的好事的尊重，同时也继承了一种深刻而不可抑制的怀疑，这种怀疑使我对政府或其他任何权威机构所做的事情永远不满意。我意识到，因为我在我母亲身上看到过，这是一种令人沮丧的走近世界的方式。我总是不得不说"混蛋、混蛋"，不是因为这样做是对的、好的或是一个公民的责任，而是因为我无法控制自己。这对我来说是一种负担，尤其是在一个反对过度表达观点的社会。

在远离母亲的那四年的大部分时间里，我发现我仍然深深地在意她对我行为的看法。例如，我不认为我可以追求一份违反她的道德标准的事业。这就抹杀了很多可能性，但幸运的是，我并不想成为一名股票经纪人。然而，在我攻读大众传媒和流行文化的研究生课程时，我发现自己很想知道她对我成为一名广告文案、电视制片人或网络记者会有什么看法。我倾向于认为，只要我忠于自己的标准，就不会违背她的标准，但有时我也不确定，这让我很苦恼。

我和父母的关系中有一种特殊的动态，那就是我是在一种浓厚的、父亲爱操心的氛围中长大的。在我很小的时候，这并没有困扰我，因为我需要他为我提供安全感。他一直是我的照顾者、支持者。事实上，直到高中他都还会在早上帮我穿衣服。他总是想方设法让我的生活更轻松。当然，这样做的问题是它阻碍了我的自主性的发展。母亲对此坚决反对，这并不是说她不关心我，而是她不能容忍我竟然如此无能。

从长远来看，她是对的。强迫我自己去做事情要比让我在日常生活中远离任何坎坷对我的帮助更大。随着我逐渐长大，母亲越来越坚信父亲是一个异常溺爱孩子的家长。她觉得这是他自私的表现——他需要感觉自己被需要和被满足——而不是真正关心我的幸福，这使他如此热衷于替我包办一切。最后，她开始向我建议，我应该像她一样憎恨他的"干涉"。在某种程度上，这对我来说是件好事，因为它最终使我学会了增强和保护自己的独立性。起初是为了母亲，但最终是为了使我自己受益，我开始反对父亲本能地帮我穿衣服、上车下车、穿夹克，等等。他觉得自己所做的一切都是为我好，但我却不再把他看作我一生的监护人；相反，我开始把他看作一个朋友、一个父亲，有时甚至是一个痛苦的人！

我们的关系从此变得更好了。我们现在比过去有更多的争论，但都是成年人之间的争论。总的来说，我们对彼此的生活越来越感兴趣。我确信，他对我的生活怀有不止一点"控制欲"，但我想，即使他有，他至少也会诚实地承认这一点。他经常在话说到一半的时候停下来，为自己喜欢批评别人、担心新的冒险会闹出笑话而开怀大笑。

尽管其他人对我的影响也不那么重要，但同样持久。我想我第一次尝到的讨论政治的乐趣来自我的高中图书管理员。他是个秃顶的中年人，大腹便便，有一种绝妙的爽朗的幽默感。作为作家乔治·麦戈文（George McGovern）的粉丝，当我们一起看到沃尔特·蒙代尔（Walter Mondale）在1984年的竞选中步履蹒跚时，他向我介绍了"挪威人的魅力"带来的喜庆。午饭后，我会到他的办公室闲逛，在那里我们会分享我们听到或读到的政治故事。

他和我的父母一样受过良好的教育，能言善辩，也有着类似的政治倾向。他实际上很喜欢看政治家们提供的"愚蠢的游行"。这对我来说是一种解放。在我的同龄人中，很少有人能和我谈论政治，不是因为他们不在乎，就是因为我的观点与他们的完全不同步。在接下来的两年里，我们每天至少花上一个小时的时间，对任何想到的事情侃侃而谈。事实上，我和他之间的交流也是对我能力的一种试探，最终，我能够和我的父母就政治问题进行辩论。

我怀疑，这种"喋喋不休"的争论对我成为新闻编辑的兴趣的贡献不亚于其他任何东西。当我向新闻顾问提出要上新闻课（从而成为报社的一员）时，我记得我心里有一个写专栏的目标。我在英语课上的表现给他留下了深刻的印象，所以他帮助我说服报社领导给我开通自己的专栏。回想起来，我确信他赞赏我的一部分原因是我之前提到的那该死的倾向——不管残疾人取得任何成就，都应被看作奇迹。但我想，如果最终我能因自己的价值而得到肯定，那我不会再介意这些。

我想这就是我喜欢写那个专栏，并且一下子在大学里写了四年的原因之一。在大学里，当我开始写专栏时，很多人并不知道我是谁。因此，当我得到陌生人的好评时，这对我来说就更特别了。在我的生命中，这是我第一次真正得到应得的肯定。我是一个从不缺少别人赞许的人，但是匿名的表扬对我来说如金子般珍贵。这就是为什么我期待继续写这种性质的文章，并且希望把它当作我的事业。

在我的青春期，有一件事可能对我的人生观的影响最大。在从西海岸开车到我在东部的大学的漫长旅途中，我得了重病。我的残疾最严重的方面来自严重脊柱侧弯对我的肺功能的影响。随着我逐渐长大，我的脊柱越来越弯曲；它弯曲得越多，对我肺的压力就越大。因此，我的呼吸功能越来越衰弱。虽然我在 10 岁时接受了脊柱融合手术，避免了这种情况对我的致命威胁，但事实证明，手术也留下了致命的恶化空间。

由于知道我们在向东行驶时必须忍受的高海拔会让我不舒服，我的医生让我准备了一个氧气罐，以备不时之需。不幸的是，这并没有解决我呼吸的生理问题，反而还导致了一个恶性循环——我吸入的氧气越多，我的大脑对呼吸的需求就越少——我吸入的氧气越少，我排出的二氧化碳就越少。当我到达目的地时，我已经不敢再入睡，因为一旦睡着，我很可能就再也醒不过来了。

有一次，我被告知我将永远无法从这种疾病中完全康复——我也的确没有完全康复——我只有五年的生命了。唯一的选择就是通过手术做一个永久性的气管造口术，这样一来，除了在晚上使用额外的氧气，我还可以借助呼吸器来呼吸。我们徒劳地等了几个星期，希望我能自发地从这个洞中爬出来。在这段时间里，我继续为不到两周后的第一天上课做准备。

我身边的大多数人，尤其是我的父母，把我上大学看作一种幻想。毕竟，我看起来确实很糟糕，我几乎不能步行穿过房间，更不用说去上课了。只有我哥哥似乎认为他们都反应过度了。在我的一生中，他总是不断地威胁我，说我将会死去，说我将永远不能走路，说我将永远不能这样那样做。每当我病情恶化时，他都会被告知："你最好来看看他，这可能是最后一次了。"每次我都会证明他们错了，就像他对我说的那样。虽然他也不确定，但他仍然觉得，只要我确信自己能按时上大学，就还有希望。

在他眼里，我是某种勇敢的英雄，因为我一直相信自己有能力康复。但在我看来，这并不是因为什么勇敢或坚强，而是因为我从未真正意识到我的病情有多严重。一直以来，我的大脑都拒绝接受形势的严重性；相反，我有意识地打发了这些生病的时间，想着我该如何装饰我的宿舍，以及该上什么课。最后，情况严重到我不得不做气管造口术。还有不到一个星期，我就要去上我的第一堂课了。对我来说，这似乎很自然——这是我一直以来的计划。我感觉好多了，晚上使用呼吸器让我在白天很健康，可以做我想做的事情。

从很多方面来说，这件事都是我成长过程的典型写照。首先，它显示了我通常是如何应对逆境的：忽视、拒绝接受。我不认为自己是残疾人。虽然到目前为止，这对我是有好处的，但这种好处可能不会再继续了。在这个非学术的现实世界里，残疾人和其他少数群体一样，必须组织起来，大声地维护自身的权利，但我总是不敢这样做。首先，我相对优越的家庭背景在很大程度上为我铺平了道路。我不必为自己极力主张，因为金钱和我父亲作为医生的地位对我起了支撑作用。除此之外，我也不想被贴上标签。我对自己是残疾人并不感到特别"自豪"，尽管我和其他残疾人一样有理由这么做。这一切都回到了那个烦人的问题——我怎样才能既赢得赞扬又赢得自尊，同时又不把我的残疾放到一边？

随着我逐渐进入职业生涯，也许是在新闻行业，但肯定是在某种媒体行业，我发现我将不得不与社会倾向于主要从我的残疾来看待我的做法做斗争。在我所选择的领域里，有一种把人分门别类的倾向——黑人会关注种族问题，女性会主张女权主义。我真的不想成为一档有关残疾的专栏或节目的专栏作家或制片人。我知道人们把我看作一个有用的工具——毕竟善于表达、聪明、泰然自若的残疾人很难找，因为很多残疾人由于生理问题，都会存在社会"残疾"。有些人会说，我有责任以最自然的方式服务社会，成为残疾人的倡导者。虽然我理解这种逻辑和道德要求，但我就是不想那样做！

我的濒死经历除了让我注意到自己渴望被人以我自己的方式看待之外，还让我比以往任何时候都更加意识到我和哥哥的关系是多么地重要。我出生的时候他14岁，我很确定，他因我幼年时的那些困扰他的问题而被忽视了。虽然他对我有一些怨恨，但他对我的爱总是让我感到惊讶。最重要的是，在我的一生中，他始终如一地支持和挑战我，从开始教我在跌倒后站起来到质疑我的意见，迫使我采取我不愿意采取的独立和成熟的步骤。其他人的溺爱可能会让我变得懒惰，只有他坚持说没有理由不让我洗碗做饭。我上大学的那几年是我住在他身边最长的一段时间，他在帮助我长大方面起了很大的作用。

到目前为止，我生命中最富有的时光是我的大学四年。知识上的收获是巨大的，这不仅仅是指我学到了很多东西，更重要的是那种学习氛围。我的大学和我出奇地匹配。这是一所传统上非常崇尚运动的学校，但却很符合我的个性，因为它的学生倾向于选择并享受一种运动，而不是单纯地追求学术成就。我也从那些没有内在价值、没有成绩表的活动中获得了大部分的乐趣。

在社交方面，如果没有我的兄弟会的话，大学对我来说真的可以说一种浪费。这听起来很老套——兄弟会成员在兄弟会中学习和聚会，但这就是我真实的故事。但我的兄弟会经历并没有把我封闭在一个封闭的社区里；相反，它给了我扩大范围、更好地认识校园里其他人的信心。当人们见到我时，他们会把我和我的报纸专栏和兄弟会联系起来。因此，我不再仅仅是一个残疾学生，我开始以其他身份书写我的人生。我用它们作为跳板，让别人更深入地了解我是谁。

在写这篇关于我青春期的思考之前，除了其他问题外，人们还会问我："是什么让你早上想要起床的？"我想我的第一个答案应该是："是那天必须要做的事情，无论是什么。"这说明了我的一个重要倾向。我一生都在做摆在我面前的事情。其他孩子去上学，我也去上学；他们去上大学，我也去上大学。大学毕业后，他们不是工作就是继续上学，所以我也去读研究生。我支付账单，我读书，我修改论文，我解决问题，我与他人交往……然而，与此同时，我的动机是为了得到别人的认可。

青春期的一些方面比另一些方面更难应对。我经常幻想我未来的性生活是什么样子的——我无法想象（除了在性梦中）一个女人会发现我有足够的吸引力来维持一段长期的恋爱关系。我了解到，一些比我的残疾更严重的人都找到了和谐、心仪的伴侣，同时拥有爱和性。然而，即使是一个下身瘫痪不能活动的人，在外观上也仍然正常，而我不是。我身材矮小，背弯得很厉害，而且由于新陈代谢快、腹腔受限，我骨瘦如柴。尽管我有很多女性朋友，但是什么能促使她们注意到我并对我有性兴趣呢？

我曾两次尝试接近两个不同的女性朋友。在这两种情况下，我都是她们在遭遇危机或压力时的安慰者和耐心的倾听者。她们都很欣赏我，我和她们之间的友谊也加深了。但我怀疑，在这两起事件中，她们都不知道我有其他动机，而只是认为我是出于对朋友的担心。每一次，我都觉得自己像一头野兽，因为我知道自己别有用心。我知道男女关系建立在脆弱而情绪化的女人和坚强的"我来照顾你"的男人之间的危险，我不想成为一个"协同依赖"的人——不管有没有性。

当我展望我的性生活时，我看到一个 35 岁的人有着 14 岁孩子的性欲望。在这方面，我可能永远都是一个笨拙的青少年，这种前景让我很不高兴。但与此同时，我也希望自己能够在一定程度上保留青春期的幽默感、好奇心和无忧无虑。我环顾四周，发现许多从事新闻和文化研究的人似乎都保留了这些特点，也许我也可以。最后，我希望我永远不要真正长大。

总而言之，我已经走了很长的路。因为我自己和那些支持我的人，我完成了很多事情，也成长了很多。然而我依然是一个青少年——只有青少年才有胆量去期盼我所希望的事情，也就是所有的事情。

续集　13年之后的大卫

每个人都喜欢认为自己是独一无二的。没有人愿意承认他们受制于心理学教科书，人生轨迹是由公认的趋势和阶段决定的。在读了自己13年前所写的东西后，我被自己是多么地典型，而我生活中的变化是多么地可预测，以及从那时起生活中不再有变化所震撼。我的残疾和生活经历可能会让人觉得我与众不同，但我知道我的人生是多么平凡。这并没有困扰我，甚至在某种程度上，这还是一种安慰。

在某种程度上，13年前，我正处于青春期的末期。那时我已经大学毕业，研究生阶段也已过半。我独自生活了差不多五年，我有自己独特的兴趣，对自己的才能和一贯的世界观也有很好的认识。我知道（或者我以为我知道）我是谁，我是什么样的人。

现在回想起来，我意识到当时我实际上处在青春期的困境之中，我现在才真正地把那段时期抛在脑后。我仍然非常依赖我的父母，不过不是身体上的，而是情感和观念上的。我几乎没有现实世界的工作经验，也没有真正的领导经验。我也没有任何性经验，至少没有与其他人的。我和任何人都没有深厚的爱情，不管是柏拉图式的还是其他类型的。我就像一个被称为"功能性酒精成瘾者"的人，有明确的酗酒问题，但这并不影响我大多数的日常活动。

然而，我还是一团糟。我身体的一部分已经完全发育成熟，但另一部分却不幸发育不全。事实上，我并没有意识到这一点，因为我的缺陷并没有妨碍我过一种看似正常的生活。我之所以还活得挺开心的，要么是因为我没有意识到我的问题，要么是因为它们还没有导致任何不好的事情发生，因此我认为它们没什么好担心的。还记得我倾向于忽视自己的身体疾病，并因此挺下来的事情吗？我认为我的情绪和发育问题也是如此：我感觉很好，人们也似乎认为我还不错。所以，我想："如果它没坏，就不要修它。"

在我讨论以下这些更深入、更麻烦的问题之前，我需要列一个清单，列出13年来我改变的方式。

第一，13年前，我认为自己是一个政治激进分子，或者至少是一个左翼异见者。今天，我仍然是中间偏左的，但在其他方面，我相当保守，我想也许我一直都会是这样。我成长于里根总统当政的时期，我认为权威总是错误的，有可能是腐败的，但肯定是愚蠢的。我想，我会像我的父母一样，一辈子都抱着这种态度，无论是谁治理这个国家，他们都不会满意。然而，在克林顿总统执政期间，我发现，和管理者团队坐在一起是多么地舒服。我仍然喜欢分析问题，有时也会对政策的细节提出异议，但我很快就习惯了这样一种感觉：基本上，政府各级官员都是优秀、聪明的人，他们的想法和我的想法基本一致。如果他们做了愚蠢的事情，或者鼓吹了我不喜欢的政策，这种区别更像天主教徒和圣公会教徒之间的区别，而不是印度教徒和穆斯林之间的区别。激烈的辩论仍有可能进行，但我觉得，那些当权者和我正朝着同一个方向前进。也正是在这段时间，我开始觉得，世界上的很多问题都是由有问题的系统，而不是有问题的人造成的。这是一个在我的职业生涯中产生了重要影响的想法，以后有机会再详细讲。

第二，13年前，我几乎没有经历过来自同龄人的公开敌意或竞争。根据我的经验，常春藤盟校的教育应该是竞争性的、非常困难，但就我个人而言，其并不是竞争性的。没有人希望我失败、他们成功。而且，如果有人不喜欢我，他们多半不会说出来。我不知道这是因为我的残疾让他们觉得反对我是不合适的，还是因为我从没有做过任何会让我和他人产生冲突的事情。其结果就是，我对公开的人际冲突完全没有心理准备。而且，我甚至缺乏最基本的竞争和应对冲突的技能——大多数八岁孩子在参加过几场少年棒球联盟比赛后就掌握了这些技能。从那时起，我就已经落后了。我通常的做法是避免冲突，即使是在必要的时候，有好几次我都成功地避免了严重的人际冲突。

第三，我的父母分开了，我父亲找到了他生命中的另一个所爱，而我的母亲死于癌症。这些事情对我的影响很大，但这种影响是渐进的。即使是我母亲的病和去世对我的影响，也不如她离开后六年对我的总体影响大。我非常想念她的支持和指导。但话说回来，如果她还在，我就不能在我的家乡开创自己的事业。虽然我不好意思这么说，但我知道母亲会理解的。她总是比任何人都想让我做我自己。与此同时，我和父亲的关系在某些方面也有所改善，但在另一些方面却恶化了。现在我们都是成年人，可以以成年人的方式交流了，父亲也为我所取得的成就感到自豪。

第四，研究生毕业后，我在家乡定居了下来。我这样做是因为那里刚好有一个工作机会，而且我的母亲也住在那里，此外，熟悉的土地也是一个原因。现在我仍然生活在那里，可能还会待上几年。虽然我经常考虑换一份工作，但我并没有强烈的想要离开家的愿望，如果仅仅是为了在一个新的城镇重新开始的话。

第五，在过去的13年里，我最大的改变就是我对自己残疾的态度和对在残疾人服务领域工作的态度完全转变了。1991年，我为我家乡一家新成立的非营利组织工作，这是一家为残疾人服务的组织，主要的管理者和工作人员都是残疾人。我以前从未听说过这样一个组织。从理念上看，它反对大多数我能联想到的与残疾有关的负面词汇：可怜、慈善、狭隘的群体利己主义、家长式作风和隔离；相反，这家组织是残疾人权利运动的一个实际服务和倡导分支——这是另一件我对此一无所知的事情，尽管我一生都是一个残疾人。我最开始是为这个组织做宣传工作，这离我写作和媒体方面的职业道路并不远。我想我应该用一两年的时间积累工作经验，同时尝试为当地的报纸写点东西。除了给编辑的信和代表我工作的组织发表的社论，我从未为这份报纸写过文章。其中一个原因是，我没有精力和动力在做全职工作的同时还从事新闻工作；另一个原因是，在残疾人权利运动中，我找到了一种处理残疾问题的方法，这种方法既符合我的个性，又符合我所能胜任的使命。

残疾人权利运动之所以符合我的个性，是因为它通过发现根源上的系统性问题来解决个人问题。我的组织不仅帮助残疾人解决他们的具体问题，还会确定普通社会的结构、政策和实践是如何使残疾人的生活变得更加困难的。例如，我们通常会帮助残疾人处理工作场所的建筑障碍，并且会在任何我们发现的地方消除这些障碍。残疾人权利运动起源于 20 世纪 60 年代的激进主义和政治参与。换句话说，它看待残疾的方式与我看待一切事物的方式是一样的。

最重要的是，我们之所以在这个领域工作，不是因为我们同情残疾人，而是因为我们就是残疾人，因为这是公正的。在此之前，我尽量避免与任何残疾人团体打交道，因为我所看到的这种"打交道"只有在慈善的背景下才会发生，这让我感到厌恶，但同时也让我无法真正看到，我的残疾给了我一种亲情，一种与其他残疾人士的团结。在某种程度上，我剥夺了自己获得支持和骄傲的重要来源。正如我所做的那样，通过在这个领域工作，我重新加入了一个令人兴奋和充满活力的社区，而不是一个悲伤和令人沮丧的乞讨团队。

为残疾人权利运动工作，最重要的条件是自身要有残疾。但我也为这个运动带来了良好的受教育水平和分析头脑。我发现我能够将残疾问题抽象地概念化，同时也能在情感上与残疾人建立联结。许多人只能做到其中的一种，能两者兼顾的人相对较少。这使我对实地工作的选择从单纯的偏好或便利变成了某种使命，也促使我在当地的运动中成了领导者。我现在在我 1991 年加入的组织中担任执行主任。

有一件事在我内心一直都没有改变，那就是我希望在我的生活中做一些既让我个人满意又有用的事情。在过去的 13 年里，找到并加入残疾人权利运动组织是我生命中最积极的发展，没有之一。

尽管无论毕业后我做什么工作都能更多地了解自己的优势和劣势，但事实是，我所选择的工作将我的优势和劣势都清晰地展现了出来。我已经提到了我所发现的优势，然而，从长远来看，我发现的劣势可能更加重要。

在我之前的文章里，我写道，不确定自己在别人眼中的位置，因为我觉得他们在评估我的个性或表现时，可能会把我的残疾考虑进去。我的意思是，我不想要或不喜欢不劳而获的赞美和赞赏。后来我发现，尽管我在理智上不同意，但我已习惯了人们因我的残疾而对我另眼相待。在我看来，这导致我过于依赖别人的喜爱，并给我的职业生涯带来了一些更严重的问题。

当执行主任的职位空出来时，我申请了这个职位。正如我所说的，根据我的简历、生活经验和理解残疾问题的能力，我可能是一个很理想的选择。但是现在回想起来，我发现自己并没有做好做领导者和监督者的准备。我对这两者都没有经验，对它们的理解也只限于一些术语。组织中有一两个人，我想，比我更了解这一点，因为我一当选执行主任，他们就以一种微妙的方式表明他们对我的能力不太有信心。当然，这让我很震惊。这是我第一次经历真正的对立——不是对某种想法或意见，而是对我的实际能力和个性的质疑。我害怕面对这种反对，这就形成了一个恶性循环。这种恶性循环证实了我的弱点，助长了员工的不良行为，而我又因害怕被人讨厌和发生冲突而未能解决这些问题……

在经历了几年的艰难期和上升期后，我终于具备领导能力了。我克服的最大的障碍就是发现，即使有人不喜欢我或者生我的气，世界也不会终结，我的生活也不会崩溃。有一次，我甚至发现我的两名员工向董事会抱怨我的"区别对待"。我不怪他们，因为正如我说过的，我确实会让一些人侥幸逃脱一些事情，而我本不应该那样。这意味着不太会争论的员工往往比努力工作但有个性的员工得到更好的待遇。遗憾的是，在员工的抱怨和董事会的干预下，我才得以正视这个问题及其他相关问题。

渐渐地，我改变了我的工作方式和与人相处的方式，包括与工作中的人。当人们需要我的时候，我更愿意直面他们。我减少了拖延，学会了如何适应员工的需求和长处，并对他们执行一套更公平的绩效标准。

不过，这段经历最大的好处是，它让我变得更坚强了。我一直都明白逆境会让人变得更强大，但我从未真正相信这是真的。尽管我经历了很多身体和治疗上的逆境，但并没有因此觉得自己变强大了。现在，当我经历了在工作场所和人际关系中所遇到的更为困难的逆境后，我意识到了什么才是真正的逆境，而且我能够挺过它。就像我之前所说的，世界不会因为我搞砸了就结束，这给了我信心。我需要改变自己，以改善自己的表现。所以我猜你可能会说，我必须经历失败才能学会如何成功。

尽管要面对这么多事情，但在空闲时间里，我通常都可以把它们放到一边，在家好好放松，这是一件好事。

如果你说我喜欢看电视，我可能会觉得有些不爽，但这就是事实。尽管我不会为此辩解什么，但我肯定知道这样做给人的印象是，一个孤独的家伙每天晚上都看电视，让自己的大脑腐烂。但对我来说，电视不是一种被动的媒介——我总是"阅读"电视。也就是说，我用严谨的读者读书的方式来看电视。或者可以说，我看电视的方式就像著名影评人罗杰·艾伯特（Roger Ebert）看电影的方式。即使是最烂的节目也会说些什么，而我对电视节目说些什么很感兴趣。这既是一种放松，也是一种智力锻炼。

音乐是能立即触动我情感的为数不多的事物之一。这也是我生活中一个我不介意说自己还是个青少年的领域。如果说有什么不同的话，那就是我更喜欢今天的音乐，而不是伴随我长大的音乐。我的爱好相当广泛。我喜欢任何类型的音乐，只要它表现得充满激情，充满创意。歌词中的观念不需要很复杂或者令人钦佩，如果我感觉它传达的是一些真实的东西，那么作曲的质量或复杂程度对我来说并不重要。音乐可能是唯一能让我全身心享受的表达方式。

我的另一项业余爱好是创建并经营网站和博客。我自学了一些网站设计的基础知识，并使用博客软件在互联网上创建了自己的网站，每周都会更新几次。我曾告诫自己应该坚持每日一更，但我从来都没有做到过。我已经写了三年博客，当我翻看记录时，我惊讶地发现自己竟然写了那么多细小且不相关的事情，其中穿插着新闻故事、书籍、音乐和其他我正在思考或阅读的奇怪事情的网络链接。我对于经营这个博客并没有太多的兴趣，所以它可能不那么有趣。我想这说明我还是太害羞了，不敢与世界分享我的内心世界，尽管我很确定只有少数人曾经访问过我的网站。尽管如此，它还是很有趣的，而且如果我下决心去做的话，它很容易就能转变成我更多的个人观察和思考的载体。

为了使某个页面看起来像我想要的样子，我经常花好几个小时在我的网站上，但我不得不强迫自己做更困难的任务。我知道做我的专业工作比玩网站更重要，它能够帮助他人过上更好的生活；它能够改善我的社区，这是大多数人做不到的事情，而我能做到。我目前的工作还有一个优势，那就是稳定、可预测——尽管前面的路可能很艰难，但至少这是一条熟悉的路。此外，我喜欢为生活和快乐而做事。

最近，我一直在考虑重拾为当地报纸撰稿的想法。由于我喜欢看电视和写短文（在我的博客上），因此我想尝试写一个电视评论专栏。生活在小城市的好处之一是它可能不是那么难实现。

我做这件事不是为了钱，也不是为了得到认可，而是为了找到一种方法，看看我能否把我最大的两个乐趣结合到类似工作的事情里。我喜欢我现在的工作，但我的一部分总是不安分，想尝试一些新的、不同的、不那么安全的事情。

我希望我能说，我已经解决了所有在我最初的文章中暗示和直接提到的"亲密关系"问题。虽然我并不觉得自己在性和深层人际关系方面仍是一个"笨拙少年"，但我并没有取得多大的进步。有时候，我觉得自己错过了一扇机会之窗——在这段时间里，生活中的其他问题相对并没有那么重要，我是有时间去寻求亲密关系的。作为一名专业人士和一名有家庭和事业的单身成年人，我发现自己很少有机会去探索我年轻时应该探索的人际关系。我只是没有时间，我的大多数同龄人也没有时间。除此之外，在我的脑海中还有许多与残疾有关的旧障碍，我发现自己仍然是孤独的。

目前，我还能很平静地面对这些。我有很多好朋友——有些是同事，有些是我通过其他协会认识的，还有一些是我从大学起就一直联系的人，我可以和他们分享我的想法和感受。我没有结婚，没有孩子，这对我来说都不重要。尽管我也向往这些给我的同龄人带来亲密和责任的事情，然而，我也认识一些同龄人，他们和我一样，在用其他元素构建自己的生活。事实上，我已经像现在这样生活了很长时间，我很难想象任何其他类型的生活。这本身可能是形成更深层次关系的最大障碍。除去所有听起来冠冕堂皇的话，所有的一切都可以归结为情景喜剧中的陈词滥调：我害怕承诺，无论是什么承诺。我当然不会去追求一些所谓的伟大的、有自我意识的爱、关系和承诺。我想不出还有什么努力会如此沉闷乏味。当新的机会出现的时候，我生命中的另一个周期也许会到来，也许不会。我会睁大眼睛、竖起耳朵，但不会像俗话说的那样"屏息以待"。

我终于要结束我的青春期了，它被推迟了。13 年前，当我刚刚开始写最初的文章时，我认为我已经完成了。但实际上，我还有很多东西要学，还有很多事情是我没有经历过的。我的某些部分可能永远都是 19 岁或 20 岁，我想我可以就这样幸福地生活下去。另一方面，我曾以为 13 年前，我知道自己的生活会是什么样子，但事实上，我想那个我会对现在的许多方面感到惊讶。13 年了，我对自己的生活还满意吗？我不知道。但我很确定，无论发生什么，我都会成为一个比现在更好的人，就像我认为与 13 年前相比，我现在变得更好了。

/ 故事 15 /

为我的坚强而自豪

作者描述了她青春期怀孕的经历，以及她如何应对怀孕对她情感和社会发展的影响。在前男友不支持和父母不知情的情况下，康妮决定在高中毕业后不久独自在州外堕胎。她分享了她在行动中寻找意义和重新定义自己身份的努力。在大学里，康妮从一个校园女性团体那里得到了支持，帮助自己理解自己的经历，更好地了解自己。她开始审视自己的家庭生活，审视这些关系对她对男性的感情以及她所形成的应对方式的影响。康妮也开始认识到自己在处理这段极其困难的青春期经历时所表现出来的坚强和勇气。

那是高中毕业后的一个星期左右。空气中散发着霉味，水泥地板也是冷冰冰的。我紧张地拨弄着电话线，眼睛顺着电话线一直追到门口。车库是最安全的地方，但我还是祈祷没人能听到我的声音。有趣的是，当你认为不好的事情可能发生时，你突然就相信上帝了。

电话那头的女人终于找到了我的记录。"让我看看，"她说，"哦，是的，你的测试结果是阳性的！"她的声音听起来很兴奋，但我不是。我差点把电话掉在地上。我的胃像灌了铅一样坠了下来。我简直不敢相信她。

"你确定吗？"我几乎说不出话来。"是的，难道这不是你想听到的吗？"她是不是傻，她得查我的名字才能得到结果，难道她不知道我只有 17 岁吗？

"不。"我说道。然后她给了我一些堕胎诊所的名字，我挂了电话。

8月18日，我做了堕胎手术。9月，我去上了大学。我的成绩从未受到影响，事实上，我第一个学期的平均绩点是4.0分。学习使我不去想太多。在我堕胎六个月后，我看到了一个支持堕胎妇女的小组的宣传标语，我知道我必须去。我颤抖着打了电话，对方告诉了我活动的地点和时间。

在那个小组里，我开始发泄我憋了好几个月的情绪。聆听其他女性的故事让我明白我并不孤单，尽管很多人讲的故事和表达的感受与我的不同。有时，一旦离开小组，我就会感到痛苦，因为我会重新找回那些被我抛到脑后的感觉。也有一些时候，我惊讶于自己与这些女性的关系有多么好，我从她们身上学到了多少，我多么期待每周一次的会面。在我所写的日记里，一些我从来都不能大声说出来的东西在纸上出现了。

3月

在我发现怀孕的时候，我和男朋友刚刚分手。我没法向他求助，因为他甚至不愿和我说话，但最终我还是"逮"到了他。他表现得很冷漠，也不想帮忙。他唯一的反应就是："我的老天，你确定吗？"我提醒他，这不是我一个人的问题，他说他会给我钱，但不愿和我一起去医院。他也认为我会堕胎。唉，我想我妈妈会恨我的。她一直谴责堕胎，说堕胎无异于杀人。可能确实如此，但我只能这样做。

在打了几通电话后，我发现在我所在的州必须年满18岁才能在未经父母同意的情况下堕胎。但我当时离18周岁还差四个月。最后，我预约了附近州的一家诊所。和我交谈的那位女士非常支持我，但我必须弄清楚如何才能到达那里。一个星期后，我喊了一个朋友带我去做了手术。然后又过了几个星期，我很希望能把这件事告诉谁，因为我一直在努力隐藏伤害和眼泪。我想我做得很好，因为没有人注意到。最糟糕的是，当我看到我同父异母的弟弟——一个可爱的三个月大的婴儿时，我无法去抱他或看他，因为我无法控制自己不去想"我可能会杀了他"。

4月

我一直生活在两个世界中：一个是当我一个人哭泣的时候，当我和几个熟悉的朋友在一起的时候，或者当我和唯一真正理解我的人在一起的时候，我可以谈论或写下我的真实情感；另一个世界就是其他时候，那时我不得不隐藏起自己的情绪，假装自己没事。即使有人勾起我的伤心事，我也无法向其倾诉我内心的苦楚。与堕胎有关的评论或玩笑也让我难以忍受，当艾米吃花生酱和香蕉三明治时，琼问她是否怀孕了，所有人都笑了，但我却笑不出来。她们不知道我经历了什么。更痛苦的是，报纸上有一篇关于堕胎的社论，上面有个人说："我老家的一个朋友堕胎了，我永远都不会原谅她，她完全可以把孩子生下来送人；我就是被收养的，要是她知道就好了。"当我路过一张倡导生育权利的海报时，我也感到很痛苦，上面有人用红色的荧光笔潦草地写着"攻击胎儿"。我真想对做这件事的人大喊大叫，但他们不在那里。我也想撕掉这张海报，但我没有。我想告诉和我一块儿走的人我有多难过，但她不会明白的。

5 月

妈妈，

我知道如果你知道了，你会恨我的。对你来说，这很可恶，是谋杀。我永远也不会告诉你，尽管这会伤害我自己或者我们的关系。我希望得到你的支持，我需要你的帮助，但我不能告诉你，我不能，我从没想过要伤害你。

有时候，我真希望你能猜到。可是我想你会让我把孩子生下来的，你不会让我自己做决定的。也许堕胎是件坏事，是件"不正确"的事，但我不想要孩子，更不想一生下孩子就把他送人。我想去学校学习，享受乐趣，而不是忍受难熬的九个月。我不想被别的母亲盯着看，然后在一旁警告自己的孩子："她看起来最多 16 岁；我希望你永远不要做那样的傻事！"我也不想让我的姐妹们为我感到羞愧，我不想让我的朋友和老师认为我是个坏女孩。因为我们都认为，跟别人发生性关系的女孩是坏女孩，而怀孕的女孩是蠢女孩。

当我再次阅读这些日记时，我再一次想起了那些孤独和害怕的感受，害怕别人知道了会恨我。当我真的开始告诉一些人的时候，我对于他们可能会想什么或说什么感到特别紧张。但我告诉的人越多，讲述给我造成的伤害就越小，我也越相信自己当初的决定是对的。我做的决定很正确，也应该由我来做。我为自己能够独自渡过这场危机，坚持做自己真正想做的事情而感到骄傲。

我亲身经历了青少年堕胎的困难，并且参加了支持小组，这些都促使我去探索女权主义并认同它。我在学校里加入了一个支持堕胎的团体，参加了抗议"拯救行动"的活动，还为一份女性报纸写了文章。我把我的故事告诉了我最亲密的朋友，甚至一些不那么亲密的朋友。我的堕胎经历已经成为我生活的一部分，但我也对女权运动感到失望。我加入的那个政治团体总是会谈论堕胎的权利，但我不愿谈论我的堕胎，甚至根本不愿谈论这个话题，因为我很难避开自己的经历。但我没有退缩，因为我必须确保堕胎或者更不合法的未成年堕胎不被视为非法。参与这种政治活动让我觉得自己可以有所作为。

那个支持堕胎的团体组织成员乘车前往波士顿，抗议试图关闭当地诊所的"拯救会"。前一天晚上，我和另一个女人莎拉骑着马来到这里，我们住在我父亲的家里。我不记得我是在什么时候认识她的，或者我们在此之前是否知道我们两个都堕过胎，但是在两个半小时的时间里，我们谈论了我们的经历。我感觉自己和她是如此地亲密，这让我很惊讶，她让我感觉自己更坚强了。我们发现，我们都觉得自己与政治团体格格不入，关于这一点我们谈论了很多。她告诉我，她也参加了我上学期参加的那个互助小组。我意识到我是多么怀念跟那些理解我的女性分享我的故事。

那是一个充满感情的周末，也许是我一生中最好的一个周末。和莎拉交谈，和她一起参加抗议活动，对我来说似乎特别重要。我感觉很好、很真实、很有激情。这是我以前从未有过的体验。在离我几英寸远的地方，面对那些相信我是杀人犯并想剥夺我控制自己身体权利的人，是一种难以置信的感觉。

在那次抗议活动之后，我在支持堕胎的集会外很少见到莎拉，直到下个学期，她打电话问我是否愿意帮助她为那些堕过胎的女性成立一个支持小组或一个增强意识的小组。我们都怀念也都需要这样的讨论。我们张贴了标语，并在校园里的一家咖啡馆与应征者见了面。很快，我们就有了八个人。在我们第一次开会的那晚，我哭了，我意识到我有多么需要谈论这件事，以及还有多少事情没有解决。我想要把我生活的碎片拼凑起来。为什么这一切会发生在我身上？我还能继续瞒着其他人，瞒着我的家人吗？在第四次会议上，我决定讲述我的全部经历。我谈论的不只是我的堕胎，还有我的整个人生。我试着弄明白这一切。我开始发现我怀孕背后的一些原因，其中一个就是我的家人。我告诉大家："我的家人从来都不交流任何事情，我父亲在我13岁时离开了我们，而我母亲只是告诉我们不要将这件事告诉任何人。我和我的双胞胎妹妹对这件事只字未提。当父亲告诉我们他要走的时候，我们都哭了。事实上是她们哭了，而我并没有。我上楼回到自己的房间，关上了门。事情就这样结束了，没有人再提起这件事。"

我提到的第二个原因是我早期与男性的性关系。那段时间，我形容自己很没有安全感：在学校里，我拼命地想被人喜欢，男生们似乎都很喜欢我。当有人约我出去的时候，我简直不敢相信，我回答说"可以"。我不知道还能说什么，即使我不喜欢他。我和好几个男人约会过，每次不是我被吓跑就是他被吓跑，然后就再也没有然后了。后来有一天，里克约我出去。即使是面对这些支持我的女性，我也很难谈论他。我试着描述跟他的关系："天哪，我真不知道我为什么要和他约会，他……太可怕了。一个月后，我就想和他分手，但我做不到。我不想伤害他的感情，也害怕他会做出什么伤害我的事情。他总是想跟我上床，那时我才 15 岁，所以基本上可以说是他强奸了我。"

里克说他想让我做他的女朋友。说实话他并不是我最喜欢的人，但在此之前没有人像他那样约我出去过。他很好，很风趣，还说他很爱我。虽然我很快就发现他很烦人，喜欢咄咄逼人，但我不能和他分手，即使是在他强奸了我之后。我害怕他会自杀，也害怕他会恐吓我、伤害我。我对他和他给予我的关注非常依恋，以至于甚至没有意识到自己被强奸了。我只是觉得我是个很糟糕的人，因为我无法阻止他碰我的身体。我感觉很糟糕，但我不知道为什么，我想一定是我做错了什么。我不停地哭，我甚至想过要对谁说些什么，我也不知道该说什么。我不敢相信我刚刚和某人发生了性关系，我甚至连这个词都说不出来。除了我母亲有时会暗示"性"是"不好的"之外，我父母从来都没有谈论过性。所以我觉得我是世界上最糟糕的人。

我最终还是和里克分手了，但我经常觉得自己在接下来的性体验中也是被迫的。我对小组中的人说："我也和克里斯上床了，或者说是他说服我和他上床的，一直都是这样的。我不想做这件事，但我总是会妥协。他总是试图说服我，而我从来都不想，但最后还是会同意。"对克里斯来说，一部分的我真的很想和他上床，但我不确定，我不知道该怎么说。我想大多数时候我并不想这样做，因为我害怕怀孕，而且我也不知道该如何去谈论避孕。

克里斯上大学时，我和他分手了，部分原因是他要走了，部分原因是我开始对别人感兴趣了。当时我不到 17 岁，是一名高三学生。我的新男友达伦是一名高四学生，他不仅酗酒，而且还吸毒，这两样我都讨厌，但我认为他是最棒的，因为他第一次让我体验到了性的美妙。我对莎拉和其他女性说："避孕对我们来说从来都不是问题。"这是我第一次承认这一点，但这并不完全是事实。我跟达伦从来没有谈论过这个问题。我没有问他，他也没有问我。这真的很奇怪，因为我很害怕自己会怀孕。我总是忍不住去想，也忍不住担心，但我无能为力。

尽管我们没有采取避孕措施，也没有谈论它，但我总是想到它，我很害怕。我甚至为心理学课写了一篇关于少女怀孕的论文。我记得我写的时候就在想："这有可能就是你，你得做点什么。"我记得有时我也会觉得，我必须和他谈谈这件事，但我做不到。什么都不说，试着忽略、忘记它对我来说似乎更容易。

有一次我以为自己怀孕了，并告诉了他。他简直不敢相信，还说以为我吃了避孕药。我说："没，我没有，你怎么想到这点的？"但在内心深处，对于这个话题终于被提了出来，我感到如释重负。他说，他只是以为我肯定吃了，因为我似乎从来都没有担心过会怀孕。这在现在看来几乎是可笑的，但在当时却不是。对我来说，假装这不是问题是如此地痛苦，他怎么能一直这样想呢？

结果证明我并没有怀孕。他很高兴，我也放心了。在那之后，关于这个话题我们谈论得更多了，大部分时候也都开始使用避孕套，我也不那么担心了。后来他开始酗酒，吸毒也越来越多，他想和朋友们而不是和我在一起。他想和我分手，这让我大发雷霆。"你不能离开我，达伦，"我哭着说，"我爱你，我不相信你会这样对我，你说过你爱我！"最后他妥协了，说他依然爱我，但他却开始躲着我，最后彻底跟我断绝了关系。我感觉很受伤，但我知道自己不喜欢他酗酒，也不喜欢跟他争吵，所以这次我没有纠缠。两三个星期后，我怀疑自己怀孕了。我试着给他打电话，但他"从不在家"。他的哥哥有一次告诉我："他不想和你说话。"最后，我终于联系上了他并告诉了他，而他只是说："天哪，我简直不敢相信！"

我母亲完全反对堕胎。我知道如果我告诉她，她肯定会逼我把孩子生下来。因此我只告诉了我的一个女性朋友，她是我唯一信得过的人。我做了一个早早孕测试，然后把试纸条藏在了书架后面，因为它必须等上几个小时才能显示结果。当我看到结果时，我完全吓坏了。我的朋友比我更不知道该怎么做。我只好求助于一位男性朋友，让他开车送我去医院，好让我能够做真正的检查。我没有告诉他我为什么要去医院，他也没有问，只是开车把我送到了那里。我祈祷这次检查的结果一定是阴性，第一次肯定是搞错了，一定是的。第二天，电话里的女人告诉我，结果是阳性。

在那个时候，我已经开始和别人交往。托德和我很多时间都在一起，尽管我们还没打算出去过夜，但估计也快了。一天晚上，我把这件事告诉了他。他说他和之前的一个女朋友经历了这一切，但结果发现她并没有怀孕。他说他会带我去预约堕胎手术，我松了一口气。我告诉我母亲和老板我们今天要去购物，母亲甚至还让托德开她的车。

当我们到达那里的时候，他只是把我放下车，并没有和我一起进来。当时，我很希望他能跟我一起进来，但现在，我又不希望他进来支持我，这似乎很奇怪。我甚至没想过要求他和我一起进来。我觉得这不是他的责任，这是我自己想做的事情。我至今仍对自己独自经历这一切感到敬畏。

我带着达伦寄来的 250 美元支票独自走了进去。我很紧张，但一进去就感觉好多了。电话里的女人警告我说可能会有纠察员，但并没有人来打扰我。候诊室里的大多数人都有人陪伴，但当时我并没有太在意，能在那里就足以让我感到如释重负。在等待的时候，我开始有点害怕，而且仍然不敢相信自己真的来堕胎了。希望一切顺利。

他们做的第一件事就是咨询，至少他们是这么叫的。其实就是向我详细描述手术的过程。我和顾问，还有一个 30 来岁的女人一起进的这个房间，她也因为同样的原因来到这里，但她看起来很轻松。顾问开始向我们两个解释医生和器械的具体情况。

突然间，我开始害怕起来，哭得停不下来。我害怕手术会很痛，害怕那会是什么样子。顾问和另一个女人说："哦，天哪，她怎么了？"她们的反应就好像我没有任何理由感到不安。

让我困扰的是没有人关注这件事，我的意思是真正谈论这件事。她们似乎都是机器人，只做自己的工作，描述手术过程、抽血、分发药片，表现得好像没什么大不了的。如果有人能跟我说些什么，或者安慰我一下，哪怕仅仅说一句"我也经历过，害怕是正常的，但你会没事的"，也许我就不会那么害怕了。

后来，有人叫我去换衣服，并引导我去了下一个等候室。我穿着睡衣在那里待了两个小时。也许只有一个小时，或者只有 20 分钟，但感觉似乎过了很久很久。那里还有另外五个女人在等待，一个女人偶尔会进来叫一个名字。椅子围着房间摆了一圈，我们面对面坐着，谁也没说话。除了那个翻着杂志时不时发表评论的老妇人，每个人似乎都很害怕。但真正在我脑海中留下深刻印象的是一个看起来不到 13 岁的女孩。我为她感到难过——她看起来很害怕。我很想走过去，告诉她一切都会好起来的。

最后，我的名字被叫到了，我跟着一个女人到了另一个房间。另一个女人在那里告诉我，如果我需要的话，在流产过程中她会握着我的手。医生说："这么说你秋天就要上大学了？你的专业是什么？"我不敢相信她居然问我上大学的事情，我几乎说不出话来，我太害怕了，只有祈祷她别再问了。手术过程太痛苦了，我还记得当时的尖叫和哭泣。后来我想知道是否有人听到了我的鬼哭狼嚎。她们还说只是有一点点痛而已，但我觉得这是我有生以来最痛苦的感觉，想想就觉得疼。

之后，我和其他手术完正在休息的女人一起走进一个房间，躺到床上，吃了几片橙子和饼干。大约 15 分钟后，我感觉好多了，他们说我可以离开了，尽管事实上我应该在那里再待一会儿。在开车走了 15 分钟后，我开始抽搐。我们停下来买了些止痛药，但情况越来越糟。由于医生说抽搐是正常的，因此我并不担心。直到第二天早上我起床准备去上班，我才意识到情况到底有多糟糕——我大出血了。我知道我应该打电话给诊所，根据他们给我的信息表，如果发生这种事，我应该打电话给他们。我想了一下，最后意识到他们也只会让我去医院。我不知道我是更害怕自己出事，还是更害怕被母亲发现。我痛苦了三天，最后终于不流血了。

堕胎和参与支持小组让我与其他女性经历了一种前所未有的亲密感，但似乎也使我与家人更疏远。我不能将这件事告诉他们中的任何一个人，于是我对他们隐瞒了这件事。我讨厌他们不能真正理解我。我最亲近的人并不知道我最深的秘密、所受的最深的伤害，以及我某些兴趣的最大动力。有时，我也会因为没有和他们分享这些事情而感到内疚。我担心我妹妹有一天也会经历同样的事情，而她也同样不告诉我，并且不得不像我一样保持沉默。但是，去年我意识到我并没有对他们隐瞒一切。一天，我 17 岁的妹妹打电话到学校找我。她说害怕自己怀孕了，不知道该怎么办。虽然她不知道我曾经堕胎，但她懂我的感受。她说："我不能要这个孩子。我还要上学和参加曲棍球运动，我没法生孩子。"我告诉她没关系，她不需要做任何她不想做的事。我告诉她可以去哪里做测试，并告诉她可以随时打电话给我。"如果你真的怀孕了，"我告诉她，"我知道该怎么做，没关系。"我为她感到担心，但也很高兴我能陪在她身边，而不是让她独自经历这一切，这让我感觉很好。

我知道我永远都不会告诉我母亲，不过现在也没关系了，但有时我还是会难过。然而，我们还是很亲近，我可能比我的妹妹们更亲近她。我们谈了很多关于男朋友（我们各自的）、学校、工作和我父亲的事。我知道她不是世界上最好的倾听者，但我喜欢在她身边。有时她真的会给我惊喜，给我好的建议，她只是没耐心倾听。我最大的担心之一就是她会发现我的秘密，这会毁了我们的关系。我想她会恨我一段时间，而且她也会感到内疚。即使我相信她对我的爱会超越这些，我也不想让她或我自己经历这种折磨。

我想告诉我的双胞胎妹妹。她竟然不知道我的这些事，这对我来说实在是太奇怪了。虽然我们会打架，也会竞争，但自从我们上学以来，很多事情我们都会告诉对方，我觉得和她很亲近。我告诉她我被强奸了，我们也经常谈论这件事。但我想我似乎没法告诉她我堕胎的事。我倒不是害怕她会怎么看待我堕胎的事情，而是不知道她会怎么看待我瞒着她这件事。我害怕她会恼羞成怒，从此不再相信我，或者恨我没有告诉她。我只是怕吓到她。

最近，我母亲在看一张我们四个孩子的旧照片时对我说："你总是像孩子一样快乐，总是笑个不停，玩得很开心。"当她说这话的时候，我有一种很奇怪的感觉，因为我不记得自己小时候快乐过。我害怕自己的阴影可能是一个更好的描述。我不忍告诉她那件事，于是我只是笑着点了点头。

我记得我们这些孩子经常打架，我还记得母亲经常大喊大叫，而父亲经常不在家，我还记得有一次他凌晨一点才回家，我还记得我父母经常在周末吵架。我们买了一艘帆船，但它基本上只是另一个"战斗"的地方。我记得七年级时，我喜欢我的一位老师。我们在她的课堂上写日记。有一次，我写了一篇关于我们一次乘船旅行的文章，只是省略了不好的部分——战斗。当我拿回我的日记时，我看到她写道："听起来很棒！"我觉得她喜欢我和我写的东西，但我也感到害怕。我的胃里有一种恶心的感觉，好像我知道那不是真的，事实上一点都不棒。

在我高中最后一年所写的自传中，我认为父亲的离开是对我影响最大的两件事之一（另一件事是我是双胞胎之一）。当时的痛苦似乎更强烈，我又生气又嫉妒。这些感觉当然没有消失，只是不那么强烈了。那时，我似乎非常想相信我的家庭是完美的，直到他毁了它、离开的那天。现在我倾向于回忆那些糟糕的时光以及所有的争吵，而忽略所有美好的事情。现在我明白了，在他离开之前，我的家庭已经出了很大的问题。没有人愿意跟其他人交流，家里处处是硝烟。我想也许父亲就是因为在家里不开心，所以才把更多的时间放在了工作上，然后我母亲也变得不开心了，也可能是相反的情况。我不知道事情是怎么发生的，也不知道到底是谁的错。

对我来说，一切都是我父亲的错；他做了一切伤害我的事。但有时我觉得，母亲的反应以及我们自己的反应，也让我们的情况变得更糟。家里没有人谈论这件事，除了我母亲，她的情绪崩溃了。每当我们从父亲家回来时，她总是想从我们嘴里探出点什么消息来。她告诉我们，恳求我们，让父亲回家，告诉他我们爱他。她说如果我们那样做了，他就会回来。我们无法告诉他我们有多痛苦，我们只是去看望他，然后尽可能表现得"很乖"。但是母亲的话让我更加觉得这都是我们的错。她还告诉我们不要告诉朋友，她不想让任何人知道我们家的情况。直到两年后我们搬家，我的朋友们来我家时，我还在告诉他们我父亲出差了。

我不会因这些事情而责怪母亲，即使它们伤害了我。我很感激她能挺过来，而不是自暴自弃。至于我父亲，我尽可能多地见他。我们可以在一起玩得很开心，但我觉得他无法在情感上支持我，这让我很难过。大多数时候，我已经不再痛苦了。但他仍然拖欠抚养费，能不给就不给，而且他几乎不为我们的大学账单支付任何费用。虽然他们已经离婚多年，但伤痛似乎仍在继续，母亲至今仍会对他的妻子和孩子评头论足。我理解她的伤痛，但我夹在中间左右为难。

在这里，我试图解释了自己之所以不能恰当地处理性关系，是因为无法谈论性和避孕。从我的青春期性行为开始，我就感到害怕，没有控制力，没有选择。我现在知道，这与我成长在一个感情压抑、从不谈论任何事情（包括性）的家庭中有关。我的家人总是避免谈论令人不安、尴尬或有争议的话题，所以，当我和男朋友谈论避孕的问题时，我不知道该怎么解决这个问题，我觉得这是我无法控制的。我应对"怀孕危机"的方法不是采取避孕措施，而是将其抛诸脑后。这很容易，我这辈子都是这么做的。

/ 故事 16 /

在两个世界中寻求最好的东西

作为越战之后"船民"危机的一部分，本文讲述了一个从越南移民到美国的悲惨故事。作者描述了他的挣扎——既要做他那非常传统的母亲的好儿子，又要在他的家庭所逃向的文化中找到归属感和成功的方法。在进入青春期后，他开始意识到他母亲的许多问题和固执的教养方式正在伤害他和他的兄弟姐妹。当他发现他的继父虐待他的弟弟，而他的母亲又不出面求情时，他经历了前所未有的羞愧、内疚和无力感。他的母亲坚持传统的抚养孩子的方式，这迫使他过着双重生活——在外面扮演一个越来越"美国化"的少年，在家里扮演一个孝子。尽管对母亲有着无尽的悲伤和无法抑制的愤怒，最终，他在家庭之外的世界取得的成功还是使他获得了母亲的尊重，并影响了她抚养弟弟妹妹的方式。

"你不知道我吃了多少苦才把你带到这个国家。"母亲躺在床上，眼睛盯着天花板，用微小的声音说。眼泪源源不断地从她的眼角流下来，一直流到枕头上。每当这时，我都会和汤姆坐在母亲旁边的地毯上，听她讲述过去的悲惨生活——她在越南的生活。与此同时，我的姐姐周却是另一种态度，她从不忍受母亲的絮叨。她通常会刷牙然后上床睡觉，或者到另一间卧室，关上门，一头扎进浪漫小说里的想象世界中。我记得每当这种场景上演时，我都会默默祈祷，当这些悲惨的故事进入我的脑海时，自己不要哭出来。因为母亲给我灌输了她的信念，就是"男儿有泪不轻弹"，即使是在流血牺牲的时候。然而，没有神灵回应我的祷告，每当听完母亲的故事，我都会感觉特别沮丧、特别无力。尽管我没有面对死亡，但我的眼泪还是掉了下来。

"是的，尊敬的妈妈。"我答道。在越南语中，孩子必须一直使用敬语来回应自己的父母，即使父母并没有问孩子问题也是如此。任何不带敬语的回应都可能会招来一顿打骂！在我学会说话后不久，我就学到了这一课（毕竟有礼貌要比挨打好）。

"当我像你这么大的时候，我住在村子里，从来没有吃过一顿饱饭，"母亲继续说道，"大多数时候，我们都只有一小碗米饭和一点调味用的鱼酱。我没你今天这么幸运。我不可能像你这样每天吃肉。"在我的记忆中，母亲悲惨故事的开场白永远都是"我的童年跟你现在奢华的生活比不了"。直到今天，我仍然不确定她说这句话只是为了让我为有足够的食物而心存感激，还是当她意识到她的童年和我的童年有巨大的反差时，她实际上是在可怜自己。

"我每天都被你外婆无情地毒打，而且常常是无缘无故的。她有 14 个孩子，但我是唯一一个受到惩罚的人。我不知道为什么。如果我没有捡来足够的柴火做饭，或者没有准备足够的猪食，又或者在炎热的夏天，我没有给她扇扇子，因为我的手实在太酸痛了，她就会打我。"母亲继续说着，讲到这个时候，我已经很难听清楚她在说什么了，因为她哭得太厉害了，鼻子都被堵住了。有时我会试着更仔细地听，以便能听懂她说的每一句话，而有时我并不在意，因为我或多或少已经记住了她想说的话。

"我一生中最糟糕的时候就是嫁给你父亲之后。我刚生下你妹妹，他就消失得无影无踪了。后来我终于在河内找到了他，发现他居然和他的第一任妻子在一起，一个他从未告诉过我的女人。我非常震惊，我深爱和信任的男人居然对我撒谎。"

在听母亲描述父亲的欺骗行为时，我很自然地感到怨恨、同情、内疚、报复欲、难以置信的悲伤，还有（奇怪的）快感。我厌恶甚至憎恨我的父亲，因为他毁了我母亲的一生。我内心的愤怒是如此强烈，以至于我常常在喘气的时候颤抖。有时我坐在那里，希望他就站在我的正前方，这样我就可以掐住他的脖子，用我最大的力气把他按到墙上。我会冲他大叫："你这个混蛋！你怎么能那样对待你的妻子？你没有良心吗？你希望你的孩子们也像你这样吗？我为做你的儿子而感到羞愧！但是别担心，我不会变成你那样的，你这个混蛋！"与此同时，我又对母亲自那件事之后所承受的难以置信的痛苦感到深深的同情。她没有做错任何事，她唯一的错误就是爱上了一个爱撒谎的好色之徒。然而，在我的消极情绪中又混杂着一丝快感。一想到母亲勇敢地把孩子们带走，把他留在贫困的家里，我就感到很高兴。他仍然和他的第一任妻子生活在脏、乱、差的环境中，而我们家虽然比不上其他美国家庭，但至少每天都能吃饱。一想到这些，我就觉得特别痛快。

在我的童年早期，类似上面这样的事情是司空见惯的。几乎任何事情都能促使母亲讲述这些故事：看到幸福的夫妇一起在公园散步，看到我和妹妹不做家务，看到描述越南方方面面的电视节目，尤其是看到她的孩子在学校表现糟糕（比如，没有拿到全 A）。那些夜晚，我都是哭着入睡的，想着我应该多恨我的父亲，多爱和多尊重我的母亲。我绞尽脑汁地想知道父亲怎么会故意对母亲如此不人道。"他怎么可以这样呢？他怎么能这样呢？"我一遍又一遍地对自己默默喊道，"他这样做一定有什么原因，我妈妈肯定漏掉了很多细节。我不应该只听她的一面之词。"我说服自己，在听到他的答案之前，不对他做最后的判断。因此，多年来，我一直想知道他的故事。

我最初的记忆就是逃离越南，在去最终的目的地——美国的途中，我们流落中国香港。我只记得旅途中一些零散的场景。这些年来，母亲在我们的谈话中不断地提到后来发生的事情。因此，我对那几天发生的彻底改变我们生活的事情非常了解。

1981 年春天，我的母亲——当时由于生意兴隆而相当富有——决定给她的两个孩子提供她的国家无法提供的教育机会。当时我只有四岁，而我姐姐只有六岁。就在一个普通的夜晚，母亲告诉我们，我们将永远离开我们的祖国……

一道炫目的闪电把我从酣睡中惊醒。五秒钟后，不可避免的隆隆雷声撞击了我们的小船，让每个人都陷入了恐慌。我凝视着黑暗，发现一些我所见过的最大的海浪向我们冲来。

"妈妈，我好害怕。"我哭着说。然而，我脸上的雨滴掩盖了我的眼泪，轰鸣的雷声淹没了我喊母亲的声音。我用尽力气拉她的袖子，终于引起了她的注意。

"别害怕，儿子，"母亲安慰我说，"这只是一场小小的暴风，很快就会过去的。"她用塑料袋把我们罩住，我们紧紧地抱在一起，我能够感觉到她的心脏在我的脸颊上狂跳。

"洪妹妹，洪妹妹，"我的叔叔欧安不知道从什么地方冒出来，走到了我们面前，用仓皇失措的语气说，"船这头过重，我们需要更多的人到船头去。如果不抓紧时间，海浪就会把我们掀翻。"

"你想让我们做什么？"母亲镇定地问他。

"你背着普卡，我背着周，然后我们慢慢地移到那边去。"

"好的，好的。"我母亲同意了。我没有意识到发生了什么事，只知道我要紧紧地抓住母亲不放。她直接对着我的耳朵说话，因为在其他任何距离，雷声都会盖过她的声音："我们正往船头走。我要背着你，你要抓紧我，好吗？"

"好的。"我同意了并很快爬上了她的背，而此时风暴就像每秒钟有1000块小石子打到我的身体上一样。我想都没想，马上用胳膊搂住了母亲的脖子，然后一只手紧紧地抓住另一只手的手腕。出于同样的本能，我把腿也绕在她的腰上，并把它们固定在合适的位置上。当我们慢慢地向离我们只有几米远的目的地前进时，我对周围环境的意识比我和母亲坐在一起时增加了10倍。我能够清楚地看到每一个浪头撞击船舷，我预测着即将到来的雷声的方向，我能感觉到吹来的雨点落在我的皮肤上，就像针刺入我身体的各个部位。另一个敏锐的意识是我的身体在空间中的位置。由于我一动不动，我似乎成了母亲身体的延伸。当她抬起左脚往前迈步时，我感觉我的整个左半边身体也跟着动了起来。

"我们快到了，儿子，"母亲说，"别担心了。"我抬头一看，只见船头离我只有几步之遥。然而，我并不觉得是时候可以松一口气了，因为这几步仍然要走。我紧紧地搂着母亲的脖子和腰。正是这个选择救了我的命，因为就在这时，一个巨大的波浪猛地撞击了我们的船舷，把船身掀翻了，把我们推入了中国南海冰冷的海水中。我不记得当时有什么害怕的感觉，当我在水下的时候，本能使我尽可能紧紧地抓住母亲，并闭上眼睛以避免被海水刺痛、闭上嘴巴以防止海水进入我的身体。我不知道为什么我没有惊慌，我确实是没有惊慌。幸运的是，我们两个并没有在水里待太久。我的叔叔和我的姐姐紧跟在我们后面，当他看到我们掉下海后，他也跟着跳进了水中。

在我们戏剧性地得救之后，上天赐予了我们阳光和平静的水面，也赐予了我们一个奇迹。在我们出发的几天后，当我们的食物几乎耗尽的时候，我们遇到了一艘货轮，它正去往我们想去的方向：香港。一年后，也就是1982年4月，母亲实现了她的梦想，那就是在一块机会更多、障碍更少的土地上养育我们。我母亲没有意识到的是，她自己将成为她孩子未来的主要障碍。

在我的青春期早期，我曾希望能有一个更好、更善解人意的母亲。直到今天，我仍然相信，如果我的母亲在她青春期的时候也经历过同样的痛苦，我大部分的"成长的烦恼"是可以减轻或完全消除的。她不知道怎样才能最好地帮助我渡过难关，因为她不了解在美国成长的青少年所面临的文化和社会压力。当我带着青春期的问题去找她，比如同学们取笑我时，她常常显得很冷漠、无动于衷。

我的青春期是从六年级开始的，而且来得相当简单——没有什么大事件宣布它的到来。我清楚地记得自己是什么时候发现已经进入了这个变化的时期的。一天晚上，我正在洗澡，突然发现我开始长阴毛了。一开始我感到很困惑，"这是什么东西？"我问自己。我想那只是脏东西什么的，于是试着把它擦掉。在几次失败的尝试之后，我意识到，"哦，对了，这就是我去年上的性教育课所教的东西，我应该就是在这个年纪开始长它们。别担心，这只是青春期。"我想过告诉我的母亲，以确保这只是青春期的特征，但经过一番思考，我决定还是算了，因为这些话题在我们家里从来没有被提及过。在我的家庭里，诸如性、爱情、生殖器和强奸之类的话题是禁忌，因为它们被认为是"不洁"的。在母亲看来，我们不应该在谈话中提及这些"玷污"我们思想和心灵的东西，因此，美国"正常"家庭谈论的许多问题，在我们家都从来没有被提起过。由于与母亲缺乏交流，我不得不从其他渠道去了解它们，比如电视。

一开始，我并不认为青春期会像学校里的性教育视频中所描述的那样，会出现巨大的心理变化。我觉得自己还是以前的那个小孩，早上去上课，下午回家做作业、看电视，睡觉前和母亲聊天，重复着同样单调的生活。唯一的不同是，我说话的声音开始沙哑，但这并没有困扰我，因为我知道这是人类发展的一种自然表现。

尽管我只意识到了自己身体的变化，但我的心理也在发生变化。我还记得我突然的自我意识、低自尊、对女孩的新兴趣，以及意识到自己缺乏与同龄人的关系……所有这些都是从初中开始的。现在回想起来，我的经历对那个年龄的孩子来说并没有什么不同寻常的。然而，当时我的生活中还有一个特别的因素。在文化上，我与同龄人互动的环境是美国文化，而在家里，我面对的是越南文化。一方面，我的母亲不了解美国文化，不赞成我所接受的美国的信念（如性别平等、种族平等、家庭言论自由等）；另一方面，学校里那些非越南孩子也不接受我在文化上"越南"的一面，可能是因为他们觉得这很奇怪，不正常。那时我的梦想就是和其他人一样"正常"。我将用几个例子来说明我的观点。

在上六年级之前，我从来没有想过自己的外貌与其他人相比会有多大的不同。我知道我是越南人，但我从来没有因为我的肤色而觉得自己是学校里的另类。然而，当我进入青春期时，我开始敏锐地意识到自己的身体特征。小学的时候，我还是那种典型的瘦削、矮小、聪明的亚洲孩子，留着"西瓜头"。当孩子们取笑我是"中国佬"或"书呆子"时，我通常不理会他们。这是真的，直到有一天我受到了纪律处分，而且还被撵回了家。在音乐课上，我的一个白人同学尤金很不高兴，因为马斯坦先生告诉他他走调了。当尤金尖声唱出"扬基·杜德尔进城……"时，全班都咯咯地笑了起来。作为一个"聪明人"，我大声地说："别唱了，尤金，求求你！"尤金满脸沮丧地转向我，大叫了一声："闭嘴，你这个该死的中国佬。"要是在以前，我肯定只是一笑了之，不会有其他任何想法，但那天，我就是特别愤怒，就是想揍他。唯一阻止我这么做的是我的音乐老师，我不想因为扰乱课堂秩序而冒犯他，于是决定以后再说吧。当下课铃响后，我们都去草地上踢球，而我的脑海中只有一件事。一看到尤金，我立马跑了过去，用我 80 磅重的身体所能召唤出的全部力气把他打倒在地。我们在草地上扭打起来，互相拳打脚踢，直到课间休息监督员把我们拉开，给了我们一人一个处分。校长把我撵回了家，理由是我挑起了这场争吵。尤金的话在某种程度上触动了我内心的一个高度敏感区，这个区域告诉我，我和其他人不一样，这让我感觉很自卑。但是，与此同时，这场斗争也让我感到骄傲和自信，因为这一次，与以往不同，当别人认为我很软弱和被动的时候，我为自己挺身而出。然而，母亲的反应却给了我沉重的打击。

"什么？就因为他说你是亚洲人，你就跟他打起来了？"母亲说道，好像她不相信"中国佬"是一个贬义词。也许我再说一遍，她就会理解的。

"但是，妈妈。那个词就涉嫌种族歧视！他不只是说我是亚洲人，"我重复了一遍，"他还有别的意思。"

"管他什么意思，"母亲回答道，"那只是一个词，那些白人都是种族主义者，下一次他再跟你说这种话，别理会他就是了。"

别理会他，什么？尤金侮辱了我，你让我别理会他？我母亲怎么能说所有的白人都是种族主义者呢？她这么说难道不正标志着她自己就是种族主义者吗？

"你知道的，他们比你个头大。我不想让你再受伤害。我们没他们强壮，所以我们只能按我们的体型去行事。所以下次他取笑你的时候，你就把头转过去一笑了之吧。"

我不知道还有什么办法可以说服她。我母亲似乎不明白，在美国，平等是被珍视的，偏见是不能被容忍的。这难道不是她当初决定冒着自己和孩子们的生命危险来到这里的原因吗？我母亲的话与我的老师这些年教我的东西直接冲突。我该如何调和这一点呢？我不能相信她的话，也不能按她的命令去做，因为我在学校里形成的道德观念太强烈了。这件事向我提出了另一个问题——什么时候我应该听母亲的话，什么时候不应该听？在过去，她总是教我如何做一个好人，在生活中该做什么、不该做什么，以及对与错的区别。这很简单——无论发生什么事，母亲总是对的。因此，我总是把她的话放在心里。现在，我发现了她信仰中的缺陷，我不知道该做什么，或者该向谁求助。

我母亲缺乏同理心的另一个例子是，当我告诉她其他孩子取笑我的名字时，她也会哈哈大笑。从我记事起，几乎所有我见过的人都会在把我的名字念对之前至少念错两次。每当我遇到新认识的人，这种尴尬的场面就会让我希望我根本不需要认识新朋友。最糟糕的是我一生都要忍受点名。从小学到高中，我的名字一直是别人取笑的对象，他们经常故意念错，念成一个很不好的词。别人可能很难理解为什么我的名字会对我造成如此大的心理伤害。那些孩子没有意识到，每当他们拿我开玩笑时，我都很想爬进一个山洞里，等大家都成熟了，能接受我的名字时再出来。

唯一理解我痛苦的人是我的姐姐，因为她也有一个不寻常的名字，但她的名字不像我的那样有可能成为大家的笑柄。有时我们要是一起去什么地方，我们就会暂时改变我们的名字，使我们的经历更愉快。举个例子，在我上高二、我姐姐上高三的时候，她让我陪她去参加一个关于申请大学的学生会议。她确信那里没有我们认识的人，于是我们决定在晚上变成"正常人"。当主持人让我们在"你好，我的名字是……"的贴纸上写上自己的名字时，我们随机填写了一些"美国人"的名字。结果，我们都发现，当我们不觉得难为情的时候，与别人打交道会更容易。

每当我告诉我母亲人们取笑我的名字时，她都会笑着说："别人说你的名字是'fuck'？哈哈哈……那不是脏话吗，哈哈哈……这是有点好笑。"有时，我甚至觉得母亲是世界上最麻木不仁、最没有同情心的人。她的儿子刚刚告诉她，学校里的每个人都在嘲笑他，她怎么能坐在那里也嘲笑他呢？她是否认为如果她也笑一笑，我就会好受些？当然，我没有问她这些问题。现在回想起来，我认为我母亲对情感痛苦的认知和我是完全不同的。在越南生活的大部分时间里，她所承受的身体上的痛苦和烦恼，可能比我的痛苦还要难以忍受10倍。这可能就是为什么她不能理解当同学们取笑我时，我所感受到的情感上的痛苦。

我母亲还禁止我和女孩交往，这阻碍了我青春期的健康发展。我记得上初中时，一个七年级的女孩给我写了一封信。和我一起在乐团演奏的越南女孩明给我寄来了我收到的第一封"我喜欢你"的信。她在信中表达了对我的钦佩，她说我很聪明，很有音乐天赋。坦率地说，对于这种情况我一点也不知道该怎么做，没有人教过我如何开始亲密关系。我在学校的男性朋友都是不酷的书呆子，他们和我一样，也没有和女孩打交道的经验。我甚至没有考虑过向他们寻求帮助。我也从来没有向年长的男性榜样寻求过建议，我唯一能联系到的年长男性就是我的叔叔们，他们也不太可能成为我求助的对象，因为他们不是在美国长大的。

向我母亲寻求关于与女孩交往的建议无异于自杀。她总是禁止我和姐姐在大学毕业前约会或交任何异性朋友。有人可能会认为她只是在开玩笑——怎么可能有父母那么严厉？但相信我，她不是。她说到做到。例如，有一天放学后，我正在校门口等我母亲，我的一个女同学过来和我聊天。我们聊起了斯洛博达夫人出的世界历史考试题太难了之类的事情。当我母亲开车过来，看到我们一起站在那里时，她可能以为我们在聊些什么"肮脏"的话题，只见她立刻摇下车窗，用越南语对着我同学尖叫："嘿，鬼丫头，你在对我儿子做什么？"我同学问我，我母亲是不是在对她大喊大叫，我告诉她，她只是在叫我上车。这是我母亲不会说英语的好处之一。一上车，母亲就开始训斥我，问我为什么要跟那个女孩说话。她不听我的解释，并警告我，如果再被她逮到，她就把我送进孤儿院。那是我最后一次放学后站在女孩们旁边。

我手里拿着我收到的第一封情书，我完全不知道该拿它怎么办。我不明白自己作为男性的角色：我是应该主动约她出来呢，还是等她主动？我应该像朋友一样和她说话还是试着和她调情？当时，我的脑子里一片混乱。我唯一能想到的"参考资料"就是中国香港的迷你肥皂剧。这些翻译作品通常以中国古代为背景，绅士们都是遵守儒家准则的人，而女人们都是纯洁的、顺从的。老实说，我从这些节目中学到了很多关于人际关系的东西。它们告诉我，真正的男人是勇敢的、有礼貌的、有骑士风度的、自信的、独立的，而女人是贴心的、敏感的、有教养的、被动的。当然，我现在聪明多了，但那时我接受了那些理念并将其视为理想。然而，尽管我从那些电视剧中知道我应该如何对待明——我认为她既漂亮又聪明——但我没有把这些知识付诸实践。我没有说任何话，而是尽量避开她。每当她走过来跟我说话的时候，我就会转身走另一条路。最后，在意识到我似乎厌恶她之后，明放弃了我，开始和别人约会。后来，我觉得自己像个白痴，竟然就这么错过了她。"我为什么不试试呢？"我反复问自己，"我不是个男人吗？她喜欢我！真的，但我就这么让她走了。"我认为我不具备一个"真男人"所具备的品质，那些迷你肥皂剧所呈现出来的品质。直到高中的最后几年，我才意识到"真男人"的品质到底是什么。也就是在那时，我的自尊逐渐上升到了一个水平——当我和别人说话的时候，我有足够的信心直视他们的脸。这些变化来得很慢，源于我生命中的一个里程碑事件。这件事让我开始努力从母亲的情感影响中挣脱出来，尽管过程很漫长，但我最终取得了胜利。

这些变化发生在我母亲允许她的前夫，也就是我的继父回到我们家后不久。在他回来几个月后，我惊恐地得知他到底是一个什么样的人。我同父异母的弟弟泰今年四岁，精力充沛。他告诉我，他的父亲喜欢捏他、咬他，只是为了好玩，还喜欢长时间抚摸他的生殖器。

这样的事情对于14岁的我来说很难接受或处理。我颤抖地意识到，这个禽兽般的男人，这个邪恶的怪物，性侵了他自己的儿子，我无辜的弟弟，而这一切就发生在我们眼皮底下，还持续了数周。"这不能再继续了，"我心想，"我不会再让他伤害我弟弟了！"在我的一生中，我从来没有比现在更清楚什么是正确的事情。尽管我知道这样做可能会伤害我家里的其他人，尤其是我的母亲，但我一刻也没有犹豫。为了保护泰，我不惜破坏母亲的幸福。

我表达沮丧的方式就是摔门。每当我看到继父触摸泰的生殖器时，我就会走回自己的房间，砰的一声关上身后的门。我们家只有两间卧室，所以泰的父亲肯定听到并理解了我的意思。他完全明白，但是他并没有改变，而是继续为所欲为。然而，我的固执让我没有放弃。在我下决心战斗的大约两周后，我决定跟他鱼死网破。我从来没有想过自己是什么勇敢或高尚的人，我所做的一切都是凭直觉。

那是一个刮着大风的周六下午，除了姐姐周还在上班，其他人都在家。我的母亲和继父在他们的房间里聊天，泰和我在我的电脑上玩游戏。突然，泰的父亲把他叫进了他们的房间。不可避免的事情又发生了，愤怒再一次冲击着我的身体。我呼吸困难，心率像火箭一样迅速上升。我把椅子往后推了推，走到客厅，走过时朝他们的房间里看了看。那里的景象与我在过去几周中所目睹的没有什么不同。在客厅里站了一会儿后，我走回自己的房间，一路上迈着沉重而响亮的步子，到了目的地后，我使出浑身解数使劲把门砰的一声关上。我做到了！我想我母亲总不能还装作没事发生吧，只要他们敢进来，我就敢对质。我希望我内心深处有一种勇气，现在就表现出来，给泰父亲的下巴一拳。我等着他们进来。

"普卡，该死的，你到底在做什么？"母亲尖叫着跑进我的房间，照我的左脸打了一巴掌。我仍然清楚地记得当她的手打到我的脸上时，我所感受到的身体和情感上的痛苦。"他是泰的父亲，他想对他做什么都可以。他又不是要杀他，他只是图好玩而已。而且，这不关你的事！现在如果你不想再住在这里，我可以随时把你送进孤儿院！"那时，我明白了，我的母亲更关心她自己自私的需要，而不是她小儿子的幸福。我对她的尊敬在失望的阴云中渐渐消失了。我该怎么办？我周围的人都看不到我所看到的，在徒劳地向他们揭示真相之后，我得到了这样的结果。那一刻，恐惧和惊慌压倒了我，我不再，也不能继续战斗了。我已经耗尽了自己所有的坚忍，无论我探索得多深，我的勇气之井都已经干涸。在那个时候，恐惧——我最厌恶的情绪和我经常遇到的情绪——控制了我的思想。我不想最后沦落到孤儿院，受国家监护，我也不想让她把我送到寄养家庭。不，不，我不能让这种事发生。"是风，妈妈，"我天真地回答，"风砰的一声关上了门。就是这样，我累了。"我不想再感受任何情绪，而只想躺在床上，假装什么事都没有发生。

在我的一生中，我从来没有像现在这样对母亲失望过。她曾经对我要新鞋的请求置之不理，也曾经拿我的名字开玩笑，但那些都无法与现在相比。我希望她不是我的母亲。我真希望我从来没有出生在这个落后的家庭。

　　两个月后，我母亲把她的前夫赶了出来。显然，他赌博的恶习掏空了她的银行账户。他和我们住在一起的时候，经常拿她的钱到当地的赌场玩牌。最后，我母亲没有钱支付账单了。她说，以后他再也不会回来了。他的离开使我弟弟得到了解脱，使他摆脱了不断重复的伤害。但我知道，他所经历的一切可能会给他带来持久的心理影响。

　　我和母亲之间的问题并没有随着继父的离开而自然消失。我记得我对她没有任何感觉了，就好像继父带走了我对母亲的所有情感，只留下了一片空白。自从他和我们分开后，我有半年的时间都没有和她说话。我不断地问自己，我的母亲，一个我如此看重的女人，一个肯为她的孩子冒险、牺牲一切的女人，怎么能忽视她丈夫对她孩子明显的性侵呢？这种内心的质疑导致了我在情感上与她的分离。从母亲的世界中抽身让我得以退后一步，从不同的角度重新审视我对她和我自己的看法。在这个新的有利位置的帮助下，我为自己和与母亲的关系勾勒出了一幅新的画面。

　　"尊敬的妈妈，我去上学啦；尊敬的妈妈，我放学回来了……"因为传统，我每天被迫说出来的这些话，是我记得在那沉默的六个月里我对母亲说的唯一的话。我是怎么做到的？我有什么感觉？我用什么来取代我和母亲的关系呢？

　　我把最初几周的沉默归因于憎恨，我不想看见她。当我们在同一个房间里的时候，我从不看她的脸，甚至也不把身体朝向她。在餐桌上，我总是尽可能快速地狼吞虎咽，以缩短坐在她旁边的痛苦。当有客人过来的时候，她让我出来和他们打招呼，我会待上足够长的时间，在确保他们看到我的假笑后，第一时间回到我的房间。我认为她不配当母亲，所以我没有把她当母亲看待。我把她当作一个远房亲戚来对待，有尊敬，但没有热情，也没有感情。晚上，母亲抱着泰睡觉，我的心中涌起了怒火，有一次，我用尽全身力气咬烂了我的枕头，发泄了怒火。"她怎么能这样一直若无其事呢？"我问自己，"她怎么能不感到内疚呢？"那些晚上，我一直熬夜到凌晨两三点，为弟弟感到难过，对母亲感到愤怒，对自己感到失望。我没有和任何人谈论过我的问题。周把自己和家里的其他人隔离开来，所以我和她之间也不交流，我也没有和学校里的朋友们亲近到可以和他们分享我内心的情感。我也觉得不好意思告诉任何人我的家庭不幸福的情况。因此，几个星期以来，我就像一个四处走动的气球，充满了负面情绪，当我无法再控制它们时，它们就会爆炸。但我并没有崩溃，我需要表现得坚强而冷静（就像电影中的英雄一样）。我需要向母亲和我自己表明，我的情感并不依赖于她。我抑制这些情绪的方式就像化学家将氦气球浸入液氮缸中一样。就像气球里的氦气一样，我的情绪凝结成了一种更冷、更不活跃的状态。

　　在我沉默的最后几个月里，仇恨和愤怒不再是我不愿与母亲沟通的主要原因。我想，"为什么我要用这些糟糕的感觉折磨自己？这没有任何好处。我不能再这样悲惨地生活下去了。"我确信情绪只会伤害我，而不会对我有任何好处，所以我逐渐抑制了它们。很快，冷漠和麻木就取代了那些揪心的罪恶感、悲伤和仇恨。坐在母亲身边，我不再感到不舒服，因为我对她没有感情。虽然我仍然记得几周前发生的事情，但那已不再会引起我的痛苦和愤怒。我的冷漠使我在晚上更容易入睡，提高了我在学校集中注意力的能力，也驱散了笼罩在我头上的午夜乌云。回想起来，我能理解这种防御机制的吸引力，这是一种摆脱情感痛苦和对母亲依赖的轻松方式。然而，我的疗法的副作用是，我失去了感受其他类型情感的能力，比如同情、悲伤和快乐。我感觉自己就像一台机器。当我看励志电影时，我一点都不感动，更别提热血沸腾了。当我在高二被选为班长时，我唯一的反应是："很好，这在我的大学申请中看起来不错。"当我的朋友维在接受淋巴癌化疗后完全康复时，我也没有感到欣喜若狂，只是为他松了一口气。现在，我意识到了冷漠的代价，我一直在努力重新获得我感受深层情感的能力，但收效甚微。

在我与母亲疏远后的几个月里，我找到了许多方法来说服自己，她对我绝对没有任何影响，我已经彻底地、不可逆转地与她断绝了关系。我想这是我青春期的叛逆阶段，然而，我并没有以典型的方式表现叛逆，比如对着母亲大喊"我恨你"，或者喝醉；相反，我以一种被动的方式叛逆，只有我自己知道我在叛逆，而每个人，包括她，仍然认为我是一个完美的儿子。我反抗的策略之一就是不付出任何努力也能在班上取得最好的成绩。我几乎每门课都作弊。放学后，当母亲问我有没有家庭作业时，我总是回答："有，妈妈，但是我已经做完了。"她从来没有要求我给她看我写完的作业，因为她一个字也看不懂。我也开始对她撒谎。有一次我告诉她，我和朋友们去图书馆学习，但实际上我们开车去了旧金山，在海滩上打了一天的排球。我数不清对她撒了多少谎，而她也从来都没有发现过。知道自己能控制她，我感到很满足。这提高了我的自信和自尊，感觉像是对她在我年幼时"统治"我的小小报复。我只是想确信，我在学业和生活上的成功与母亲没有任何关系。然而，我允许她继续认为我是一个模范儿子，如果没有她，我什么都不是。我想她至少应该得到这些，因为她把我带到美国，在一个陌生的地方抚养我，做出了很多牺牲。

我拿什么来填补母亲的缺位？当然不是其他关系！我发现我在高中很难交到亲密的朋友，原因有以下几点：我的学校环境、我无法分享自己的感受（主要是因为我没有情感），以及我认为亲密的朋友对于幸福而言并不是必不可少的。我就读的那所学校的SAT平均成绩是全美国最低的。50%的学生是黑人，90%的教师是白人，剩下的学生主要是西班牙裔和亚裔，还有一些象征性的白人学生。几乎所有人都来自贫困家庭。我曾经读过一篇关于我们学校的文章，上面说70%以上的学生家庭的唯一收入来源是社会福利。我几乎每周都会目睹黑帮斗殴，主要发生在黑人帮派之间，但有时我也会看到一些亚洲小帮派的行动。在我的学校，暴力和药物滥用的发生率非常高，这迫使政府在学校和附近的住宅区周围建立了一个无枪无毒品区。幸运的是，我参加了学校的一个吸引人的项目，叫作数学、科学和工程学院（Academy of Math,Science,and Engineering），它为我上大学做了更好的准备。我把和我一起玩的朋友的范围限制在学校里的其他越南学生，并远离大多数黑人学生，因为我害怕和任何一个帮派有联系。我和朋友们一起吃午饭，互相抄作业，参加同一个社团。然而，在学校之外，我们并没有定期出去玩，也没有互相打电话谈心。即使我的朋友给我打电话，我们也从来没有讨论过我的家庭问题或我的感受，这可能是因为我不想承认我在家里有任何麻烦。在高中，我也从来没有建立过牢固的友谊，因为我觉得我不需要朋友来满足我的需求。当我想抄别人的作业时，我有人可以求助，这就足够了。除此之外，我没有强烈的愿望要有什么"最好的朋友"。

与女孩的关系也没有填补母亲的缺席所留下的空白。在我上高中的时候，许多女孩给我写情书，约我去参加班级舞会，或者试图了解我，但我一次也没有主动和她们中的任何一个发展关系。当然，我去参加了她们的班级舞会，但我这么做只是因为我不想拒绝她们。并不是我觉得女人没有吸引力，也不是我不想要一段稳定的关系；相反，我认为是母亲的严格规定和缺乏男性榜样的共同作用导致了我的消极被动。就像我之前所说的，我母亲坚决禁止我交女朋友，虽然我很想真正地独立，但我仍然需要遵守她的规定，因为我住在她的屋檐下。我不能告诉女孩们我喜欢她们的另一个原因是我不知道该怎么做。没有人教过我了解女孩的正确步骤，我在电视上看到的东西对我来说太直接了，我做不到。我高中时最亲密的男性朋友维也从来没有和女孩接触过。因此，即使我想和哪个女孩约会，我也不知道该如何接近她、邀请她。

我不相信有什么能取代我和母亲的关系。由于我强烈地抑制自己情绪，她的主导地位消失了，她的感受不再决定我的感受。当她哭的时候，我不再哭；当她笑的时候，我也不再和她一起笑；当她告诉我她令人不安的童年故事时，我的情绪也不再受到影响。这似乎很无情，但那就是我的感受。我不需要任何人取代她的位置，我真正需要的是填补我现在的空闲时间，因为我不再跟她共度这些时间。高中时，我参加了许多俱乐部，在养老院和医院做过志愿者，参加了网球队、数学和科学竞赛，打过工，周末去越南语学校，还参加了最近的社区大学的夜校……总之，我让自己忙得不可开交。我每天都有很多事情要做，一般情况下，我要到晚上八九点钟才回家，那时母亲已经上床睡觉了。

在其他方面，我对母亲有了更深的理解。大三时，我上了一节历史课，是关于古代中国的。

我们讨论了孔子的哲学，以及他的理想如何渗透到东亚文化中。儒家思想最重要的方面之一就是强调一个人在家庭和社会中的角色。我记得我写过一篇关于儒家对当代越南社会影响的报告，我意识到我的家人扮演了孔子多个世纪前勾画的角色。通过观察我的家庭，我了解到孔子教育我们不要用语言和身体表达感情。

直到今天，我都不能对母亲、姐姐或弟弟说"我爱你"。唯一我口头上承认的我爱的人是卡罗尔——我四岁的同父异母的妹妹。这可能看起来很奇怪，但卡罗尔也是唯一一个我拥抱、亲吻或用其他形式爱的人。我的母亲、周和泰也是如此——从一个局外人的角度来看，似乎我们所有人都只爱卡罗尔。我还听到周对她的未婚夫表达爱意，似乎很自然。而如果她对我、我母亲、我弟弟说"我爱你"，那将是完全不自然、前所未有的。

在我上小学的时候，母亲就像我刚刚学会走路一样，悉心地呵护着我。她让我表达我爱她的方式之一就是问："普卡，你把对我的爱放在哪里了？"我事先排练过的回答是："妈妈，我把对你的爱放在脑子里了！"她认为头部是身体最重要的部位，所以我把对她的爱放在那里就意味着那是最重要的爱。我们一直毫无保留地亲吻、拥抱。然而，在我上初中的时候，我们突然间本能地停止了身体上的亲密接触。尽管我想念母亲的爱抚，尤其是当我看到她跟卡罗尔那样时，但我知道这种爱的停止对我这个年龄来说是合适的。回想起来，在我刚进入青春期的时候，我发现自己确实需要脱离家庭，尤其是当同学们觉得亲吻母亲是"娘娘腔"和"同性恋"的时候。这种想法导致了我跟母亲之间关系的转变。我母亲态度的改变也影响了这一情况，她不再问我把对她的爱放在哪里了；相反，她开始问当时只有两岁的泰这个问题，而我原以为这个问题是专属于我的。就好像一个游戏有年龄限制，而我已经超龄了。现在，我的母亲希望我听她的话，把好成绩带回家，以此来表达我对她的爱。相应地，她通过给我做好吃的和买好看的衣服来表达她的爱。

"没有父亲的孩子就像没有屋顶的房子。"每当我母亲想要炫耀她是如何打败这句老话时，她都会这么说。她说的是对的，尽管我们的成长过程中从来都没有过父亲，但我们的房子肯定是有"屋顶"的——我母亲同时扮演着养家糊口和照顾孩子的角色。她教我们如何骑自行车、如何清洗擦伤和瘀伤、如何包扎伤口，还鼓励我们在现实世界中取得成功，同时希望我们永远不要离开她的身边。在我上大学前一年的 12 月，我无意中取代了母亲，成了我家的屋顶和地基。

事情来得很突然。"我下个月要去越南看望你外公外婆，"母亲说道，"我会给你留一些钱，我将在那里待一个月。"她从来没有和我讨论过我可能不想照顾一岁的卡罗尔和八岁的泰整整一个月，特别是在 12 月，我在学校有很多事情要做。她从来没有教过我做饭，也没有教过我如何给卡罗尔把屎把尿、如何在她哭的时候安慰她，以及如何在一天之内把房子打扫干净。但是我没有对她的假期计划提出任何反对意见。我记得在机场和她道别时，我对她说的唯一一件事是："妈妈，旅途平安。小心别被那边的人骗了，如果你需要我去接你的话，请告诉我。"在接下来的31天里，我参加了一个育儿速成班，在这个班里，我既是老师又是学生。

一天中最困难的时间是泰从学校回到家后。在睡觉前的那几个小时里，我像个疯子一样在我家那仅有两间卧室的房子里马不停蹄，紧张地一边试图同时做多项任务，一边阻止我那好动的妹妹伤害自己。在一两个小时内，我做了晚餐、洗了衣服、打扫了地板、丢了垃圾、给卡罗尔换了内裤——因为我忘记提醒她去小便池。我还辅导了泰分数和长除法、接听了朋友问我如何填写大学申请表的电话、陪卡罗尔玩了好一会儿，以阻止她弄脏我刚刚拖过的地板！

每天晚上我都盼着九点钟的到来，以便我可以让两个孩子睡觉，并真正地处理我自己的事情。我已经高四了，离大学申请的最后期限越来越近。除了要填写七八份大学申请表外，我还努力完成了十多份奖学金申请表，所有这些都让我每天晚上睡得很晚。幸运的是，我不费吹灰之力就能为我的个人论文找到一个主题，写我扮演父母履行职责的经历以及我从中学到的东西是很容易的。这个主题被证明是富有成效的，第二年春天，我被一所著名的大学录取，并获得了全额奖学金。

回首那段日子，我现在能够意识到，它让我收获了丰富的经验，并教会了我如何做人。在那段时间里，我知道了一个理想的男人和女人应该具备什么样的品质。我的直接经验取代了我的古老观念，即男性是被动、体贴的女性的骑士般的保护者。我得出的一个新观念是，男人和女人所需要的特质之间没有任何明显的区别。我不再区分性别和指定每个人应该具有的特定属性。就好像我接受了我的文化所赋予的所有性别角色，然后把它们合成在了一个人身上。无论是在卡罗尔半夜哭泣时抱着她入睡，还是向泰解释分数、做饭、打扫卫生和修理门把手，在我做这些不同的事情时，我完全没有切换角色的感觉。我从来都没有想过："不，我不能这样做，因为我是男人。那不是我应该做的，只是因为妈妈不在，我才不得不做女人的工作。"我没有那样想，相反，我当时的想法是："我当然会这么做，因为我爱我的弟弟妹妹，没有别的原因。"

自从我姐姐去上大学后，我在家庭中的角色和责任发生了巨大的变化。我在家庭事务上比以前更有发言权了。现在，每当我在家的时候，我都会处理我母亲在我上大学的几个月里积攒下来的所有账单和文件。如果需要做什么决定，我通常会自己做出，然后告诉母亲我为什么会这样做。我想她终于意识到我已经长大了，可以为我们的家庭做出正确的选择了。随着我的责任的增加，我的话语权也显著增加了。在我高中毕业之后，我觉得母亲开始更认真地对待我的意见，因为我已经长大了，可以在我们的家庭中扮演一个有影响力的角色了。我知道我说的话对她的影响比以往任何时候都要深远，所以我不浪费任何一个帮助我弟弟妹妹的机会。一有机会，我就劝她改变对泰和小卡罗尔的态度，让他们有一个比我更顺利的童年。我的意思是，我鼓励她允许他们与越南人之外的人交朋友，让泰和同龄的女孩说话，因为他可以从她们身上受益，反之亦然。最重要的是用语言而不是鞭子来管教他们。我相信我的话并没有被忽视，尤其是那些与惩罚有关的，因为自从我上大学以来，我不记得我听说过她又打了泰或卡罗尔的屁股。

我的大学生活让我和母亲建立了一种新的、更平等的关系。我想，我在3000英里之外的学校度过的时光，使我们能够欣赏和尊重彼此（尽管她从不承认她尊重我或欣赏我）。她现在视我为一个独立的个体，而我视她为母亲和朋友。我知道在看到我在学校里有多成功之后，她非常骄傲，但是即使我想让她以我为荣，希望她可以从那些越南人那里获得适当的赞美，我也不希望我的目标和愿望都建立在取悦她之上。如果在我实现目标的过程中，我也能让她开心，那么我就同时实现了我的美国理想和越南理想——为自己做一些事情，也为母亲做一些事情以示尊重。当我看到母亲在抚养泰和卡罗尔时所表现出的进步时（与她抚养我和周相比），我表扬了她。我想她也明白自己不能把越南文化的方方面面都应用到她在美国抚养的孩子身上。当我放假回家的时候，我仍然是家里的"男人"，是一个负责付账单、修理门把手和参加家长会的人。与此同时，我也是我弟弟身边唯一的男性，这让我很有压力，我必须成为最好的榜样。我心甘情愿、心满意足地扮演着这些角色。

至于寻找最适合我的文化，我得出的结论是，无论是越南文化还是美国文化，都不能单独满足我的需求。因此，我选择挑出每种文化中最好的方面，并将其融合为一种文化。例如，虽然我相信"人人平等"的美国理想，但我并不赞成孩子们不尊重长辈和举止不得体。我不认为自己美国化了或越南化了；相反，我享受着这两个世界中好的部分。

我仍然在努力解决的问题是什么呢？当我进入大四的时候，我仍然在试图让压抑了很久的情感气球膨胀起来。最近，我的女朋友詹妮弗一直在帮助我恢复我的能力，再次感受强烈的情感。上个月，我和她一起哭了，这是我从高二开始就没做过的事！然而，我发现找回情感要比把它们藏起来困难得多，而且到目前为止我还没有取得什么进展。

从我和姐姐在学业上取得的成就来看，我们家似乎正在实现美国梦。我们逃离了一个饱受战争创伤、没有什么机会可以给我们的国家，来到了一个我们一无所知的国家。我母亲一生努力工作，为她的孩子提供一个有利于学习的家。她用鞭子营造了这样一种氛围，同时用一些让人内疚的故事来鼓励我们学习。现在，她的两个孩子都在各自的高等教育机构中表现出色，我母亲觉得她在抚养我们方面做得很好。然而，她的自豪感对我们的家庭关系造成了很大的影响。也许她不知道除了使用她祖国的文化方式之外，还有什么其他的方法可以用来养育我们。她没有意识到，大多数成功孩子的家庭都不把鞭子作为支持他们的工具。我觉得，在家庭中践行儒家思想会导致交流的减少，最终产生一种疏离感，就像我和周现在所感受到的那样。幸运的是，在看到她的家庭结构因她而崩溃后，母亲意识到她的抚养方式需要改进。她现在知道，她的孩子将不可避免地在某种程度上"美国化"。因此，她现在允许泰和卡罗尔有更多的自由，但同时也希望他们能实现她的理想。我能感觉到我的家人之间变得更亲密了，现在我们可以互相拥抱、亲吻了。我相信在不久的将来，我和母亲就能对彼此说"我爱你"了。

续集 九年之后的普卡

"请帮帮我，我不太会说英语。"在那位中年法官坐下之后，母亲对着麦克风轻声说道。"好的，阮女士，法庭会为你指定一名越南语翻译。"她感谢了法官，然后坐下来专注于她带来的一大堆文件，这些文件是她为争夺小女儿的法定监护权而准备的。

母亲穿着一身朴素的白色商务套装，化了妆，戴了金银首饰，还故意露出了那几乎是一夜间变白的头发。我站在她右边不到10英尺的地方，我的妻子艾琳站在我的右边，而代表13岁的卡罗尔的律师站在我的左边。我们在遗嘱认证和家庭法庭上坐了一个多小时，但母亲和我一句话都没有说，甚至没有看对方一眼。这一幕发生在七个月前，当时我们参加了最后的听证会，法官最终批准了我和艾琳对我妹妹卡罗尔的合法监护权。这也是我最后一次见到母亲。

当本书的编辑让我写最初的文章《在两个世界中寻求最好的东西》的续集时，他们没有意识到，在过去的几个月里，我正面临着人生中最具挑战性的危机和转变。我在之前的文章中所描述的青春期的我，现在突然被一个家长的形象所取代。我也从一个孝顺的孩子变成了一个让母亲心碎、夺走了母亲为之而活的一切的弃儿。如果我在一年前而不是现在写这篇文章，情况会大不相同。一年前，我会告诉你们，尽管多年来我仍在经受着深深的情感创伤，但我们的家庭相对完整；一年前，我刚刚完成了一年的临床实习，并获得了加州大学伯克利分校的公共卫生硕士学位，即将从医学院毕业；一年前，我得知我们的侄女凯拉出生了，她是我姐姐周的第一个孩子，我们欣喜若狂；一年前，我经常见到我的弟弟泰，尽管他远在加州大学洛杉矶分校；一年前，我的妹妹卡罗尔即将上完七年级，她住在离我和艾琳只有 10 分钟车程的地方，那时她已经出落成一个亭亭玉立的少女了。在短短几个月的时间里，我们家庭的整个格局已经从根本上不可逆转地改变了。然而，有一点是不会改变的：我母亲施虐的后果仍然在她的每个孩子身上产生强烈的影响。

在我最初的文章的结尾，我描述了我对母亲的新影响，那就是她抚养两个更小的孩子泰和卡罗尔的方式。她不再对他们进行身体虐待，而且给了他们更多的自由去交朋友，并且不期望他们中的任何一个总能取得完美的成绩。我为母亲做出这些积极的改变而感到骄傲，这样泰和卡罗尔就可以有更多"正常"的成长。不幸的是，不久之后我就知道，母亲用更具毁灭性的惩罚取代了身体虐待——她开始对他们进行情感和心理上的虐待。泰和卡罗尔更容易受到这些虐待方式的影响，这进一步加剧了他们的痛苦，具体表现为家庭和社会关系破裂、学业成绩下降，甚至还产生了自杀的念头。这就是我母亲言行的最终结果，迫使我和艾琳采取决定性的措施来保护卡罗尔的健康和幸福。

在写完最初的文章后不久，我申请了一年的离校机会，去中国北京学习针灸和语言。既然已经申报了生物化学和中文双学位，又不知道毕业后是继续深造还是投身职场，结合自己的兴趣，我欣然接受了推迟做决定的机会。在完全独立的这一年里，我决定从事医学和国际公共卫生事业，重点关注中国的卫生问题。在我治疗来自不同种族和文化背景的病人时，学习一种传统的治疗方法和更多基于文化的疾病理论至今仍对我很有帮助。我在中国获得的个人和学术成长绝对值得我付出没有和大学同学一起毕业的代价。

刚到北京时，我很孤独，但我很快就结交了一些中国朋友，并融入了一个虽小但很友好的越南侨民社区。我结交的越南朋友中有来自胡志明市的国际研究生，还有几个来自欧洲、澳大利亚和美国的家庭。他们是我离开加州进入大学后遇到的第一批越南裔家庭。事实上，他们是我认识的第一批与我没有血缘关系的越南家庭。与我在成长过程中所了解和憎恨的家庭动态模式相比，我与他们在这一年中的互动提供了一种完全不同的、绝对可取的家庭动态模式。与我自己的家庭一样，我的新朋友们也曾一度沦为难民，他们还在邻近的东南亚东道国的难民营里待了几年，在各自的工业化国家定居后也遇到了歧视和仇外心理，但也在某种程度上克服了困难、取得了成功。然而，与我的母亲不同，他们的父母并没有打他们或在情感上虐待他们，也没有只允许他们接受越南文化。我记得有一个家庭——潘一家，我至今仍然和他们保持着联系。他们是从巴黎来到北京的，因为潘先生被提拔为一家在中国经营的法国公司的经理。潘家有一个五岁的儿子——

贝西，他的父母很尊重他，就好像他的感受和关切与他们自己的一样合情合理。当他打断大人们的谈话时，他们不会扇他的耳光；他们既不会嘲笑他，也不会羞辱他，甚至都不会批评他的缺点。贝西的父母确保他在家里只说越南语，还让他和其他越南孩子接触，而且每年都会带他去西贡，让他了解和欣赏自己的传统文化。与此同时，他父母都会说中文，并向贝西强调学习中国文化和语言的重要性。

起初，我以为潘一家是一个罕见的"功能健全"的越南移民家庭，是可望而不可即的。然而，我很快就在北京遇到了另外两个有着相似背景和育儿理念的越南家庭。在一个家庭里，父亲是白种人，但他却不辞辛劳地掌握了越南语，以便他的孩子能够接受母亲的传统文化。这些模范家庭在两个世界中都找到了最好的一面，这对我经营自己家庭的方式产生了巨大的影响。

我在北京的这一年也让我对与女性交往有了新的认识。与我写上一篇文章时具有的从高中时看中国香港肥皂剧中获得的那种幼稚的、理想化的男性观念相比，我已经走了很长的一段路。我和几个女孩约会过，甚至有过一段长达一年的认真的恋爱关系。然而，直到我观察到我刚才描述的越南夫妻的健康恋爱关系模式，我才意识到建立在相互尊重和相互依赖基础上的长期恋爱关系意味着什么。离开中国后，这些见解在后来的两段关系中得到了反映，后者一直持续至今。

在我返回美国并计划申请医学院的前夕，我给母亲打了几个月来的第一次电话。她听起来很激动，说泰偷了她的钱去招待他在学校里的狐朋狗友。她已经快被他逼疯了。她讲述了她是如何甚至试图报警把12岁的泰抓走并丢到孤儿院里，免得他将来被枪毙，给这个家庭带来更多的耻辱。我要求和泰通话，他一拿起电话，我就能听到眼泪从他脸上流下来的声音。在我们交谈的过程中，我很容易就意识到他所遭受的痛苦和我刚进入青春期时所经历的困难之间的相似之处。我和他一样渴望成为一个有典型青春期问题的"正常"青少年。于是，我决定推迟一年毕业，以便离家近一些，好试着给我的弟弟一个在"正常"的青春期奋斗的机会。

回到家后，我发现我的弟弟孤僻、抑郁、情绪化，非常害怕母亲对他的言语暴力。他向我讲述了他是多么讨厌母亲对他大吼大叫，以及在我出国期间这种情绪是如何升级的。我努力劝说母亲停止这种情感上的虐待，但却遭到了泰的责备。"你不知道责备她会有什么下场，"他抗议道，"你走后，她吼我吼得更凶了！你可以很容易地回到你的公寓，但我必须待在这里听她整天大喊大叫。而且她好几天都停不下来！她说就是因为我，她才有这么多痛苦，还问我为什么得不到好成绩。她甚至说，当我爸爸发现她怀孕的时候，她就应该在堪萨斯州堕胎。她总是说我傻，说我永远不会像你或周那么优秀。她什么都怪我！"我当时的无助感就像几年前阻止泰的父亲性骚扰他时一样。除了打电话给儿童保护机构外，我真不知道该怎么办。

在接下来的一年里，我住的地方离家人只有半小时的车程，起初我做两份全职工作来偿还我在中国时的债务，后来我去了加州大学戴维斯分校学习日语、西班牙语、生物学和哲学课程。我每周都会抽时间与泰和卡罗尔在一起。我有策略地选择了母亲上班的时间，以便他们可以远离母亲好好放松一下。我们一起出去吃饭、看电影、打保龄球、溜冰、在公园喂鸭子、露营、享受"正常"家庭的活动。我甚至在泰放寒假时带他去北京玩了两周。这些时光为泰提供了一个安全的环境，让他可以向一个有过类似经历的人表达对母亲的失望和恐惧。我和他分享了一些应对机制，帮助他尽可能避免母亲的虐待。当我准备回到大学，完成大四的学业时，我稍微放心了一些，因为泰的生活比一年前好了一些。然而，母亲没花多少时间就毁掉了泰的自我价值感和他所获得的一切。

在泰后来的高中岁月里，他仍然是一个内向的人，但他总是竭尽全力去做母亲想要他做的事情，以避免言语上的惩罚。甚至在他上高三的时候，他还会在上学前和放学后拥抱、亲吻母亲。而我在高中和母亲疏远后，很快就拒绝了这些身体接触。然而，泰从未有机会切断与母亲的情感联结和对母亲的依赖，正因为如此，我相信他至今仍承受着这些心理创伤。

泰现在是加州一所竞争激烈的大学的三年级学生，他在那里学习很好，有很多好朋友。我的姐姐周现在是美国中西部的一名执业医生，我和她一直对泰多年来与临床抑郁症抗争感到担忧。我们已经催促他去看治疗师，甚至给他寄去了抗抑郁药的样品。然而，令我们失望的是，泰决定独自忍受疾病的折磨，而这可能对他很不利。在过去的几个月里，泰的心理健康问题已经耗尽了我们全家人的注意力和时间。几个月前的一个晚上，泰在电话里向艾琳吐露了他想结束生命的打算，还跟她说了永别。艾琳被这个消息震惊了，她别无选择，只能告诉我和我姐姐。我们开车连夜赶到了他的公寓。他和我们一起在车里坐了一个小时，但对我们提出的替代方案无动于衷。他甚至责备我们去看他，说这只会让他的情况更糟。

由于我们不知道他什么时候会执行他的计划，那天早上，我们焦急地报了警，想把他抓起来，我们担心我们的到访会讽刺地加速他的决定。六名警察包围了他的公寓，封锁了所有的机动车或步行出口，那一幕简直像是在拍好莱坞动作片。在那之后，泰两次因有自杀观念而住院。为了应付精神科医生，他开始不情愿地服用抗抑郁药和抗精神病药，但他从未打算长期服药。他唯一愿意接受并欣赏的治疗师是一位青春期有移民经历的博士，后者特别擅长治疗那些来自越南的移民。此外，他明确表示，他需要和哥哥姐姐们分开一段时间，尤其是和艾琳分开。在他看来，艾琳违背了他的意愿，背叛了他。我不知道这种主动的隔离会持续多久，但我们都尊重了他的意愿，尽管我们深感悲伤。

回想起这次危机，我记得我曾在心里诅咒过母亲，觉得就是她造成了这样的后果。我想象着，如果泰出生在一个不同的家庭，他的生活会变得多么积极，并为泰无法摆脱她情感上的束缚而感到悲哀。我责怪自己没有按照我早期的冲动去给儿童保护机构打电话，让泰有机会过上更好的生活，即使寄养是唯一的选择。我发誓我不会让同样的事情发生在我妹妹卡罗尔身上。

在过去的几个月里，我们面临的另一场重大危机涉及卡罗尔的健康和未来，这场危机极大地改变了我们的生活。当泰高中毕业离家去上大学时，我和艾琳鼓励我母亲搬到帕洛阿尔托，以便卡罗尔可以接受更好的教育，也能离我更近，因为我就在斯坦福医学院。卡罗尔本来准备上的那所初中是一所臭名远扬的"贫民窟"学校，里面满是未来的黑帮成员、高中辍学者和少女妈妈。经过一番认真的讨论，我们主动提出负责所有的搬迁工作，母亲才让步，愿意离开她那生活了18年的家，重新开始。作为唯一与母亲在搬家后一起生活的孩子，卡罗尔忍受了母亲对于适应新环境的沮丧。母亲总是抱怨周围没有足够多的越南人，还不断地批评卡罗尔"吃得太胖、成绩不好、举止糟糕——懒惰、无礼，等等"。去年，卡罗尔13岁了，她经常和我还有艾琳一起过周末。"暂时离开妈妈一段时间。"我们安慰她，擦干她的眼泪，同时尽我们最大的努力消除母亲对卡罗尔的自尊、自我价值感和自我形象的伤害。

在八年级开始时，我和艾琳安排卡罗尔去见她的学校咨询师，以便她能多拥有一个支持来源。我记得在我在新生儿重症监护室的临床轮转期间，艾琳打电话给我，说卡罗尔的咨询师禁止她回母亲家，卡罗尔要暂时和我们住在一起，儿童保护机构也被叫来调查此事。这是艾琳和我数周痛苦的开始。虽然我们知道卡罗尔还在忍受着母亲的精神虐待，但我们没有意识到她的痛苦有多深。卡罗尔向她的咨询师透露，她偶尔会有自伤的想法，因为她对母亲根深蒂固的内疚感。这些想法被认为很严重，足以让卡罗尔住进青少年精神病病房。在这一点上，对于我需要做什么，我毫无疑问；艾琳和我随后申请了对卡罗尔的合法监护权。

我和母亲的最后一次谈话发生在庭审前的几周，当时卡罗尔还在住院。一天晚上，她给我打电话，泪流满面地问我为什么要破坏她的家庭。她说她把一切都给了我们，从来没有为自己考虑过，甚至还爱她的儿媳，尽管她不是越南人。她补充说，无论我做什么，我都不应该把这件事在越南社区中传播，因为这会让她很没面子。我不明白母亲怎么会说出那些话来。我的妹妹独自躺在医院的病床上，而我的弟弟似乎还没有完全康复，那一刻对我来说是一个转折点。我前所未有地向她发泄了我的愤怒。

"如果你是一个伟大的母亲，如果你没有缺点，那么告诉我，告诉我，为什么你的三个孩子要去看精神病医生！"我尖叫起来，不让她打断我，"为什么你的两个孩子因为自杀而住院？为什么？告诉我，为什么？因为你不是一个好母亲。我现在就告诉你，如果我的兄弟姐妹中有谁因你而死，我会恨你一辈子！"我能想象母亲听到这些话时的震惊，因为连我自己都吓了一跳。

她唯一的回答是："我不知道他们怎么了，我没做错什么。我只是想爱我的孩子，而现在你却想把他们从我身边夺走！"挂断电话前，我对她说的最后一句话是："那没什么可说的了，让我们看看法官说谁是对的！"

卡罗尔成了我们家的一分子，这使我和艾琳开始扮演青少年的父母的角色。过去的八个月带来了无数的挑战，从普通的青少年需要，如牙套、学校舞会、脆弱的友谊、课堂的压力到超乎寻常的考验，如抗抑郁药、与精神科医生的见面、无法控制的内疚和哭泣以及梦见母亲来追她的噩梦。我们不幻想卡罗尔会很快康复，并做好了长期治疗的准备。但卡罗尔的恢复能力让我们很吃惊。自从和母亲断绝关系后，她已经成长为一个更外向、更善于社交的少女，她的成绩也有了进一步的提高。在这个过程中，卡罗尔有幸得到了她的老师和咨询师的关心，他们在这个过渡过程中发挥了重要的作用。

我有时会问自己，母亲应该怎样做才能和她的孩子们和解。至少，她必须承认自己在孩子的心理创伤中所扮演的角色，并表示由衷的忏悔。我怀疑那一天是否会到来。在过去的半年里，她从没有尝试探望过卡罗尔，尽管她可以在我们的监督下探视。看来面子比她十几岁的女儿还要重要。目前，唯一还能和母亲说得上话的孩子是泰。出于内疚和同情，他现在不情愿地扮演着"好儿子"的角色。然而，和母亲的这种交流还是让他付出了代价，因为他的室友告诉我，自从泰再次和母亲说话后，他变得更加喜怒无常。最近，他也是母亲和几个孩子之间唯一的联系。我不认为泰作为联络人的角色对卡罗尔有任何积极的影响，她仍然为不想见到母亲或和母亲说话而感到内疚。

直到今天，当我遇到新朋友，告诉他们我的家人是如何在 20 世纪 80 年代初作为"船民"逃到美国时，他们总是评价我的母亲是多么的勇敢和无私，为了她的孩子不惜一切代价。作为回应，我总是说："是的，她确实是。"我母亲有一个长达数十年的目标，那就是有朝一日能回到越南——衣锦还乡、光宗耀祖，并在顺化的家人和同龄人中得到钦佩和尊重。她经常告诉我，她的梦想是盖一座四层的楼房，上面装饰着她成功的孩子们的画像。"我最大的两个孩子都是医生。"她说她想这样指着画像跟客人们说。房子足够大，可以为她的四个孩子和他们的家人提供单独的房间。显然，这些梦想一夜之间就破灭了。她现在已经没有面子可挽回了。她怎么跟人解释她的孩子们表面上在美国社会很成功，但却不跟她说话、不尊敬她，也不愿去越南看望她呢？

在我最初的文章的结尾，我描述了我为重获感受深层情感的能力所做的努力，这些情感是我在高中和母亲在心理上隔离时故意埋藏起来的。当然，和我结婚三年的爱妻在这方面帮助了我。此外，我发现在重症监护室治疗重病患者的过程对唤醒我沉睡的深度悲伤能力也起到了治疗作用。同时，我也发现自己有一种令人不安的能力，那就是可以毫无障碍地适应新环境。例如，就在上周，当我和妻子准备从加州搬到东海岸去开始我的住院医师生涯时，艾琳问我："我就是不明白。为什么卡罗尔和我都为搬到波士顿而伤心落泪，而你在这里住了五年却似乎对离开没有任何问题？"我想在那个时候，我仍然"在治疗中"吧。

过去，我很容易将母亲的许多失败归因于她固执地坚持自己文化的价值观，而这种价值观与她养育孩子的环境不相适应。我解释说，她对我和周的严重身体虐待在越南没有受过教育的村民中是常见的、被普遍接受的抚养孩子的工具。我将她认为男性的地位高于女性的观点解释为根深蒂固的儒家教义，这种教义至今仍在东亚和东南亚的大部分地区流传。我甚至屈从于她所说的我们要一辈子尊敬和服从她的理由——80岁的皇帝也要向百岁的母亲磕头。但在过去的几年里，经过深思熟虑，我得出了这样的结论：母亲的文化和教养并不能解释她给我们带来的所有伤害。最近，艾琳发起了一场长时间的讨论，她问道："如果把你的母亲送回她在越南的村庄，以她这种行事方式，她能适应吗？她对待你们兄弟姐妹的方式会被视为正常吗？"我和姐姐周现在有了治疗许多精神疾病和心理疾病患者的经验，我们强烈怀疑母亲确实在传统价值观的幌子下隐藏着某种人格障碍。可悲的是，尽管法院同意将接受心理治疗作为获得探视权的条件之一，母亲却固执地认为"脸面"更重要，拒绝接受治疗。

从我写最初的文章《在两个世界中寻求最好的东西》到现在已经九年了。这些年来，我有幸在许多发展中国家学习、做志愿者和工作。现在，我能够讲许多民族的语言并融合不同民族的传统，我感觉自己特别适合从事这样一项事业，即照顾发展中国家未得到充分服务的人口，并与当地社区合作实施公共卫生干预措施。艾琳鼓励了我，甚至和我一起为那些被边缘化和流离失所的人寻求医疗保健服务的公平和正义。我在北京认识了一位男士，他为了让孩子接受母亲的文化根源而学习了越南语，与他一样，艾琳也希望我们能用两种语言抚养孩子。实习期结束后，我们希望能在越南待一段时间，在那里我可以行医和从事公共卫生工作，而艾琳可以学习越南语，并实现她在儿童倡导方面的职业抱负。

当我起初拿到这本书的时候，我心里有一种怅然若失的感觉，因为我纳闷这些发生在异国他乡的别人的故事，有什么翻译的价值呢？这些故事又会对我们国家的青少年产生哪些积极的影响呢？

带着这些疑惑，同时本着合作和诚信的态度，我开始了漫长的码字工作。随着故事的深入，故事情节和人物内心的挣扎栩栩如生地展现出来，我再一次（第一次是学习心理学期间）明白了作为人生第二大成长关键期的青春期，对于一个人的生命有着何等重大的影响力。

故事里那些生活在大洋彼岸的青少年坦诚而慷慨地奉献着自己人生旅途中的点点滴滴，想要让人们了解并且能够接纳自己，同时也为了让读者能够引以为戒。毫无疑问，人们对青春期的认识越多，国民心理素质和健康水平就越高，这对于祖国未来栋梁之材的青少年来说，有着无可比拟的价值和意义。

让我振奋不已并为之感动的是，很多作者同时也分享了他们在那个过程中所得到的非常重要的帮助和支持。

故事 14 的作者说，虽然他的年龄已经足够大，但心理年龄还处于青春期，因为他在职场和人际关系中依然会退缩、避让、害怕冲突，而且别人对他的善意指正，也会被他当作批评和指责，他的内心非常挫败。这就是典型的"巨婴"。

故事 16 令我印象特别深刻，因为作者是从越南移民到美国去的，在他的生命成长故事中，他特别提到了东西方文化的差异及其对他个人和家人的影响。这本身是我个人特别感兴趣的一个话题，而他的故事恰恰为我提供了一个深入探索的窗口，同时也促进我去思考：在我们的文化中，面对日益广阔的国际交流环境，教育工作者和研究者们该如何更好地取其精华、去其糟粕，培养高质量的下一代人才呢？

在了解了这些真实的故事后，我也开始更深刻地反省我自己的生命历程。其中有一个故事谈到作者的个人完美主义倾向以及他在原生家庭里所受到的伤害和影响。从某种程度上讲，这是最能引起我共鸣的一个故事，因为这和我的背景特别相似。阅读这些第一手资料，也让我能够对自己的过去有一个清晰的领悟，对自己的未来有一个明确的规划，我非常高兴能够成为本书的译者。

我期待这本书能够帮助到更多处于青春期的朋友们，我也希望那些在教育、卫生、民政，财政等部门工作的人士有机会接触到这些鲜活的生命故事，从而在工作中去更好地了解我国的青少年，因为他们真的是我们的花朵，他们需要精心的呵护和培育。我相信这样的使命对于我们每一个中华儿女来讲都是责无旁贷的，我一直相信教育不仅仅是教育部门的责任，还是一个真正关乎国泰民安的系统工程。

谈到中国梦，我禁不住想起 100 多年前梁启超先生催人泪下的《少年中国说》，我个人将其视为东方版的《我有一个梦想》。"少年智则国智，少年富则国富；少年强则国强，少年独立则国独立；少年自由则国自由，少年进步则国进步；少年胜于欧洲则国胜于欧洲，少年雄于地球则国雄于地球。"这种醒世恒言实在值得吾辈铭记，愿蒸蒸日上的祖国能够警钟长鸣，因真理得自由。

在此特别感谢中国人民大学出版社的提携与支持，感谢杨峥威、彭圣禧老师在译稿把关及润色上的付出。我的朋友李淑玲老师大力推荐，我至爱的妻子刘婷女士在译文修订过程中所提供的全方位协助，我们那睡功不凡的小宝宝给予的大量安静时间，这些都让本书的翻译工作锦上添花。我也想感谢我的英语启蒙者董老师、杨老师，以及我的特别顾问团，是他们鼓舞了我。

然而，译者能力有限，阅历不足，译文难免有生涩之味，纰漏之处敬请谅解。

董小冬
西安

北京阅想时代文化发展有限责任公司为中国人民大学出版社有限公司下属的商业新知事业部，致力于经管类优秀出版物（外版书为主）的策划及出版，主要涉及经济管理、金融、投资理财、心理学、成功励志、生活等出版领域，下设"阅想·商业""阅想·财富""阅想·新知""阅想·心理""阅想·生活"以及"阅想·人文"等多条产品线，致力于为国内商业人士提供涵盖先进、前沿的管理理念和思想的专业类图书和趋势类图书，同时也为满足商业人士的内心诉求，打造一系列提倡心理和生活健康的心理学图书和生活管理类图书。

《未成年人违法犯罪（第 10 版）》

- 中国预防青少年犯罪研究会副会长、中国人民公安大学博士生导师李玫瑾教授作序推荐。
- 一部关于美国未成年人违法犯罪预防、少年司法实践和少年矫治的经典力作。
- 面对未成年人违法犯罪，我们只能未雨绸缪，借鉴国外司法和实践中的可取之处，尽可能地去帮助那些误入歧途迷失的孩子。

《社会心理学经典入门（第 6 版）》

- 一本被美国多所名校采用的全彩社会心理学入门通俗读物。
- "长江学者"特聘教授、北京大学心理与认知科学学院博士生导师谢晓非领衔翻译。
- "说服术与影响力教父"西奥迪尼带领我们步入社会心理学课堂，探索社会背后现象、以人类目标需求为基础的心理于行为机制。